熱の理論

太田 浩一
Koichi Ohta

お熱いのはお好き

Théorie de la chaleur

Vous l'aimez chaud...

共立出版

はじめに

Préface

　熱力学は独特の魅力を持った理論で，物理学者の基本的素養になっている．熱力学に魅了された物理学者は多い．アインシュタインも熱力学の深い知識を身につけた物理学者だった．「奇跡の年」1905 年に発表した論文は，いずれも歴史を変える重要なもので，すべて熱力学に関係していると言ってもよい．

　光量子仮説を唱えた論文は，熱輻射の研究から生まれた．ヴィーンの輻射式は，光の粒子が理想気体の分子のように振る舞うことを表わしている，と突き止めた．量子力学への道を切り開いた論文である．ブラウン運動の論文では，混沌とした分子の集合の中で熱平衡がいかに達成されるかを論じ，ゆらぎ−散逸定理の嚆矢を与えた．独立に同じ結果を得たスモルコフスキーとともに，数学の 1 分野，確率過程の祖になった．

　また，特殊相対論は，光速度不変の原理と，慣性系では物理法則は同じ形を取るとする（ガリレイに端を発する）共変性の 2 つを経験則として，普遍的な結果を導いたもので，2 つの経験的主法則，熱力学第 1 法則と第 2 法則からすべてを導きだす熱力学と同じ理論的組み立てになっている．10 年後には等価原理（慣性質量と重力質量は等価である）と一般共変性（すべての一般座標で物理法則は同じ形を取る）によって一般相対論を組み立て，重力場方程式を発見した．

　アインシュタインは『自伝的覚え書』でこう書いている．「理論は，その前提の単純さが著しいほど，それが結びつけるものごとの種類が多様なほど，その応用範囲が広範なほど，より印象深いものである．したがって古典熱力学は私に深い印象を与えた．それは，その基本概念の応用範囲の中で，（原理を疑う人のために特に言っておくが）決して放棄されることがないと確信する普遍的な内容を持つ唯一の物理理論である．」

本書の構成を記しておこう．第 1 章では，具体例を用いず，熱力学第 1 法則のみから数学的に得られるすべての結果を与えた．熱容量（単位温度上昇させるのに必要な熱量）に並んで，近年は使われなくなった等温潜熱（等温過程で単位体積あるいは単位圧力を増加させるのに必要な熱量）を系統的に駆使する．熱容量比と圧縮率比が等しいとする厳密なレシュの定理を熱力学第 1 法則のみによって証明した．レシュの定理はいたるところで現れる基本定理である．

図 1 熱力学の創始者サディ・カルノー墓碑

理想気体，ファン・デル・ワールス気体，光子気体を取り上げ，熱力学第 1 法則のみを用いてその意味を論じたのが第 2 章である．これら作業物質が違ってもカルノーサイクルの効率は同じになることを確かめてある．

変数が 3 以上では積分分母存在の数学定理がないのでエントロピーの定義は物理的に証明しなければならない．第 3 章では，熱力学第 1 法則と準静的過程のみを用いて，カラテオドリの定理によってエントロピーを定義する．

内部エネルギーおよびエントロピーより熱力学関数を定義し，さまざまな関係式を導いたのが第 4 章である．難しい理論ではないので微分形式の処方も随時取り入れた（微分形式については拙著『ナブラのための協奏曲』，共立出版を参照されたい）．マクスウェルの関係式は熱力学関数から導くのが普通だが，微分形式を使うと熱力学関数の定義に関係なく，積分可能条件が本質的であることがわかる．エントロピーを使ったレシュの定理の証明も数多く取りあげた．現代の教科書でレシュの名は忘れられている．

第 5 章で熱力学の核心，熱力学第 2 法則を与える．内部エネルギー極小原理とエントロピー極大原理が同等であることを証明した．内部エネルギーとエントロピー，およびそれらから得られる熱力学関数の安定性についてくどいほど論じた．

第 6 章では開いた系を主題として論じた．ここでも内部エネルギー極小原理とエントロピー極大原理が同等であることを証明した．

第 7 章で熱力学第 3 法則を与えた．ネルンストの熱定理である．アインシュタ

インは固体の熱容量を計算し，絶対零度で0に近づくことを発見した（後にデバイがアインシュタイン理論を修正するが絶対零度で0に近づくことに変わりない）．アインシュタインの論文に感銘したネルンストはアインシュタインをベルリン科学アカデミー会員，カイザー・ヴィルヘルム物理学研究所所長，講義の義務のないベルリン大学教授に招聘するため尽力する．

　次の第8章で統計力学に進む．統計力学の基本原理をボルツマンの原理と名づけたのはアインシュタインである．ブラウン運動もこの章で取りあげる．

　第9章は光子気体で，アインシュタインの発見も論じた．光子気体の状態方程式は非常に単純なベルヌーリの公式でも，相対論，量子論，統計力学による厳密な計算でも結果は同じであるところが面白い．

　第10章で相対論的熱力学を取りあげた．内外で相対論的熱力学を扱う教科書はほとんどない．アインシュタインが亡くなる少し前(1952)に温度と熱量の変換則について自説(1907)を翻したことでもわかるように，現在でも論争が続いている．本書ではアインシュタインが意見を変えた後の変換則を証明した．ランダウ－リフシッツとも結果的には同じである．また相対論的速度分布，相対論的理想気体，相対論的統計力学を論じた．

　第11章で宇宙背景輻射を取りあげた．古典理論によってもフリードマン方程式が得られることはよく知られている．ここでは古典理論と熱力学第1法則によって，アインシュタインの重力場方程式から得られる2式すべてを，定数を除いて導いた．もちろんアインシュタインの重力場方程式も解いてある．定数はこれによって決まる．

　第12章でブラックホールの熱力学を論じた．シュヴァルツシルトが，アインシュタインの重力場方程式厳密解を得て，後にブラックホールの事象の地平線となるシュヴァルツシルト半径を求めたのは従軍中で，アインシュタインの一般相対論の論文が出て間もなくである．アインシュタインは科学アカデミーでシュヴァルツシルトの論文を紹介し印刷に回した．ブラックホールは熱力学のもっとも簡単な対象である．ウンルー輻射の導出は初学者には難しいので読み飛ばしてもよい．

2018年6月1日　　著者

目　次

Table des matières

はじめに　　　　　　　　　　　　　　　　　　　　　　　　　　　*i*

1　熱力学第 1 法則　　　　　　　　　　　　　　　　　　　　　*1*

1.1　熱力学第 0 法則　*1*

1.2　仕事　*2*

1.3　熱力学第 1 法則　*3*

1.4　熱容量と等温潜熱　*5*

1.5　エンタルピー　*8*

1.6　圧力計数，体積弾性率，体膨張率，圧縮率　*10*

2　理想気体，ファン・デル・ワールス気体，光子気体　　　　　*15*

2.1　ベルヌーリの気体分子運動論　*15*

2.2　理想気体（完全気体）　*17*

2.3　さまざまな熱機関　*27*

2.4　ファン・デル・ワールス気体　*35*

2.5　光子気体　*39*

3　エントロピー　　　　　　　　　　　　　　　　　　　　　　*42*

3.1　クラウジウスの関係式とギブズの関係式　*43*

3.2　カラテオドリの定理　*47*

vi 目 次

　3.3　積分分母の意味　*49*

　3.4　トムソンの等式　*52*

4　熱力学関数 *55*

　4.1　内部エネルギーのルジャンドル変換　*56*

　4.2　マクスウェルの関係式　*58*

　4.3　微分形式によるマクスウェルの関係式　*58*

　4.4　マクスウェルの関係式の意味　*59*

　4.5　エントロピーのルジャンドル変換　*60*

　4.6　定積熱容量と定圧熱容量　*63*

　4.7　エネルギーの方程式　*67*

　4.8　エンタルピーの方程式　*71*

　4.9　レシュの定理　*77*

　4.10　理想気体の熱力学関数　*78*

　4.11　ファン・デル・ワールス気体の熱力学関数　*81*

　4.12　光子気体の熱力学関数　*84*

　4.13　ボルツマンの証明　*86*

　4.14　ミー-グリューンアイゼン状態方程式　*88*

　4.15　針金とゴムひもの熱力学　*91*

5　熱力学第2法則 *96*

　5.1　クラウジウス，トムソン，カラテオドリの原理　*96*

　5.2　クラウジウスの不等式　*102*

　5.3　エントロピー極大原理　*103*

　5.4　熱平衡の条件　*104*

　5.5　エントロピーと内部エネルギーの安定性　*108*

　5.6　ルジャンドル変換の安定性　*109*

　5.7　不等式の物理的意味　*112*

　5.8　エントロピーの安定性　*113*

　5.9　内部エネルギーの安定性　*117*

目　次　　　*vii*

5.10　エンタルピーの安定性　*121*

5.11　ヘルムホルツ関数の安定性　*123*

5.12　ギブズ関数の安定性　*124*

5.13　ヘス行列式　*126*

6　開いた系　*131*

6.1　開いた系　*131*

6.2　エントロピー極大原理と内部エネルギー極小原理　*132*

6.3　化学ポテンシャル　*135*

6.4　相平衡　*141*

6.5　クラペロンの式　*145*

6.6　表面張力の熱力学　*148*

6.7　2次相転移　*150*

6.8　多成分系　*153*

6.9　ギブズの相律とデュエームの定理　*156*

7　熱力学第3法則　*160*

7.1　ネルンスト-プランクの法則　*160*

7.2　絶対零度における熱容量，圧力計数，体膨張率　*161*

8　統計力学　*164*

8.1　マクスウェルの速度分布　*164*

8.2　統計力学の基本原理　*171*

8.3　ボルツマンの原理　*172*

8.4　熱力学との関係　*178*

8.5　理想気体のエントロピー　*179*

8.6　ギブズの逆説　*182*

8.7　カノニカル分布　*183*

8.8　グランドカノニカル分布　*187*

8.9 等温定圧分布　*189*

8.10 ゆらぎ　*192*

8.11 酔歩蹣跚とゴムの弾性　*195*

8.12 ブラウン運動　*198*

9 光子気体 *202*

9.1 振動子の熱力学　*202*

9.2 エネルギー量子　*204*

9.3 アインシュタインの光量子仮説　*205*

9.4 プランクの輻射式　*206*

9.5 振動子の量子力学　*208*

9.6 シュテファン－ボルツマンの法則　*211*

10 相対論的熱力学 *214*

10.1 完全流体のエネルギー運動量テンソル　*214*

10.2 プランクの熱力学第1法則　*217*

10.3 ランダウ－リフシッツの公式　*219*

10.4 相対論的熱力学再定式化　*220*

10.5 相対論的熱力学関数　*224*

10.6 光子気体の質量　*228*

10.7 相対論的速度分布，マクスウェル－ユトナー分布　*230*

10.8 相対論的理想気体　*232*

10.9 2次元の相対論的理想気体　*234*

10.10 1次元の相対論的理想気体　*236*

10.11 f次元の相対論的理想気体　*237*

10.12 任意の慣性系における統計力学　*239*

11 膨張する宇宙 *243*

11.1 古典論による宇宙膨張　*243*

目　次　　　ix

11.2　熱力学第 1 法則　*245*

11.3　平坦な空間　*246*

11.4　曲がった空間　*249*

11.5　フリードマン方程式　*254*

12　ブラックホールの熱力学　　*257*

12.1　ブラックホール　*257*

12.2　ホーキング輻射　*259*

12.3　地平線近傍　*260*

12.4　ウンルー輻射　*263*

12.5　固有温度　*264*

12.6　ブラウン－ヨークエネルギー　*266*

12.7　荷電ブラックホール　*267*

12.8　回転荷電ブラックホール　*270*

12.9　ウンルー温度の導出　*277*

数学的準備　　*282*

A1　連鎖法則　*282*

A2　積分可能条件　*285*

A3　積分因子，積分分母　*286*

A4　ヤコービ行列とヤコービ行列式　*287*

A5　ルジャンドル変換　*289*

A6　ガウス積分　*292*

A7　オイラーの定理　*296*

A8　ラグランジュの未定係数法　*297*

A9　デルタ関数　*297*

A10　第 2 種の変形ベッセル関数　*298*

索　引　　*301*

1

熱力学第1法則

Premier principe de la thermodynamique

1.1 熱力学第0法則

外界から切り離された体系を「孤立系」と言う.

熱力学第0法則は次のような経験則である.

> **法則1.1（熱力学第0法則）** 孤立系は，放置すれば，最初どんな状態にあっても，エネルギーが同一なら，最終的に同一の状態に緩和する.

この最終的な状態を「熱平衡状態」と言う. 平衡状態では体系は一様で等方的である. 熱力学で扱う量はしたがって一様な物質である. このような体系を特徴づけるのは体積 V, 内部エネルギー U, エンタルピー H, エントロピー S, 自由エネルギー F, G, 分子数 N, 質量 M などの巨視量である. 一様であるため，体系を半分にするとそれらの量も半分になる性質を持つ. この性質を「示量性」と言う. 示量性を持つ量は大文字で表わす. これに対して，温度 T, 圧力 p, 化学ポテンシャル μ などのように，体系のどの部分でも同じ値を持つ性質を「示強性」と言う. 示強性を持つ量は小文字で表わすが，温度 T のように，時間 t と紛らわしいので，大文字で表わすこともある（過去の文献を読むと，ギブズを始め，温度を t とする論文がいくらでもある）.

熱力学第0法則を3体系間の平衡状態法則として次のように言うこともできる.

> **法則1.2（推移の法則）** AとBが熱平衡状態にあり，AとCが熱平衡状態にあるとき，BとCも熱平衡状態にある.

A は温度計の役割をしている．平衡状態では，すべての巨視量は一定値を持つ．これを「状態量」あるいは「状態変数」と言う．もちろん，現実の世界は非平衡状態で，平衡状態というのはあくまでも理想化した概念である．

1.2　仕事

平衡状態にある体系に力を加えて変化させたとすると，一般には変化の途中で平衡状態ではなくなる．そこで，体系を平衡状態に保ったままゆっくり変化させる理想的な過程を考え，そのような過程を準静的過程と言う．

もっとも簡単な 1 次元の物質，ゴムひもやばね，針金などの弾性棒や弾性糸を考えてみよう．ゴムひもに外力を加えて引っぱり，長さ L で平衡状態にあるとする．ゴムひもは張力 τ で縮もうとするから，平衡状態を保ちながらゴムひもを伸ばすためには同じ力 τ を加えなければならない．したがって，ゴムひもを dL だけ伸ばすためには外力は

$$W = \tau dL \tag{1.1}$$

の仕事をしなければならない．

針金の枠に石鹸膜が張ってある場合はどうか．液体の表面には表面張力 γ が働くから，枠に加える力は別にして，膜の面積を広げるためには外力を加えなければならない．表面面積を dA だけ広げるためには外力は

$$W = \gamma dA \tag{1.2}$$

の仕事をしなければならない．

体積 V の中に圧力 p の流体が平衡状態にあるとしよう．流体は壁の微小面積 dA に垂直に力 pdA を与えている．外力によって体積を変化させるとき，平衡状態を保つためには pdA に抗して壁に垂直に外から $-pdA$ だけの力を加えなければならない．微小面積 dA が外に向って dL だけ移動したとき，外力がする仕事は $-pdA \cdot dL$ である．壁を dL だけ移動するために外力が行う仕事量は

$$W = -pdL \int dA = -pAdL = -pdV$$

である．

一般に，力 $X_1, X_2, \cdots$ の力によって準静的に状態量 $x_1, x_2, \cdots$ が $\mathrm{d}x_1, \mathrm{d}x_2, \cdots$ だけ変化するとき，外力が体系に対して行う仕事は

$$W = X_1\mathrm{d}x_1 + X_2\mathrm{d}x_2 + \cdots$$

になる．このような量をプファフ形式あるいは微分 1 形式（略して 1 形式）と言う．$-pdV$ の例からすれば，力 $x_1, x_2, \cdots$ で，状態量 $X_1, X_2, \cdots$ としたいところだが，時間 t と同じように座標を x で表わすのが習慣である．

1.3　熱力学第 1 法則

ある体系が平衡状態にあり，内部エネルギー U_1 を持っているとする．この体系に対して外から仕事 W をして，内部エネルギーが U_2 に増加したとする．内部エネルギーは状態量で，どのような仕事がなされたかに依存しないので，一般には $U_2 - U_1$ と W は異なる．熱力学第 1 法則はエネルギーが保存されることを主張する．そこで

法則 1.3（熱力学第 1 法則）　エネルギー保存則を

$$U_2 - U_1 = W + Q$$

として，熱量 Q を定義する．記号 Q は熱の「量」を表わしている．

用語「内部エネルギー」は，系全体としての並進や回転運動を含まないという意味である．「静止系のエネルギー」と呼んでもよい．

変化が微小な場合も当然熱力学第 1 法則が成り立つ．

法則 1.4（微分形式の熱力学第 1 法則）　微分形式のエネルギー保存則を

$$\mathrm{d}U = W + Q$$

とする．

ランダウ‐リフシッツの教科書では，微分ではないと断った上で $\mathrm{d}W$ や $\mathrm{d}Q$ という数学的には矛盾に満ちた記号を使っているが，本書ではプランクや数学者たちにならい d を付けない．その他の意味不明な記号も付けない．

第 1 章　熱力学第 1 法則

法則 1.5（準静的過程の熱力学第 1 法則）　準静的な過程では $W = -pdV$ に
なるから，熱力学第 1 法則は

$$dU = -pdV + Q, \qquad Q = dU + pdV$$

である．

dU と $-pdV$ は数学的に異なる量である．$p(U, V)$ は UV 平面における経路を表
わす．1 と 2 が決まった状態でも，経路によって積分値は異なる．上でも述べた
ように，1 から 2 までの dU の積分が途中どんな経路を取っても，両端の関数値
の差 $U_2 - U_1$ になる．すなわち微積分の基本原理

$$\int_{U_1}^{U_2} dU = U_2 - U_1$$

だ．それに対し，微分 1 形式 $-pdV$ の積分

$$W = -\int_{V_1}^{V_2} dV \, p(U, V)$$

は $p(U, V)$ の関数形によって結果が異なる．

U の独立変数を x と y とすると，$U(x, y)$ の微分は

$$dU = \left(\frac{\partial U}{\partial x}\right)_y dx + \left(\frac{\partial U}{\partial y}\right)_x dy$$

によって与えられる．下付き添字は偏微分を行うとき一定にする量を表わしてい
る．変数変換すると，関数の形が異なってしまう．数学者は形が違う関数は別の
記号で表わす，というもっともな流儀に従うのだが，物理学者は，関数形が変わっ
ても，関数値は同じ物理量を表わす，という流儀を取る．同じ物理量を変数変換
の度に記号を変えるのは煩わしい．したがって，熱力学のように，さまざまな変
数を用いるときに添字を付けて混乱を避けているのである．$\left(\frac{\partial U}{\partial x}\right)_y$ は U が x と
y の関数であることを意味している．一方，熱量 Q は微分ではなく微分 1 形式で
ある．独立変数を x と y とすると，(A5) のように

$$Q = \left(\frac{Q}{dx}\right)_y dx + \left(\frac{Q}{dy}\right)_x dy \tag{1.3}$$

と書ける．$\left(\frac{Q}{dx}\right)_y$, $\left(\frac{Q}{dy}\right)_x$ は偏微分係数ではない．

1.4 熱容量と等温潜熱

(1.3) において独立変数を T と V あるいは T と p に選ぶと

$$Q = \left(\frac{Q}{\mathrm{d}T}\right)_V \mathrm{d}T + \left(\frac{Q}{\mathrm{d}V}\right)_T \mathrm{d}V = \left(\frac{Q}{\mathrm{d}T}\right)_p \mathrm{d}T + \left(\frac{Q}{\mathrm{d}p}\right)_T \mathrm{d}p$$

になる．物質を単位温度上昇させるのに必要な熱量 $\frac{Q}{\mathrm{d}T}$ を熱容量と言う（単位質量あたりの熱容量を比熱，1 モルあたりの熱容量をモル比熱と言う）．体積一定のときの $\left(\frac{Q}{\mathrm{d}T}\right)_V = C_V$ を定積熱容量，圧力一定のときの $\left(\frac{Q}{\mathrm{d}T}\right)_p = C_p$ を定圧熱容量と言う．また温度一定のとき単位体積増加に必要な熱量 $\left(\frac{Q}{\mathrm{d}V}\right)_T = \Lambda_T^V$ を体積増加の等温潜熱と呼ぼう．温度一定のとき単位圧力増加に必要な熱量 $\left(\frac{Q}{\mathrm{d}p}\right)_T = \Lambda_T^p$ を圧力増加の等温潜熱と呼ぶことにする．

> **定理 1.6（熱力学第 1 法則）** 熱力学第 1 法則は
>
> $$Q = C_V \mathrm{d}T + \Lambda_T^V \mathrm{d}V = C_p \mathrm{d}T + \Lambda_T^p \mathrm{d}p \tag{1.4}$$
>
> のように表わすことができる．

> **定理 1.7（定積熱容量と体積増加の等温潜熱）** 定積熱容量と体積増加の等温潜熱は
>
> $$C_V = \left(\frac{Q}{\mathrm{d}T}\right)_V = \left(\frac{\partial U}{\partial T}\right)_V \tag{1.5}$$
>
> $$\Lambda_T^V = \left(\frac{Q}{\mathrm{d}V}\right)_T = \left(\frac{\partial U}{\partial V}\right)_T + p \tag{1.6}$$
>
> で与えられる．

証明 内部エネルギー U を T と V の 2 変数関数とすると

$$\mathrm{d}U = \left(\frac{\partial U}{\partial T}\right)_V \mathrm{d}T + \left(\frac{\partial U}{\partial V}\right)_T \mathrm{d}V$$

が成り立つ．熱力学第 1 法則は

$$Q = \mathrm{d}U + p\mathrm{d}V = \left(\frac{\partial U}{\partial T}\right)_V \mathrm{d}T + \left\{\left(\frac{\partial U}{\partial V}\right)_T + p\right\} \mathrm{d}V$$

を意味するから与式が得られる． □

熱容量は過程に依存する．ある変数 x を一定にして変化させるとき，温度を $\mathrm{d}T$ 上昇させるのに熱量 Q が必要だったとすると，熱容量は，(1.4) を用いて

$$
C_x = \left(\frac{Q}{\mathrm{d}T}\right)_x = \left(\frac{C_V \mathrm{d}T + \Lambda_T^V \mathrm{d}V}{\mathrm{d}T}\right)_x = C_V + \Lambda_T^V \left(\frac{\partial V}{\partial T}\right)_x \tag{1.7}
$$

によって与えられる．$x = V$ を一定に保つ定積過程では熱容量は (1.5)，$x = p$ を一定に保つ定圧過程では熱容量は

$$
C_p = C_V + \Lambda_T^V \left(\frac{\partial V}{\partial T}\right)_p = C_V + \left\{\left(\frac{\partial U}{\partial V}\right)_T + p\right\}\left(\frac{\partial V}{\partial T}\right)_p \tag{1.8}
$$

になる．これを Λ_T^V について解くと，数学公式 (A3) を使って

$$
\Lambda_T^V = \frac{C_p - C_V}{\left(\frac{\partial V}{\partial T}\right)_p} = (C_p - C_V)\left(\frac{\partial T}{\partial V}\right)_p \tag{1.9}
$$

の形に書き直すこともできる．

定理 1.8（定圧熱容量と圧力増加の等温潜熱）　定圧熱容量と圧力増加の等温潜熱は

$$
C_p = \left(\frac{Q}{\mathrm{d}T}\right)_p = C_V + \Lambda_T^V \left(\frac{\partial V}{\partial T}\right)_p \tag{1.10}
$$

$$
\Lambda_T^p = \left(\frac{Q}{\mathrm{d}p}\right)_T = \Lambda_T^V \left(\frac{\partial V}{\partial p}\right)_T \tag{1.11}
$$

によって与えられる．

証明　V を T と p の関数とすると

$$
\mathrm{d}V = \left(\frac{\partial V}{\partial T}\right)_p \mathrm{d}T + \left(\frac{\partial V}{\partial p}\right)_T \mathrm{d}p \tag{1.12}
$$

が成り立つ．熱力学第 1 法則 (1.4) は

$$
Q = C_V \mathrm{d}T + \Lambda_T^V \mathrm{d}V = \left\{C_V + \Lambda_T^V \left(\frac{\partial V}{\partial T}\right)_p\right\}\mathrm{d}T + \Lambda_T^V \left(\frac{\partial V}{\partial p}\right)_T \mathrm{d}p
$$

を意味するから (1.10) と (1.11) が得られる．(1.10) は (1.8) ですでに与えた．圧力増加の等温潜熱は

$$
\Lambda_T^p = \left\{\left(\frac{\partial U}{\partial V}\right)_T + p\right\}\left(\frac{\partial V}{\partial p}\right)_T = \left(\frac{\partial U}{\partial p}\right)_T + p\left(\frac{\partial V}{\partial p}\right)_T \tag{1.13}
$$

のように書き直せる．連鎖法則 (A2) を使った．　　□

(1.8) を C_V について解き，(1.11) を代入して陰関数定理 (A4) を使うと

$$C_V = C_p - \Lambda_T^V \left(\frac{\partial V}{\partial T}\right)_p = C_p - \Lambda_T^p \frac{\left(\frac{\partial V}{\partial T}\right)_p}{\left(\frac{\partial V}{\partial p}\right)_T} = C_p + \Lambda_T^p \left(\frac{\partial p}{\partial T}\right)_V \quad (1.14)$$

が得られる．熱力学第 1 法則 (1.4) を用いると，x を一定に保つときの熱容量は

$$C_x = \left(\frac{Q}{\mathrm{d}T}\right)_x = \left(\frac{C_p \mathrm{d}T + \Lambda_T^p \mathrm{d}p}{\mathrm{d}T}\right)_x = C_p + \Lambda_T^p \left(\frac{\partial p}{\partial T}\right)_x \quad (1.15)$$

によって与えられる．$x = V$ を一定に保つ定積過程では熱容量は (1.14) で与えられる．これを Λ_T^p について解くと

$$\Lambda_T^p = -\frac{C_p - C_V}{\left(\frac{\partial p}{\partial T}\right)_V} = -(C_p - C_V)\left(\frac{\partial T}{\partial p}\right)_V \quad (1.16)$$

と書くこともできる．最後に数学公式 (A3) を使った．

演習 1.9 恒等式

$$\left(\frac{\partial U}{\partial p}\right)_V = C_V \left(\frac{\partial T}{\partial p}\right)_V, \qquad \left(\frac{\partial U}{\partial V}\right)_p = C_p \left(\frac{\partial T}{\partial V}\right)_p - p \quad (1.17)$$

を示せ．

証明 連鎖法則 (A2) を使うと

$$\left(\frac{\partial U}{\partial p}\right)_V = \left(\frac{\partial U}{\partial T}\right)_V \left(\frac{\partial T}{\partial p}\right)_V = C_V \left(\frac{\partial T}{\partial p}\right)_V \quad (1.18)$$

になるから与えられた第 1 式が得られる．連鎖法則 (A2) および (A1) を使うと

$$\left(\frac{\partial U}{\partial V}\right)_p = \left(\frac{\partial U}{\partial T}\right)_p \left(\frac{\partial T}{\partial V}\right)_p = \left\{\left(\frac{\partial U}{\partial T}\right)_V + \left(\frac{\partial U}{\partial V}\right)_T \left(\frac{\partial V}{\partial T}\right)_p\right\}\left(\frac{\partial T}{\partial V}\right)_p$$

になるから，定圧熱容量を与える (1.8) を代入すると，与えられた第 2 式

$$\left(\frac{\partial U}{\partial V}\right)_p = \left\{C_p - p\left(\frac{\partial V}{\partial T}\right)_p\right\}\left(\frac{\partial T}{\partial V}\right)_p = C_p \left(\frac{\partial T}{\partial V}\right)_p - p \quad (1.19)$$

が得られる． □

8　　　　　　　　第 1 章　熱力学第 1 法則

演習 1.10　プランクの『熱力学論考』に書かれている恒等式

$$(C_p - C_V)\left(\frac{\partial}{\partial p}\left(\frac{\partial T}{\partial V}\right)_p\right)_V + \left(\frac{\partial C_p}{\partial p}\right)_V\left(\frac{\partial T}{\partial V}\right)_p - \left(\frac{\partial C_V}{\partial V}\right)_p\left(\frac{\partial T}{\partial p}\right)_V = 1$$

$$(1.20)$$

を導け.

証明　(1.18) を V で，(1.19) を p で微分すると，微分の順番を入れかえてもよいとするヤングの定理 (A6) によって

$$\left(\frac{\partial}{\partial V}\left(C_V\left(\frac{\partial T}{\partial p}\right)_V\right)\right)_p = \left(\frac{\partial}{\partial p}\left(C_p\left(\frac{\partial T}{\partial V}\right)_p - p\right)\right)_V$$

が成り立たなければならないから直ちに与式が得られる. 艱難辛苦汝を玉にす, プランクよりも面倒な証明をしたいなら (1.9) の両辺を p について微分し，整理すると

$$(C_p - C_V)\left(\frac{\partial}{\partial p}\left(\frac{\partial T}{\partial V}\right)_p\right)_V + \left(\frac{\partial C_p}{\partial p}\right)_V\left(\frac{\partial T}{\partial V}\right)_p$$
$$- \left(\frac{\partial C_V}{\partial p}\right)_V\left(\frac{\partial T}{\partial V}\right)_p - \left(\frac{\partial}{\partial p}\left(\frac{\partial U}{\partial V}\right)_T\right)_V = 1$$

が得られる. 左辺第 3, 4 項は連鎖法則 (A2) によって

$$\left(\frac{\partial C_V}{\partial p}\right)_V\left(\frac{\partial T}{\partial V}\right)_p + \left(\frac{\partial}{\partial p}\left(\frac{\partial U}{\partial V}\right)_T\right)_V$$
$$= \left(\frac{\partial C_V}{\partial T}\right)_V\left(\frac{\partial T}{\partial p}\right)_V\left(\frac{\partial T}{\partial V}\right)_p + \left(\frac{\partial}{\partial T}\left(\frac{\partial U}{\partial V}\right)_T\right)_V\left(\frac{\partial T}{\partial p}\right)_V$$
$$= \left\{\left(\frac{\partial C_V}{\partial T}\right)_V\left(\frac{\partial T}{\partial V}\right)_p + \left(\frac{\partial C_V}{\partial V}\right)_T\right\}\left(\frac{\partial T}{\partial p}\right)_V$$
$$= \left(\frac{\partial C_V}{\partial V}\right)_p\left(\frac{\partial T}{\partial p}\right)_V$$

になる. 最後に連鎖法則 (A1) を使った.　　　　　　　　　　　　　　□

1.5　エンタルピー

$Q = 0$, すなわち $\Delta U = W$ が成り立つときその過程は断熱的であると言う. ジュールとトムソン（ケルヴィン卿）は 1852 年に次のような実験をした. 断熱

状態で，シリンダーの中央に多孔質の栓をしておき，栓の両側にピストンを用意する．最初は栓の左側（1とする）のみに気体を詰めておき，圧力 p_1 を一定に保ちながら（すなわちピストンを一定の力 p_1A で押しながら）気体を多孔質の栓から押し出していく．右側（2とする）のピストンも力 p_2A で押し続け，気体の圧力 p_2 が一定に保たれるようにした．1の体積が dV_1 変化すると，外力がする仕事は $-p_1dV_1$ である．2の体積が dV_2 変化すると，外力がする仕事は $-p_2dV_2$ である．最初に V_1 だった1の体積は0になり，0だった2の体積は V_2 になったとする．外力がした全仕事は

$$W = -p_1 \int_{V_1}^{0} dV_1' - p_2 \int_{0}^{V_2} dV_2' = p_1 V_1 - p_2 V_2$$

である．断熱過程なのでこの仕事 W が気体の内部エネルギー増加になり，

$$\Delta U = U_2 - U_1 = p_1 V_1 - p_2 V_2 = W$$

が成り立っている．すなわち

$$U_1 + p_1 V_1 = U_2 + p_2 V_2$$

が成り立つ．そこで，内部エネルギーのかわりに

定義 1.11（エンタルピー） 状態量エンタルピーを

$$H = U + pV$$

によって定義する．

このときジュールとトムソンの実験のような圧力一定の過程では

$$H_1 = H_2$$

が成り立ち，エンタルピーが保存される．

熱力学第1法則 $Q = dU + pdV$ は，体積を変数にしているが，体積のかわりに圧力を独立変数にしたほうがよい場合がある．

$$dU = dH - pdV - Vdp$$

と書けるので，熱力学第 1 法則は

$$Q = \mathrm{d}H - V\mathrm{d}p$$

になる．エンタルピーを T と p の関数とすると，

$$\mathrm{d}H = \left(\frac{\partial H}{\partial T}\right)_p \mathrm{d}T + \left(\frac{\partial H}{\partial p}\right)_T \mathrm{d}p$$

が成り立つから

$$Q = \left(\frac{\partial H}{\partial T}\right)_p \mathrm{d}T + \left\{\left(\frac{\partial H}{\partial p}\right)_T - V\right\}\mathrm{d}p$$

が得られる．定圧過程における熱容量は

$$C_p = \left(\frac{\partial H}{\partial T}\right)_p$$

によって与えられる．熱力学第 1 法則は (1.4) のように書くことができるから圧力増加の等温潜熱は

$$\Lambda_T^p = \left(\frac{\partial H}{\partial p}\right)_T - V \tag{1.21}$$

になる．また $H = U + pV$ の両辺を微分すると

$$\left(\frac{\partial H}{\partial p}\right)_T = \left(\frac{\partial U}{\partial p}\right)_T + p\left(\frac{\partial V}{\partial p}\right)_T + V$$

になるから Λ_T^p は (1.13) で与えたように

$$\Lambda_T^p = \left(\frac{\partial H}{\partial p}\right)_T - V = \left(\frac{\partial U}{\partial p}\right)_T + p\left(\frac{\partial V}{\partial p}\right)_T$$

になる．定積過程の場合は $Q = \mathrm{d}U$ に，定圧過程の場合は $Q = \mathrm{d}H$ になる．いずれの場合も熱量が微分になるから熱量は過程に依存しない．このことは熱力学第 1 法則発見以前の 1840 年にヘスが見つけていた（ヘスの法則）．

1.6　圧力計数，体積弾性率，体膨張率，圧縮率

　熱容量が温度の変化による内部エネルギー，エンタルピーの反応を表わす物理量であるのに対し，温度の変化による力学的な反応を表わすのが圧力計数，体膨

1.6 圧力計数, 体積弾性率, 体膨張率, 圧縮率 　　　　*11*

張率, 圧力や体積の変化による力学的な反応を表わすのが体積弾性率, 圧縮率である. 圧力を温度と体積の関数とすると,

$$dp = \left(\frac{\partial p}{\partial T}\right)_V dT + \left(\frac{\partial p}{\partial V}\right)_T dV$$

になる. ここで現れた偏微分係数は定積圧力計数 α と等温体積弾性率 K に比例する量である.

定義 1.12 (圧力計数, 体積弾性率)　定積圧力計数 α と等温体積弾性率 K を

$$\alpha = \left(\frac{\partial p}{\partial T}\right)_V, \qquad K = -V\left(\frac{\partial p}{\partial V}\right)_T = -\left(\frac{\partial p}{\partial \ln V}\right)_T \qquad (1.22)$$

によって定義する.

dp は

$$dp = \alpha dT - K\frac{dV}{V}$$

になる. dV を変数 T と p で表わすためには (1.12) で与えた

$$dV = \left(\frac{\partial V}{\partial T}\right)_p dT + \left(\frac{\partial V}{\partial p}\right)_T dp$$

を使えばよい. ここで現れた偏微分係数は定圧体膨張率 β と等温圧縮率 κ_T に比例する量である.

定義 1.13 (体膨張率, 圧縮率)　定圧体膨張率 β と等温圧縮率 κ_T を

$$\beta = \frac{1}{V}\left(\frac{\partial V}{\partial T}\right)_p = \left(\frac{\partial \ln V}{\partial T}\right)_p, \quad \kappa_T = -\frac{1}{V}\left(\frac{\partial V}{\partial p}\right)_T = -\left(\frac{\partial \ln V}{\partial p}\right)_T$$
$$(1.23)$$

によって定義する.

体積の微分は

$$\frac{dV}{V} = d\ln V = \beta dT - \kappa_T dp \qquad (1.24)$$

になる.

$\alpha, K, \beta, \kappa_T$ は独立ではない. 等温体積弾性率 K は, 恒等式 (A3) を使うと,

$$K = -V\left(\frac{\partial p}{\partial V}\right)_T = -\frac{V}{\left(\frac{\partial V}{\partial p}\right)_T} = \frac{1}{\kappa_T}$$

すなわち等温圧縮率 κ_T の逆数である. また, 恒等式 (A4) によって

$$\alpha = \left(\frac{\partial p}{\partial T}\right)_V = -\frac{\left(\frac{\partial V}{\partial T}\right)_p}{\left(\frac{\partial V}{\partial p}\right)_T} = \frac{\beta}{\kappa_T} \tag{1.25}$$

の関係がある. したがって

$$dp = K\beta dT - K\frac{dV}{V} \tag{1.26}$$

が得られる. また

$$\left(\frac{\partial \beta}{\partial p}\right)_T = \left(\frac{\partial}{\partial p}\left(\frac{\partial \ln V}{\partial T}\right)_p\right)_T = \left(\frac{\partial}{\partial T}\left(\frac{\partial \ln V}{\partial p}\right)_T\right)_p = -\left(\frac{\partial \kappa_T}{\partial T}\right)_p$$

が成り立つ. 途中でヤングの定理 (A6) を使った.

演習 1.14　体積増加の等温潜熱, 圧力増加の等温潜熱は

$$\Lambda_T^V = \frac{C_p - C_V}{V\beta}, \qquad \Lambda_T^p = -\frac{(C_p - C_V)\kappa_T}{\beta} \tag{1.27}$$

のように書けることを示せ.

証明　(1.9) および (1.23) より

$$\Lambda_T^V = \frac{C_p - C_V}{\left(\frac{\partial V}{\partial T}\right)_p} = \frac{C_p - C_V}{V\beta}$$

になる. また, (1.16) および (1.25) より

$$\Lambda_T^p = -\frac{C_p - C_V}{\left(\frac{\partial p}{\partial T}\right)_V} = -\frac{(C_p - C_V)\kappa_T}{\beta}$$

が得られる. 熱力学第 1 法則は (1.4) より

$$Q = C_V dT + \frac{C_p - C_V}{\beta}\frac{dV}{V} = C_p dT - \frac{(C_p - C_V)\kappa_T}{\beta}dp$$

になる. □

定義 1.15（断熱圧縮率）　断熱圧縮率 κ_S を

$$\kappa_S = -\frac{1}{V}\left(\frac{\partial V}{\partial p}\right)_S = -\left(\frac{\partial \ln V}{\partial p}\right)_S$$

によって定義する. 断熱過程を添字 S で表わす（理由は第 3 章でわかる）.

1.6 圧力計数, 体積弾性率, 体膨張率, 圧縮率

定理 1.16 (レシュの定理) 定圧, 定積熱容量比 γ と等温, 断熱圧縮率比は厳密に等しい. すなわち

$$\gamma \equiv \frac{C_p}{C_V} = \frac{\kappa_T}{\kappa_S} \tag{1.28}$$

が成り立つ. レシュの定理 (1853) で, 熱的な性質と力学的な性質の間に恒等式が成り立つのは熱力学第1法則のためである.

証明 1 T 一定の等温過程では

$$Q = \Lambda_T^V \mathrm{d}V = \Lambda_T^p \mathrm{d}p$$

が成り立つから, (1.11)

$$\left(\frac{\partial V}{\partial p}\right)_T = \frac{\Lambda_T^p}{\Lambda_T^V}$$

が得られる. 一方, 断熱過程では

$$Q = C_V \mathrm{d}T + \Lambda_T^V \mathrm{d}V = C_p \mathrm{d}T + \Lambda_T^p \mathrm{d}p = 0 \tag{1.29}$$

が成り立つから, 定圧, 定積熱容量比は

$$\frac{C_p}{C_V} = \frac{\Lambda_T^p}{\Lambda_T^V}\left(\frac{\partial p}{\partial V}\right)_S = \left(\frac{\partial V}{\partial p}\right)_T\left(\frac{\partial p}{\partial V}\right)_S = \frac{\left(\frac{\partial V}{\partial p}\right)_T}{\left(\frac{\partial V}{\partial p}\right)_S} = \frac{\kappa_T}{\kappa_S}$$

になり, レシュの定理 (1.28) が得られる. $\square$

証明 2 T を p と V の関数として

$$\mathrm{d}T = \left(\frac{\partial T}{\partial V}\right)_p \mathrm{d}p + \left(\frac{\partial T}{\partial p}\right)_V \mathrm{d}V \tag{1.30}$$

を (1.29) 第1式に代入すると熱力学第1法則は

$$Q = C_V\left(\frac{\partial T}{\partial V}\right)_p \mathrm{d}p + \left\{C_V\left(\frac{\partial T}{\partial p}\right)_V + \Lambda_T^V\right\} \mathrm{d}V$$

になる. ここで (1.27) 第1式を代入すると

$$Q = C_V\left(\frac{\partial T}{\partial p}\right)_V \mathrm{d}p + C_p\left(\frac{\partial T}{\partial V}\right)_p \mathrm{d}V \tag{1.31}$$

に帰着する．(1.29) 第 2 式に (1.30) を代入し，(1.27) 第 2 式を用いても同じ式になる．そこで熱容量比は

$$\frac{C_p}{C_V} = -\frac{\left(\frac{\partial T}{\partial p}\right)_V}{\left(\frac{\partial T}{\partial V}\right)_p}\left(\frac{\partial p}{\partial V}\right)_S = \frac{\left(\frac{\partial V}{\partial p}\right)_T}{\left(\frac{\partial V}{\partial p}\right)_S} = \frac{\kappa_T}{\kappa_S}$$

になる．途中で恒等式 (A3) と (A4) を使った．

上記の証明では内部エネルギーを T と V の関数とした上で T を p と V の関数としたが，内部エネルギーを直接 p と V の関数としてもよい．熱力学第 1 法則は

$$Q = \left(\frac{\partial U}{\partial p}\right)_V \mathrm{d}p + \left\{\left(\frac{\partial U}{\partial V}\right)_p + p\right\}\mathrm{d}V = C_V\left(\frac{\partial T}{\partial p}\right)_V \mathrm{d}p + C_p\left(\frac{\partial T}{\partial V}\right)_p \mathrm{d}V$$

になるから，(1.18) および (1.19) を代入すると (1.31) が得られる． □

> **定義 1.17（断熱温度係数）** 断熱過程で体系を圧縮する場合の温度変化を与える断熱温度係数を
> $$\mu = \left(\frac{\partial T}{\partial p}\right)_S \tag{1.32}$$
> によって定義する．

演習 1.18 断熱温度係数は

$$\mu = \left(\frac{\partial T}{\partial p}\right)_S = \frac{\gamma-1}{\gamma}\frac{\kappa_T}{\beta} \tag{1.33}$$

になることを示せ．$\gamma = \frac{C_p}{C_V}$ は (1.28) で定義した熱容量比である．

証明 (1.29) より，断熱過程では

$$\left(\frac{\partial T}{\partial p}\right)_S = -\frac{\Lambda_T^p}{C_p} = \frac{C_p - C_V}{C_p}\frac{\kappa_T}{\beta} = \frac{\gamma-1}{\gamma}\frac{\kappa_T}{\beta}$$

が得られる．(1.25) で与えた定積圧力計数 $\alpha = \frac{\beta}{\kappa_T}$ を使うと

$$\alpha\mu = \frac{\gamma-1}{\gamma}$$

すなわち

$$\gamma = \frac{1}{1-\alpha\mu} \tag{1.34}$$

が成り立つ． □

理想気体，ファン・デル・ワールス気体，光子気体

Gaz parfait, gaz de Van der Waals, gaz de photons

2.1 ベルヌーリの気体分子運動論

用語ガスはファン・ヘルモントがカオス（混沌）から命名した (1640)．気体が分子からなるという考えが一般に認められるようになったのは 20 世紀になってからで，ボルツマンも原子論のために苦闘したのだが，ベルヌーリの気体分子運動論は 1738 年出版で，驚くべき早い時代に驚くべき論文を書いているのである．

1 辺の長さが L，体積 $V = L^3$ の立方体の中に N 個の分子が閉じ込められているとする．全分子数のうち，$\frac{N}{3}$ 個の分子が 6 個ある壁の 1 つに垂直に運動しているとしよう．運動量 p_n を持つ分子は，壁に衝突して，ニュートン力学に従って，

$$\text{力積} = \text{運動量の変化} = 2p_\mathrm{n}$$

を壁に与える．その分子は速度 v_n を持っているとすると，

$$\text{壁の間の距離 } L \text{ を往復する時間} = \frac{2L}{v_\mathrm{n}}$$
$$1 \text{ 個の分子が単位時間に壁に衝突する回数} = \frac{v_\mathrm{n}}{2L}$$
$$\tfrac{N}{3} \text{ 個の分子が単位時間に壁に衝突する回数} = \frac{N}{3} \cdot \frac{v_\mathrm{n}}{2L}$$

である．したがって，時間 dt の間に，運動量 p_n，速度 v_n を持つ $\frac{N}{3}$ 個の分子が

第2章 理想気体，ファン・デル・ワールス気体，光子気体

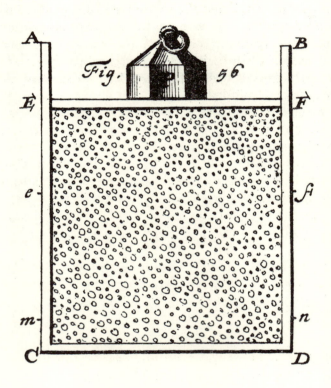

図 2.1 気体分子運動論（ベルヌーリ『流体力学』より）

壁に衝突するとき，壁は

$$力積 = \frac{N}{3} \cdot 2p_n \cdot \frac{v_n}{2L} \cdot dt$$

を受ける．一方，気体の圧力 p が壁に与える力積は，$pL^2 dt$ にほかならないから

$$p = \frac{1}{L^2} \cdot \frac{N}{3} \cdot \frac{1}{L} p_n v_n = \frac{1}{3} \frac{N}{V} p_n v_n$$

が得られる．

定理 2.1（ベルヌーリの公式） 粒子数 N の気体が体積 V の立方体に閉じ込められているとき，気体の圧力は

$$p = \frac{1}{3} \frac{N}{V} p_n v_n \tag{2.1}$$

によって与えられる．垂直に壁に向う分子の運動量を p_n，速度を v_n とする．

2.2 理想気体（完全気体）

理想気体の状態方程式 ボイルとフックは共同で，気体の圧力 p と体積 V の間に逆比例関係があることを発見した．1662 年に出版されたボイルの著書『新実験』に書かれている．

法則 2.2（ボイルの法則） 理想気体（完全気体とも言う）では

$$pV = 定数 \tag{2.2}$$

が成り立つ．フランスではマリオットの法則 (1679) とも言っている．

この一定値が温度に比例していることを発見したのはシャルル (1787 未公表)，ゲ=リュサック (1802) である．

法則 2.3（理想気体の状態方程式） 分子数 N の理想気体の状態方程式は

$$pV = NkT$$

である．ボイル–シャルルの法則と言う．

18   第 2 章　理想気体，ファン・デル・ワールス気体，光子気体

1 モルあたりの分子数 N_A はアヴォガードロ定数である．分子数が N_A のとき $N_A k = R$ を気体定数と言う．ボルツマン定数 k は分子 1 個あたりの気体定数で

$$k = \frac{R}{N_A}$$

になる．プランクが導入した．アインシュタインは，初期の論文では，k ではなく $\frac{R}{N_A}$ を使っていた．理想気体の状態方程式は $pV = N \frac{R}{N_A} T = nRT$ とも表わす．$n = \frac{N}{N_A}$ はモル数である．

理想気体の内部エネルギー　気体が質量 m の非相対論的単原子分子からなるものとし，$p_n = mv_n$ を用いると，1 方向の粒子の運動エネルギーは $\frac{1}{2}mv_n^2$ になる．内部エネルギーを 3 方向の運動エネルギーの和

$$U = 3 \times \frac{N}{3} \frac{1}{2} mv_n^2$$

とすると，ベルヌーリの公式 (2.1) によって，

$$p = \frac{N}{3V} mv_n^2 = \frac{2U}{3V}$$

が得られる．

法則 2.4（ベルヌーリの定理）　相互作用しない非相対論的単原子分子からなる気体ではベルヌーリの定理

$$p = \frac{2}{3} \frac{U}{V} \tag{2.3}$$

が成り立つ．

理想気体の状態方程式 $pV = NkT$ と比較し，

$$U = \frac{3}{2} NkT$$

になるから分子 1 個あたりの内部エネルギーは

$$\varepsilon = \frac{U}{N} = \frac{3}{2} kT$$

である．

2.2 理想気体（完全気体）

ジュールは 1844 年に次のような実験をした．同一の 2 個の容器の一方に気体を入れ，もう一方は真空にして，開閉できる栓がついた管で連結し，栓をしたまま水中に入れた．栓を開いて時間が経つと，平衡状態になり，気体は両容器に同じだけ残る．ジュールは水の温度上昇がないことを確かめた．数学定理 (A4) を使うと

$$\left(\frac{\partial T}{\partial V}\right)_U = -\left(\frac{\partial T}{\partial U}\right)_V \left(\frac{\partial U}{\partial V}\right)_T = -\frac{1}{C_V}\left(\frac{\partial U}{\partial V}\right)_T$$

になるから $\left(\frac{\partial T}{\partial V}\right)_U = 0$ すなわち

$$\left(\frac{\partial U}{\partial V}\right)_T = 0$$

が得られる．

法則 2.5（ジュールの法則）　理想気体では

$$\left(\frac{\partial U}{\partial V}\right)_T = 0 \tag{2.4}$$

が成り立つ．

ジュールの実験では熱の出入りがない．すなわち $Q = 0$ を意味する．また気体は真空に向って膨張したので仕事をしていない．すなわち $W = 0$ である．したがって，熱力学第 1 法則によって $dU = Q + W = 0$ である．気体は，体積が 2 倍になったのに，内部エネルギーに変化がなかった．したがって内部エネルギーは体積によらないことが示されたのだ．内部エネルギーの微分

$$dU = \left(\frac{\partial U}{\partial T}\right)_V dT + \left(\frac{\partial U}{\partial V}\right)_T dV$$

においてジュールの実験は，右辺第 2 項がないことを意味する．すなわち

$$dU = C_V dT$$

が成り立つ．定積熱容量が温度に依存しないときは

$$U = \int_0^T dT' \, C_V = C_V T$$

が得られる. $U = \frac{3}{2}NkT$ と比較し,

$$C_V = \frac{3}{2}Nk$$

になる.

例題 2.6 ジュールの法則が成り立つとき, 内部エネルギーは圧力にも依存しないことを示せ.

証明 連鎖法則を使うと

$$\left(\frac{\partial U}{\partial p}\right)_T = \left(\frac{\partial U}{\partial V}\right)_T \left(\frac{\partial V}{\partial p}\right)_T$$

が得られるからジュールの法則により

$$\left(\frac{\partial U}{\partial p}\right)_T = 0$$

である. □

(1.6) で定義した体積増加の等温潜熱は

$$\Lambda_T^V = \left(\frac{\partial U}{\partial V}\right)_T + p = p$$

になる. したがって, (1.8) で定義した定圧熱容量は

$$C_p = C_V + \Lambda_T^V \left(\frac{\partial V}{\partial T}\right)_p = C_V + p\left(\frac{\partial}{\partial T}\frac{NkT}{p}\right)_p = C_V + Nk$$

になる.

法則 2.7 (マイアーの関係式) 理想気体の定圧, 定積熱容量は

$$C_p = C_V + Nk$$

を満たす.

C_V は温度にほとんど依存しない. また, ルニョーの実験 (1840, 1841) によって C_p も広範囲で一定値を持つことがわかっている.

2.2 理想気体 (完全気体) 21

演習 2.8 公式 (1.20) を理想気体に適用してその意味を調べよ.

演習 2.9 (マイアーサイクル) マイアーサイクルは,理想気体について,I 断熱自由膨張 (A→B),II 定圧圧縮 (B→C),III 定積加熱 (C→A) からなっている.これを用いてマイアーの関係式を導け.

証明 機関に出入りする熱量と機関が外にする仕事は

$$
\begin{array}{lll}
\text{I} & Q_{\text{I}} = 0 & -W_{\text{I}} = 0 \\
\text{II} & Q_{\text{II}} = C_p(T_{\text{C}} - T_{\text{B}}) & -W_{\text{II}} = p(V_{\text{C}} - V_{\text{B}}) \\
\text{III} & Q_{\text{III}} = C_V(T_{\text{A}} - T_{\text{C}}) & -W_{\text{III}} = 0
\end{array}
$$

である.仕事 $-W_{\text{II}}$ は状態方程式を使って

$$
-W_{\text{II}} = p(V_{\text{C}} - V_{\text{B}}) = Nk(T_{\text{C}} - T_{\text{B}})
$$

と書ける.サイクルを終えると内部エネルギーはもとの値に戻っているはずである.また自由膨張では気体は外に仕事をせず,熱量も受け取らないから内部エネルギーは変化せず,$T_{\text{A}} = T_{\text{B}}$ である.サイクルの内部エネルギー変化は

$$
\begin{aligned}
\Delta U &= C_p(T_{\text{C}} - T_{\text{B}}) + C_V(T_{\text{B}} - T_{\text{C}}) - Nk(T_{\text{C}} - T_{\text{B}}) \\
&= (Nk + C_V - C_p)(T_{\text{B}} - T_{\text{C}}) = 0
\end{aligned}
$$

になるためマイアーの関係式が得られる. □

定圧熱容量は,マイアーの関係式によって $C_p = C_V + Nk = \frac{5}{2}Nk$ になるから熱容量比

$$
\gamma = \frac{C_p}{C_V}
$$

は $\frac{5}{3} = 1.666\cdots$ で実験値によく合っている.定積熱容量が $\frac{3}{2}Nk$ になるのは単原子分子の場合に限られる.(2.3) においてベルヌーリの定理を導くとき,分子は並進の運動エネルギーのみを持つとした.そこで,エネルギーは分子 1 個,1 自由度あたり $\frac{1}{2}kT$ が分配されると推定される.この結果はエネルギー等分配則として知られている.マクスウェル-ボルツマンの原理とも呼ばれていた.ウォータストンは,1845 年,エネルギー等分配則を発見した気体分子運動論の先駆となる論文を王立協会に投稿したが,掲載を拒否されただけでなく,原稿の返却も拒否された.埃をかぶった原稿が再発見されたのは 1891 年である.

22　　　　　　第 2 章　理想気体，ファン・デル・ワールス気体，光子気体

　2 原子分子では重心の並進の運動エネルギーばかりでなく，回転や振動のエネルギーを持つ．分子の方向を指定するのに 2 変数が必要なので，2 原子分子の自由度は全部で 5 で，エネルギー等分配則を適用すれば定積熱容量が $\frac{5}{2}Nk$，定圧熱容量が $\frac{7}{2}Nk$，熱容量比が $\frac{7}{5} = 1.4$ になり実験値に一致する．このことはエネルギーが振動運動に分配されないことを意味する．

　3 原子分子も，並進，回転，振動のエネルギーを持つ．3 原子が直線に並んだ分子の場合は回転の自由度は 2 だが，直線ではない分子では，2 原子を結ぶ軸方向ばかりでなく，第 3 の原子の軸まわりの回転角を指定する必要があるので一般には回転の自由度は 3 である．3 原子分子の自由度は全部で 6 で，エネルギー等分配則によって定積熱容量が $3Nk$，定積熱容量が $4Nk$，熱容量比が $\frac{4}{3} = 1.333\cdots$ になり，これも実験値に一致する．振動には分配されない．

エネルギー保存則の発見　ではエネルギーは振動には分配されないのだろうか．これは 19 世紀における謎の 1 つだった．1900 年 4 月 27 日，ケルヴィン卿は王立研究所で行った講演「2 つの雲」で，次のように述べている．「熱と光が運動の様式であると主張する力学理論の美しさと明晰さは，現在のところ，2 つの雲によって曇らされている．第 1 の雲は光の波動理論によって生まれ，フレネールとトマス・ヤング博士が研究した．それは，光のエーテルのような弾性固体の中を地球がいかにして運動できるか？という疑問をはらんでいる．第 2 の雲はエネルギー分配におけるマクスウェル–ボルツマンの原理である．」古典物理学を脅かす暗雲として，マイケルソン–モーリーの実験と，この熱容量の問題を取りあげている．前者が相対論によって，後者が量子論によって解決されることになる（十分高温では振動にも分配される）．雲は未来を告げる吉祥雲だったのだ．

　マイアーは関係式 $C_p = C_V + Nk$ の発見によってエネルギー保存則の発見者となった．現在は，熱量もエネルギーの単位 J で表わすが，かつて 1 g の水を 1 °C 上昇させるに必要な熱量を単位カロリー（cal）としていた．熱量をエネルギーに換算するのが熱の仕事当量 J で，C_p および C_V を cal/K で表わすと

$$J = \frac{Nk}{C_p - C_V}$$

の関係がある．マイアーは 1842 年に J を計算した．1 atm，0 °C，1 cm^3 の空気の重さは 0.0013 g である．空気の定圧熱容量はドラローシュとベラールの測定値

1 g あたり 0.267 cal だから，定圧変化で空気が吸収する熱量は 0.000347 cal にな
る．一方，デュローンによる熱容量比は 1.421 であるから，定積変化で吸収される
熱量は 0.000244 cal になる．したがって，定圧変化と定積変化では 0.000103 cal
の違いがある．マイアーはこの差が圧力の下での体積変化に要する仕事によって
生じるものと考えた．1 atm で断面積 1 cm^2 の水銀柱の重さは 1033 g，1 °C の温
度上昇による体積増加は 274 分の 1 であるから「1 度の熱は 367 m の高さの 1 g
に相当する」．1842 年の論文では 365 m だった．ある質量を 365 m 落下させるた
めに必要な仕事量は同じ質量の水を 1 °C 上昇させる仕事であるとして，

$$1\,\mathrm{g} \times 365\,\mathrm{m} \times 9.8\,\mathrm{m\,s}^{-2}/\mathrm{cal} = 3.58\,\mathrm{J/cal}$$

を得た（カルノーは，1878 年に発表された遺稿の中で熱の仕事当量を計算し，エ
ネルギー保存則を先取りしていた．カルノーの遺稿には「私が熱理論について形
づくったいくつかの着想に従うと，動力の 1 単位の生成は 2.70 単位の熱の消費を
必要とする」と書いてある．動力は仕事のことで，単位は 10^3 kg m，熱の単位は
10^3 cal だからカルノーの結果は 1 cal が 370 g m に相当する．マイアーの値とほ
とんど同じである）．

　一方，ジュールは 1843 年，ある質量を 838 ft を落下させ，温度上昇 1 °F を得
た．J は

$$1\,\mathrm{g} \times (838 \times 0.3048)\,\mathrm{m} \times 9.8\,\mathrm{m\,s}^{-2}/\tfrac{1}{1.8}\,\mathrm{cal} = 4.5\,\mathrm{J/cal}$$

だった．ジュールは同じ論文で水をかき混ぜることによる温度の上昇を測定し，
4.15 J/cal，1850 年の羽根車の実験では 4.16 J/cal，1778 年の実験でも 4.16 J/cal
を得ている．ジュールの墓碑には熱の仕事当量 772.55 ft lbs が刻まれている．現
在は 1 cal = 4.1868 J によって定義されている．

定義 2.10（理想気体）　理想気体の状態方程式，内部エネルギー，エンタル
ピーは

$$pV = NkT, \qquad U = C_V T = N c_V T, \qquad H = C_p T = N c_p T \qquad (2.5)$$

によって与えられる．1 分子あたりの定積，定圧熱容量を c_V, c_p とする．

演習 2.11 **(ポアソンの方程式)**　理想気体の断熱変化ではポアソンの方程式

$$pV^{\gamma} = 定数, \quad TV^{\gamma-1} = 定数, \quad Tp^{-(\gamma-1)/\gamma} = 定数, \quad \gamma = \frac{C_p}{C_V} \qquad (2.6)$$

が成り立つことを示せ.

証明　熱力学第 1 法則によって断熱過程では

$$\frac{Q}{T} = \frac{dU + pdV}{T} = C_V \frac{dT}{T} + Nk \frac{dV}{V} = 0 \qquad (2.7)$$

が成り立つ. これを積分すれば

$$C_V \ln T + Nk \ln V = C_V \ln \left(TV^{Nk/C_V} \right) = C_V \ln \left(TV^{\gamma-1} \right) = 定数$$

となり

$$TV^{\gamma-1} \propto pV^{\gamma} = 定数$$

を得る. $pV^{\gamma} = 定数$ より $V \propto p^{-1/\gamma}$ になるから, $TV^{\gamma-1} = 定数$ に代入し,

$$Tp^{-(\gamma-1)/\gamma} = 定数$$

も得られる. 大気科学ではこの断熱保存量を温度ポテンシャル（温位）と呼んで

$$\theta = T \left(\frac{p}{p_0} \right)^{-(\gamma-1)/\gamma} = T \left(\frac{p_0}{p} \right)^{k/c_p} \qquad (2.8)$$

によって定義する.

　また, 理想気体の状態方程式を微分した $Nk dT = pdV + Vdp$ を (2.7) に代入し, マイアーの関係式を使えば

$$\frac{Q}{T} = C_V \frac{dp}{p} + C_p \frac{dV}{V} \qquad (2.9)$$

になるから $\frac{Q}{T} = 0$ を積分して

$$C_V \ln p + C_p \ln V = C_V \ln \left(pV^{C_p/C_V} \right) = C_V \ln \left(pV^{\gamma} \right) = 定数$$

が得られる. ポアソンの方程式 $pV^{\gamma} = 定数$ はポアソンが 1823 年に導いた. 熱素説に基づきながら正しい結果を得ていた. γ をポアソン比と呼ぶ（ポアソンは記号 k を使っていた）. □

2.2 理想気体（完全気体） 25

例題 2.12 理想気体のある過程で熱容量が C_x であったとする．その過程では

$$pV^k = \text{定数}, \quad TV^{k-1} = \text{定数}, \quad Tp^{-(k-1)/k} = \text{定数}, \quad k = \frac{C_x - C_p}{C_x - C_V}$$

となることを示せ．

証明 (2.9) に $Q = C_x \mathrm{d}T$ を代入すると

$$C_x \frac{\mathrm{d}T}{T} = C_V \frac{\mathrm{d}p}{p} + C_p \frac{\mathrm{d}V}{V}$$

になる．これを積分し $pV \propto T$ を使うと

$$T^{C_x} p^{-C_V} V^{-C_p} \propto p^{C_x - C_V} V^{C_x - C_p} = \left(pV^{\frac{C_x - C_p}{C_x - C_V}} \right)^{C_x - C_V} = \text{定数}$$

が得られる．したがって $pV^k = \text{定数}$ などが従う．この過程の熱容量は

$$C_x = C_V \frac{k - \gamma}{k - 1}$$

である．断熱過程では $C_x = 0$ であるから $k = \gamma$ になる． $\square$

系 2.13 断熱過程では

$$(\gamma - 1) \frac{\mathrm{d}V}{V} = -\beta \mathrm{d}T$$

が成り立つ．

証明 (1.29) および (1.27) により

$$\left(\frac{\partial V}{\partial T} \right)_S = -\frac{C_V}{\Lambda_T^V} = -\frac{C_V V \beta}{C_p - C_V} = -\frac{V \beta}{\gamma - 1} \tag{2.10}$$

になるから与式が得られる．理想気体では γ は定数で，

$$\beta = \frac{1}{V} \left(\frac{\partial}{\partial T} \frac{NkT}{p} \right)_p = \frac{1}{V} \cdot \frac{Nk}{p} = \frac{1}{T} \tag{2.11}$$

になるから

$$(\gamma - 1) \frac{\mathrm{d}V}{V} = -\frac{\mathrm{d}T}{T}$$

により断熱不変量 $TV^{\gamma - 1}$ が得られる． $\square$

例題 2.14（**断熱減率**） 上空では分子数密度が減少するので，断熱膨張が起っていると考えられる．高度を z とすると気温の断熱減率は

$$\Gamma = -\frac{\mathrm{d}T}{\mathrm{d}z} = \frac{mg}{c_p}$$

によって与えられることを示せ．$g = 9.8\,\mathrm{m/s^2}$ は重力加速度，$m = 4.8 \times 10^{-26}\,\mathrm{kg}$ は空気の平均分子質量である．

証明 断熱過程では (2.6) によって，$Tp^{-(\gamma-1)/\gamma} = $ 定数 になるから

$$p^{-(\gamma-1)/\gamma}\mathrm{d}T - \frac{\gamma-1}{\gamma}Tp^{-(\gamma-1)/\gamma-1}\mathrm{d}p = 0$$

より

$$\frac{\mathrm{d}T}{\mathrm{d}p} = \frac{\gamma-1}{\gamma}\frac{T}{p} = \frac{kT}{c_p p}$$

が得られる．空中に，垂直に $\mathrm{d}z$，断面積 A の柱体を考えると，ϱ を質量密度として，その体積中に $\varrho A\mathrm{d}z$ の質量があり，直方体の上下での気圧差 $\mathrm{d}p$ による力が重力と釣り合っているはずである．静水圧平衡の式 $p + \mathrm{d}p + g\varrho\mathrm{d}z = p$ すなわち

$$\mathrm{d}p = -g\varrho\mathrm{d}z \tag{2.12}$$

が成り立っている．粒子密度を $n(z)$ とすると，体積 $V = A\mathrm{d}z$ 中の分子数は $n(z)A\mathrm{d}z$ で，理想気体の状態方程式 $pA\mathrm{d}z = n(z)A\mathrm{d}zkT$ を使って，$\varrho = mn(z) = \frac{mp}{kT}$ になる．そのため

$$\frac{\mathrm{d}p}{\mathrm{d}z} = -g\varrho = -\frac{mgp}{kT}$$

になり，これを積分してボルツマンの気圧計公式 (1879)

$$p = p_0\mathrm{e}^{-\frac{mgz}{kT}} \tag{2.13}$$

に帰着する（演習 8.21 参照）．$T = 300\,\mathrm{K}$，$z = 300\,\mathrm{m}$ のとき，$\mathrm{e}^{-\frac{mgz}{kT}} \cong 1 - \frac{mgz}{kT} = 0.97$ を得る．温度の断熱減率は

$$\Gamma = -\frac{\mathrm{d}T}{\mathrm{d}z} = -\frac{\mathrm{d}T}{\mathrm{d}p}\frac{\mathrm{d}p}{\mathrm{d}z} = \frac{kT}{c_p p} \cdot \frac{mgp}{kT} = \frac{mg}{c_p} = \frac{\gamma-1}{\gamma}\frac{mg}{k}$$

となり，2 原子分子の熱容量比 $\gamma = \frac{7}{5}$ を使うと $\Gamma \cong 0.0097\,\mathrm{K/m}$ が得られる．100 m 上昇すると 1 K 気温が下がる．

(2.8) で定義した温度ポテンシャルの微分は

$$\mathrm{d}\theta = \left(\frac{p_0}{p}\right)^{k/c_p}\left(\mathrm{d}T - \frac{kT}{c_p p}\mathrm{d}p\right) = \frac{1}{c_p}\left(\frac{p_0}{p}\right)^{k/c_p}(c_p\mathrm{d}T + mg\mathrm{d}z)$$

になる．静水圧平衡の式を使った．断熱過程では

$$\mathrm{d}(c_p T + mgz) = 0$$

が成り立つ．すなわちエンタルピーと位置エネルギーの和が保存される．　　□

例題 2.15（レシュの定理）　(1.28) で与えたレシュの定理

$$\frac{\kappa_T}{\kappa_S} = \frac{C_p}{C_V} = \gamma$$

が理想気体で成り立つことを示せ．

証明　理想気体の断熱過程では $pV^\gamma = $ 定数 が成り立つので

$$\mathrm{d}(pV^\gamma) = V^\gamma\mathrm{d}p + \gamma V^{\gamma-1}p\mathrm{d}V = 0$$

を用いて断熱圧縮率は

$$\kappa_S = -\frac{1}{V}\left(\frac{\partial V}{\partial p}\right)_S = \frac{1}{\gamma p}$$

である．等温圧縮率は

$$\kappa_T = -\frac{1}{V}\left(\frac{\partial}{\partial p}\frac{NkT}{p}\right)_T = \frac{1}{V}\frac{NkT}{p^2} = \frac{1}{p} \tag{2.14}$$

になるからレシュの定理が得られる．　　□

2.3　さまざまな熱機関

　熱機関が変化を行った後ふたたびもとの状態に戻るとき，この変化をサイクルと言う．この節では熱力学第 1 法則を使って理想気体のさまざまなサイクルの効率を調べてみよう．4 過程 I (A→B)，II (B→C)，III (C→D)，IV (D→A) からなるサイクルを扱う．したがって機関が受け取り放出する全熱量は

$$Q = Q_\mathrm{I} + Q_\mathrm{II} + Q_\mathrm{III} + Q_\mathrm{IV}$$

機関が外部に行う全仕事は

$$-W = -W_{\mathrm{I}} - W_{\mathrm{II}} - W_{\mathrm{III}} - W_{\mathrm{IV}}$$

である．内部エネルギーは状態量なので，一定の過程を経てもとに戻ればもとの値になる．したがって $Q = -W$ が成り立っていなければならない．Q のうちで，機関が高熱源から受け取る熱量を Q_2，低熱源へ放出する熱量を $-Q_1$ とする．すなわち

$$Q = Q_{\mathrm{I}} + Q_{\mathrm{II}} + Q_{\mathrm{III}} + Q_{\mathrm{IV}} = Q_1 + Q_2$$

とする．機関は高熱源から $Q_2 > 0$ を受け取り，その一部を $-W$ として外部に仕事をし，残り

$$Q_2 - Q = -Q_1$$

を低熱源に放出する．高熱減から得た Q_2 のうち，外への仕事に転化できる割合

$$\eta = \frac{-W}{Q_2} = \frac{Q_1 + Q_2}{Q_2} = 1 - \frac{-Q_1}{Q_2}$$

を効率と言う．

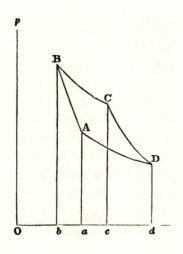

図 2.2 カルノーサイクル（マクスウェル『熱の理論』より）．横軸は V．

カルノーサイクル カルノーは論文『火の動力とその動力を発生させるのに適した機関についての考察』を 1824 年 6 月 12 日に刊行し，カルノーサイクルを与えた．クラペロンは 1834 年に発表した論文「熱の動力についての覚書」でカルノーの『考察』の内容を数学的に書き改めた．図を用いてカルノーサイクルを表示したのはクラペロンが最初である．カルノーの理論を発展させて熱力学第 2 法則（第 5 章）の原理を与えたのはクラウジウスとトムソンである．熱力学の誕生である．

カルノーサイクルは，I 断熱圧縮，II 等温膨張 (T_2)，III 断熱膨張，IV 等温圧縮 (T_1)

からなっている．機関に出入りする熱量と機関が外にする仕事は

$$\begin{aligned}
&\text{I} & Q_\text{I} &= 0 & -W_\text{I} &= C_V(T_2 - T_1) \\
&\text{II} & Q_\text{II} &= NkT_2 \ln \tfrac{V_\text{C}}{V_\text{B}} & -W_\text{II} &= NkT_2 \ln \tfrac{V_\text{C}}{V_\text{B}} \\
&\text{III} & Q_\text{III} &= 0 & -W_\text{III} &= C_V(T_1 - T_2) \\
&\text{IV} & Q_\text{IV} &= NkT_1 \ln \tfrac{V_\text{A}}{V_\text{D}} & -W_\text{IV} &= NkT_1 \ln \tfrac{V_\text{A}}{V_\text{D}}
\end{aligned}$$

である．したがって高熱源から得る熱量は $Q_2 = Q_\text{II} = NkT_2 \ln \frac{V_\text{C}}{V_\text{B}}$，機関が外に行った仕事は

$$-W = -W_\text{I} - W_\text{II} - W_\text{III} - W_\text{IV} = NkT_2 \ln \frac{V_\text{C}}{V_\text{B}} + NkT_1 \ln \frac{V_\text{A}}{V_\text{D}}$$

によって与えられる．断熱過程では $TV^{\gamma-1}$ 一定なので過程 I と III でそれぞれ

$$T_1 V_\text{A}^{\gamma-1} = T_2 V_\text{B}^{\gamma-1}, \qquad T_2 V_\text{C}^{\gamma-1} = T_1 V_\text{D}^{\gamma-1}$$

が成り立つから $\frac{V_\text{A}}{V_\text{D}} = \frac{V_\text{B}}{V_\text{C}}$ を使うと効率は

$$\eta = \frac{-W}{Q_2} = 1 + \frac{T_1 \ln \frac{V_\text{A}}{V_\text{D}}}{T_2 \ln \frac{V_\text{C}}{V_\text{B}}} = 1 - \frac{T_1}{T_2}$$

になる．

スターリングサイクル　1816 年にスターリングが特許を得たサイクルは，カルノーサイクルの断熱過程 I および III を定積過程で置きかえたもので，I 定積加熱 (V_1)，II 等温膨張 (T_2)，III 定積冷却 (V_2)，IV 等温圧縮 (T_1) からなっている．機関に出入りする熱量と機関が外にする仕事は等温過程 II および IV ではカルノーサイクルと同じで，定積過程 I では $Q_\text{I} = C_V(T_2 - T_1)$，$W_\text{I} = 0$，III では $Q_\text{III} = C_V(T_1 - T_2)$，$-W_\text{III} = 0$ である．Q_I と Q_III は符号が逆で同じ大きさなので，

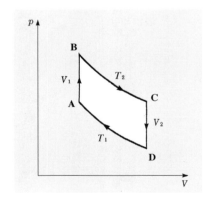

図 **2.3**　スターリングサイクル

再生熱交換器によって III で捨てた熱量を I で還元すれば，高熱源から得る熱量は $Q_2 = Q_\text{II} = NkT_2 \ln \frac{V_2}{V_1}$，機関が外に行った仕事は $-W = -W_\text{II} - W_\text{IV} = Nk(T_2 - T_1) \ln \frac{V_2}{V_1}$ で，効率はカルノーサイクルと同じ $\eta = \frac{-W}{Q_2} = 1 - \frac{T_1}{T_2}$ である．

エリクソンサイクル エリクソンは1833年にカルノーサイクルの等温過程IIおよびIVを定圧過程で置きかえたサイクル（ジュールサイクル），1853年にカルノーサイクルの断熱過程IおよびIIIを定圧過程で置きかえたサイクルを考案した．エリクソンサイクルと呼ばれているのは後者で，I 定圧加熱 (p_2)，II 等温膨張 (T_2)，III 定圧冷却 (p_1)，IV 等温圧縮 (T_1) からなっている．機関に出入りする熱量と機関が外にする仕事はIIおよびIVではカルノーサイクルと同じ，Iでは $Q_\mathrm{I} = C_p(T_2 - T_1)$, $-W_\mathrm{I} = Nk(T_2 - T_1)$, IIIでは $Q_\mathrm{III} = C_p(T_1 - T_2)$, $-W_\mathrm{III} = Nk(T_1 - T_2)$ である．Q_I と Q_III は符号が逆で同じ大きさなので，再生熱交換器によってIIIで捨てた熱量をIで還元すれば，高熱源から得る熱量は $Q_2 = Q_\mathrm{II} = NkT_2 \ln \frac{p_2}{p_1}$, 機関が外に行った仕事は $-W = Nk(T_2 - T_1) \ln \frac{p_2}{p_1}$ で，効率はカルノーサイクルと同じである．

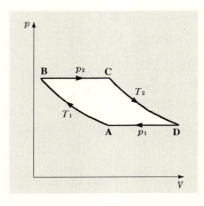

図 2.4 エリクソンサイクル

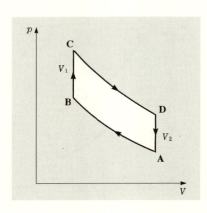

図 2.5 オットーサイクル

オットーサイクル ガソリン機関の原理である．1876年にオットーが特許を得たが，ド・ロシャスが1862年に「熱，および一般に動力の最大利用の実用的条件に関する新研究」を出版し特許を得ていたのでオットーの特許は取り消された．だが最初に実用的機関を製作したのはオットーなのでオットーサイクルの名で呼ばれている．オットーサイクルは，I 断熱圧縮，II 定積加熱 (V_1)，III 断熱膨張，IV 定積冷却 (V_2) からなっている．機関に出

入りする熱量と機関が外に行った仕事は

I $Q_\mathrm{I} = 0$ $\qquad -W_\mathrm{I} = -C_V(T_\mathrm{B} - T_\mathrm{A})$
II $Q_\mathrm{II} = C_V(T_\mathrm{C} - T_\mathrm{B})$ $\qquad -W_\mathrm{II} = 0$
III $Q_\mathrm{III} = 0$ $\qquad -W_\mathrm{III} = -C_V(T_\mathrm{D} - T_\mathrm{C})$
IV $Q_\mathrm{IV} = C_V(T_\mathrm{A} - T_\mathrm{D})$ $\qquad -W_\mathrm{IV} = 0$

である．したがって高熱源から得る熱量，機関が外に行った仕事，効率は

$$\begin{cases} Q_2 = Q_\mathrm{II} = C_V(T_\mathrm{C} - T_\mathrm{B}) \\ -W = -W_\mathrm{I} - W_\mathrm{III} = C_V(-T_\mathrm{B} + T_\mathrm{A} - T_\mathrm{D} + T_\mathrm{C}) \\ \eta = \dfrac{-W}{Q_2} = 1 - \dfrac{T_\mathrm{D} - T_\mathrm{A}}{T_\mathrm{C} - T_\mathrm{B}} = 1 - \dfrac{T_\mathrm{A}}{T_\mathrm{B}} = 1 - \left(\dfrac{V_1}{V_2}\right)^{\gamma-1} \end{cases}$$

になる．断熱過程では $TV^{\gamma-1}$ 一定なので

$$\frac{T_\mathrm{D}}{T_\mathrm{C}} = \frac{T_\mathrm{A}}{T_\mathrm{B}} = \left(\frac{V_1}{V_2}\right)^{\gamma-1}$$

を使った．サイクルの最低温度は $T_\mathrm{min} = T_\mathrm{A}$，最高温度は $T_\mathrm{max} = T_\mathrm{C} > T_\mathrm{B}$ で

$$\eta = 1 - \frac{T_\mathrm{A}}{T_\mathrm{B}} < 1 - \frac{T_\mathrm{A}}{T_\mathrm{C}} = 1 - \frac{T_\mathrm{min}}{T_\mathrm{max}}$$

である．不等式の意味は定理 3.7 を参照．以下のサイクルも同様．

ジュールサイクル　エリクソンが 1833 年に発明し，英国の特許を得たサイクルで，ジュールは 1851 年に科学振興英国協会の学会で「空気機関について」を発表した（論文は 1852 年刊行のロンドン王立協会『哲学紀要』）が，1871 年にブレイトンが米国の特許を得たのでブレイトンサイクルとも言う．ジュールサイクルは，I 断熱圧縮，II 定圧膨張 (p_2)，III 断熱膨張，IV 定圧圧縮 (p_1) からなっている．機関に出入りする熱量と機関が外に行った仕

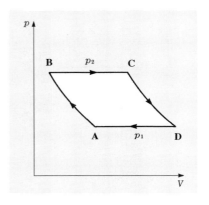

図 **2.6**　ジュールサイクル

事は

$$
\begin{array}{lll}
\text{I} & Q_\text{I} = 0 & -W_\text{I} = -C_V(T_\text{B} - T_\text{A}) \\
\text{II} & Q_\text{II} = C_p(T_\text{C} - T_\text{B}) & -W_\text{II} = Nk(T_\text{C} - T_\text{B}) \\
\text{III} & Q_\text{III} = 0 & -W_\text{III} = -C_V(T_\text{D} - T_\text{C}) \\
\text{IV} & Q_\text{IV} = C_p(T_\text{A} - T_\text{D}) & -W_\text{IV} = Nk(T_\text{A} - T_\text{D})
\end{array}
$$

である. したがって高温源から得る熱量, 機関が外に行った仕事, 効率は

$$
\begin{cases}
Q_2 = Q_\text{II} = C_p(T_\text{C} - T_\text{B}) \\
-W = -C_V(T_\text{B} - T_\text{A}) + Nk(T_\text{C} - T_\text{B}) - C_V(T_\text{D} - T_\text{C}) + Nk(T_\text{A} - T_\text{D}) \\
 = C_p(T_\text{C} - T_\text{B} - T_\text{D} + T_\text{A}) \\
\eta = \dfrac{-W}{Q_2} = 1 - \dfrac{T_\text{D} - T_\text{A}}{T_\text{C} - T_\text{B}} = 1 - \dfrac{T_\text{D}}{T_\text{C}} = 1 - \left(\dfrac{p_1}{p_2}\right)^{(\gamma-1)/\gamma}
\end{cases}
$$

になる. 断熱過程では (2.6) により $pT^{(\gamma-1)/\gamma}$ が一定なので

$$\frac{T_\text{D}}{T_\text{C}} = \frac{T_\text{A}}{T_\text{B}} = \left(\frac{p_1}{p_2}\right)^{(\gamma-1)/\gamma}$$

を使った. サイクルの最低温度 $T_\text{min} = T_\text{A} < T_\text{D}$, 最高温度 $T_\text{max} = T_\text{C}$ で

$$\eta = 1 - \frac{T_\text{D}}{T_\text{C}} < 1 - \frac{T_\text{A}}{T_\text{C}} = 1 - \frac{T_\text{min}}{T_\text{max}}$$

である. 定理 3.7 を満たしている.

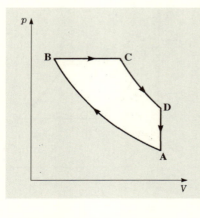

図 **2.7** ディーゼルサイクル

ディーゼルサイクル ディーゼルは 1892 年にアンモニアのかわりに空気を使う機関の特許を得た. それは内燃機関に向かないカルノーサイクルに基づいていた. だがそれと並んで, 空気を高度に圧縮させ, 空気の温度を燃料の発火点を十分超えるまで上昇させることによって, 噴射した燃料を自発的に点火させるというディーゼル機関の原理を述べていた. ディーゼルは 1893 年にディーゼル機関の特許を得た. たった 1 分間だがエンジンが初めて自力で動いた 1897 年 2 月 17 日が

ディーゼルエンジンの誕生日とされている．ディーゼルサイクルはカルノーサイクルの等温過程を定圧および定積過程で置きかえたもので，I 断熱圧縮，II 定圧加熱，III 断熱膨張，IV 定積冷却からなっている．機関に出入りする熱量と機関が外に行った仕事は

$$\text{II} \quad Q_{\text{II}} = C_p(T_{\text{C}} - T_{\text{B}}) \qquad -W_{\text{II}} = Nk(T_{\text{C}} - T_{\text{B}})$$

$$\text{IV} \quad Q_{\text{IV}} = C_V(T_{\text{A}} - T_{\text{D}}) \qquad -W_{\text{IV}} = 0$$

である．したがって高熱源から得る熱量，機関が外に行った仕事，効率は

$$\begin{cases} Q_2 = Q_{\text{II}} = C_p(T_{\text{C}} - T_{\text{B}}) \\ -W = -C_V(T_{\text{B}} - T_{\text{A}}) + Nk(T_{\text{C}} - T_{\text{B}}) - C_V(T_{\text{D}} - T_{\text{C}}) \\ \qquad = C_p(T_{\text{C}} - T_{\text{B}}) - C_V(T_{\text{D}} - T_{\text{A}}) \\ \eta = \dfrac{-W}{Q_2} = \dfrac{C_p(T_{\text{C}} - T_{\text{B}}) - C_V(T_{\text{D}} - T_{\text{A}})}{C_p(T_{\text{C}} - T_{\text{B}})} \\ \qquad = 1 - \dfrac{1}{\gamma}\dfrac{T_{\text{D}} - T_{\text{A}}}{T_{\text{C}} - T_{\text{B}}} = 1 - \dfrac{1}{\gamma}\dfrac{T_{\text{A}}}{T_{\text{B}}}\dfrac{\frac{T_{\text{D}}}{T_{\text{A}}} - 1}{\frac{T_{\text{C}}}{T_{\text{B}}} - 1} = 1 - \dfrac{1}{\gamma}\left(\dfrac{V_{\text{B}}}{V_{\text{A}}}\right)^{\gamma-1}\dfrac{\left(\frac{V_{\text{C}}}{V_{\text{B}}}\right)^{\gamma} - 1}{\frac{V_{\text{C}}}{V_{\text{B}}} - 1} \end{cases}$$

である．断熱過程では (2.6) により $TV^{\gamma-1}$ が一定なので過程 I, III では

$$T_{\text{A}}V_{\text{A}}^{\gamma-1} = T_{\text{B}}V_{\text{B}}^{\gamma-1}, \qquad T_{\text{D}}V_{\text{D}}^{\gamma-1} = T_{\text{C}}V_{\text{C}}^{\gamma-1}$$

が成り立つ．これらから，$V_{\text{D}} = V_{\text{A}}$ に注意し，

$$\frac{T_{\text{A}}}{T_{\text{B}}} = \left(\frac{V_{\text{B}}}{V_{\text{A}}}\right)^{\gamma-1}, \qquad \frac{T_{\text{D}}}{T_{\text{A}}} = \frac{T_{\text{C}}}{T_{\text{B}}}\left(\frac{V_{\text{C}}}{V_{\text{B}}}\right)^{\gamma-1} = \left(\frac{V_{\text{C}}}{V_{\text{B}}}\right)^{\gamma}$$

が得られる．後者は，定圧過程 II で，$p_{\text{C}} = p_{\text{B}}$ により

$$\frac{T_{\text{C}}}{T_{\text{B}}} = \frac{p_{\text{C}}V_{\text{C}}}{p_{\text{B}}V_{\text{B}}} = \frac{V_{\text{C}}}{V_{\text{B}}}$$

が成り立つことを使った．$\frac{V_{\text{B}}}{V_{\text{A}}}$ は過程 I で V_{A} から V_{B} まで圧縮する圧縮比，$\frac{V_{\text{C}}}{V_{\text{B}}}$ は過程 II の定圧加熱膨張における V_{B} から V_{C} までの膨張比（締切比）である．サイクルの最低温度は $T_{\min} = T_{\text{A}}$，最高温度は $T_{\max} = T_{\text{C}}$ である．η を締切比 $z = \frac{V_{\text{C}}}{V_{\text{B}}} \geq 1$ の関数で表わすと

$$\eta = 1 - \frac{1}{\gamma}\frac{T_{\text{A}}}{T_{\text{B}}}f(z), \qquad f(z) = \frac{z^{\gamma} - 1}{z - 1}$$

になる．$f(z)$ は $z = 1$ で最小値を取り，$f(1) = \gamma$ である．したがって

$$\eta < 1 - \frac{T_{\text{A}}}{T_{\text{B}}} = 1 - \frac{T_{\min}}{T_{\max}}$$

が得られる．定理 3.7 を満たしている．

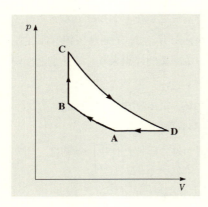

図 2.8 サージェントサイクル

サージェントサイクル　サージェントはオットーサイクルを改良する目的で，1925年に特許「内燃機関」を得た．サージェントサイクルは，オットーサイクルの定積過程 IV を定圧過程に置きかえたもので，I 断熱圧縮，II 定積加熱，III 断熱膨張，IV 定圧圧縮からなる．したがってサージェント機関が高温源から得る熱量は

$$Q_2 = Q_{\text{II}} = C_V(T_C - T_B)$$

である．またサージェント機関が外に行った仕事および効率は

$$\begin{cases} -W = -C_V(T_B - T_A) - C_V(T_D - T_C) + Nk(T_A - T_D) \\ = C_V(T_C - T_B) - C_p(T_D - T_A) \\ \eta = \dfrac{-W}{Q_2} = 1 - \gamma \dfrac{T_D - T_A}{T_C - T_B} = 1 - \gamma \dfrac{T_A}{T_C} \dfrac{\frac{T_D}{T_A} - 1}{1 - \frac{T_B}{T_C}} \\ = 1 - \gamma \left(\dfrac{V_B}{V_A}\right)^{\gamma-1} \dfrac{p_B}{p_C} \dfrac{\left(\frac{p_C}{p_B}\right)^{1/\gamma} - 1}{1 - \frac{p_B}{p_C}} = 1 - \gamma \left(\dfrac{V_B}{V_A}\right)^{\gamma-1} \dfrac{\left(\frac{p_C}{p_B}\right)^{1/\gamma} - 1}{\frac{p_C}{p_B} - 1} \end{cases}$$

になる．過程 II が定積過程，過程 I, III が断熱過程であることを使うと

$$\frac{T_C}{T_B} = \frac{p_C}{p_B} = \frac{p_D \left(\frac{V_D}{V_C}\right)^\gamma}{p_A \left(\frac{V_A}{V_B}\right)^\gamma} = \left(\frac{V_D}{V_A}\right)^\gamma = \left(\frac{T_D}{T_A}\right)^\gamma$$

の関係があり，また

$$\frac{T_A}{T_C} = \frac{T_A}{T_B} \frac{T_B}{T_C} = \left(\frac{V_B}{V_A}\right)^{\gamma-1} \frac{p_B}{p_C}$$

のように書き直すことができることを使った．サイクルの最低温度は $T_{\min} = T_A$，最高温度は $T_{\max} = T_C$ である．効率を $z = \frac{p_C}{p_B} \geq 1$ の関数で表わすと

$$\eta = 1 - \gamma \frac{T_A}{T_C} f(z), \qquad f(z) = \frac{z^{1/\gamma} - 1}{1 - z^{-1}}$$

である．$f(z)$ は $z = 1$ で最小値 $\frac{1}{\gamma}$ を取る．したがって

$$\eta < 1 - \frac{T_A}{T_C} = 1 - \frac{T_{\min}}{T_{\max}}$$

が得られる．定理 3.7 を満たしている．

2.4 ファン・デル・ワールス気体

> **定義 2.16** ファン・デル・ワールスは 1873 年に，理想気体より現実的に気体を記述する模型を提案した．その状態方程式は
>
> $$\left(p + \frac{N^2 a}{V^2} \right)(V - Nb) = NkT \tag{2.15}$$
>
> 内部エネルギーは
>
> $$U = C_V T - \frac{N^2 a}{V} \tag{2.16}$$
>
> によって与えられる．

分子間力は，ある分子間距離 r_0 以上では引力だが，r_0 の中側では斥力になっている．そのため分子は r_0 以内に近づくことは困難である．したがって，分子の運動する空間は，箱の体積 V よりも $N \times \frac{4\pi}{3} r_0^3$ 程度小さくなるはずである．この効果を $V - Nb$ で表わしている．状態方程式 (2.15) を p について解くと

$$p = \frac{NkT}{V - Nb} - \frac{N^2 a}{V^2}$$

で，$\Delta p = -\frac{N^2 a}{V^2}$ は圧力が減少する効果を表している．箱の中に微小体積 ΔV を取ると，1 個の分子がこの ΔV に存在する確率は $\frac{\Delta V}{V}$ である．分子が 2 個同時に ΔV に存在する確率は $\left(\frac{\Delta V}{V} \right)^2$ になる．分子間の引力が働くのは分子が近づいたときなので，分子間力の効果はこの確率に比例するはずで，圧力が示強性であることを考慮し，圧力減少の効果は $\frac{N^2}{V^2} \Delta V^2$ に比例すると考えられる．圧力は単位面積あたりの力なので，内部エネルギーの付加項

$$\Delta U = -A \int dL \, \Delta p = \int dV \, \frac{N^2 a}{V^2} = -\frac{N^2 a}{V}$$

が得られる．

定圧熱容量 ファン・デル・ワールス気体の定積熱容量 C_V は理想気体の C_V と同値で，T のみの関数であることは 4.11 節で証明する．ここでは T にもよらない定数とした．ファン・デル・ワールス気体のエンタルピーは

$$H = U + pV = (C_V + Nk)T - \frac{2N^2 a}{V} + \frac{N^2 bkT}{V - Nb} \tag{2.17}$$

になる．定圧熱容量 C_p は

$$C_p = \left(\frac{\partial H}{\partial T}\right)_p = C_V + Nk + \frac{N^2 bk}{V - Nb} + \left(\frac{2N^2 a}{V^2} - \frac{N^2 bkT}{(V - Nb)^2}\right)\left(\frac{\partial V}{\partial T}\right)_p$$

を計算すればよい．

$$\left(\frac{\partial V}{\partial T}\right)_p = -\frac{\left(\frac{\partial p}{\partial T}\right)_V}{\left(\frac{\partial p}{\partial V}\right)_T} = \frac{\frac{V - Nb}{T}}{1 - \frac{2Na(V - Nb)^2}{kTV^3}} \tag{2.18}$$

を代入した結果は

$$C_p = C_V + \frac{Nk}{1 - \frac{2Na(V - Nb)^2}{kTV^3}}, \qquad \gamma = \frac{C_p}{C_V} = 1 + \frac{\frac{Nk}{C_V}}{1 - \frac{2Na(V - Nb)^2}{kTV^3}} \tag{2.19}$$

である．C_p は T と V の関数で，マイアーの関係式 $C_p = C_V + Nk$ は補正を受ける．以下では C_p も熱容量比 γ も定数として扱う．

断熱不変量　熱力学第 1 法則 $Q = \mathrm{d}U + p\mathrm{d}V$ によって

$$Q = C_V \mathrm{d}T + \frac{N^2 a}{V^2}\mathrm{d}V + \left(\frac{NkT}{V - Nb} - \frac{N^2 a}{V^2}\right)\mathrm{d}V$$

$$= C_V \mathrm{d}T + NkT\frac{\mathrm{d}V}{V - Nb} = C_V T \mathrm{d}\ln(T(V - Nb)^{\gamma - 1}) \tag{2.20}$$

になるから，断熱変化 $Q = 0$ では $C_V \ln(T(V - Nb)^{\gamma - 1})$ 一定すなわち

$$T(V - Nb)^{\gamma - 1} = 定数 \tag{2.21}$$

になる．

レシュの定理　等温圧縮率は

$$\kappa_T = -\frac{1}{V}\left(\frac{\partial V}{\partial p}\right)_T = \frac{\frac{(V - Nb)^2}{NkTV}}{1 - \frac{2Na(V - Nb)^2}{kTV^3}}$$

である．ここで

$$\left(\frac{\partial V}{\partial p}\right)_T = \frac{1}{\left(\frac{\partial p}{\partial V}\right)_T} = -\frac{\frac{(V - Nb)^2}{NkT}}{1 - \frac{2Na(V - Nb)^2}{kTV^3}} \tag{2.22}$$

を使った. 断熱圧縮率は

$$\kappa_S = -\frac{1}{V}\frac{1}{\left(\frac{\partial p}{\partial V}\right)_S} = -\frac{1}{V}\frac{1}{-\frac{NkT}{(V-Nb)^2} + \frac{2N^2a}{V^3} + \frac{Nk}{V-Nb}\left(\frac{\partial T}{\partial V}\right)_S}$$

を計算すればよい. (2.21) で与えた断熱不変量 $T(V-Nb)^{\gamma-1}$ から得られる

$$\left(\frac{\partial T}{\partial V}\right)_S = -(\gamma-1)\frac{T}{V-Nb} = -\frac{NkT}{C_V(V-Nb)} \tag{2.23}$$

を代入すると

$$\kappa_S = \frac{\frac{(V-Nb)^2}{NkTV}}{1 - \frac{2Na(V-Nb)^2}{kTV^3} + \frac{Nk}{C_V}}$$

に帰着する. 圧縮率比は

$$\frac{\kappa_T}{\kappa_S} = 1 + \frac{\frac{Nk}{C_V}}{1 - \frac{2Na(V-Nb)^2}{kTV^3}} = \frac{C_p}{C_V} \tag{2.24}$$

のように熱容量比となり, レシュの定理を確かめることができる.

温度係数 (1.32) で定義した温度係数は

$$\mu = \frac{1}{\left(\frac{\partial p}{\partial T}\right)_S} = \frac{1}{\frac{Nk}{V-Nb} + \left(-\frac{NkT}{(V-Nb)^2} + \frac{2N^2a}{V^3}\right)\left(\frac{\partial V}{\partial T}\right)_S}$$

を計算すればよい. (2.23) で与えた $\left(\frac{\partial T}{\partial V}\right)_S$ を代入すると

$$\mu = \frac{\frac{V-Nb}{C_V}}{1 - \frac{2Na(V-Nb)^2}{kTV^3} + \frac{Nk}{C_V}}$$

が得られる. (1.22) で定義した定積圧力係数

$$\alpha = \left(\frac{\partial p}{\partial T}\right)_V = \frac{Nk}{V-Nb} \tag{2.25}$$

を用いると

$$\frac{1}{1-\alpha\mu} = 1 + \frac{\frac{Nk}{C_V}}{1 - \frac{2Na(V-Nb)^2}{kTV^3}}$$

になるから (2.24) によりレシュの定理を確かめることができる.

定圧体膨張率　(1.23) で定義した定圧体膨張率 β は，(2.18) を用いて，

$$\beta = \frac{1}{V}\left(\frac{\partial V}{\partial T}\right)_p = \frac{\frac{V-Nb}{TV}}{1 - \frac{2Na(V-Nb)^2}{kTV^3}} \tag{2.26}$$

になる．したがって

$$\frac{TV\beta^2}{\kappa_T} = \frac{Nk}{1 - \frac{2Na(V-Nb)^2}{kTV^3}} = C_p - C_V$$

である．$C_p - C_V = \frac{TV\beta^2}{\kappa_T}$ は物質によらず成り立つ厳密な公式，一般化マイアーの関係式で，定理 4.21，演習 4.23，4.29 で証明を与える

> **演習 2.17**　ファン・デル・ワールス気体の体積を V_1 から V_2 に等温変化させたとき，熱源から得る熱量を求めよ．

証明　気体が外部にする仕事は

$$-W = \int_{V_1}^{V_2} \mathrm{d}V\left(\frac{NkT}{V-Nb} - \frac{N^2a}{V^2}\right) = NkT\ln\frac{V_2-Nb}{V_1-Nb} + \frac{N^2a}{V_2} - \frac{N^2a}{V_1}$$

である．また (2.16) より等温変化における内部エネルギーの増加は

$$\Delta U = -\frac{N^2a}{V_2} + \frac{N^2a}{V_1}$$

である．したがって熱源から得る熱量は

$$Q = \Delta U - W = NkT\ln\frac{V_2-Nb}{V_1-Nb}$$

によって与えられる．　　　　　　　　　　　　　　　　　　　　　　　　　□

> **演習 2.18**（ファン・デル・ワールス気体のカルノーサイクル）　ファン・デル・ワールス気体のカルノーサイクルは，理想気体と同じ効率

$$\eta = 1 - \frac{T_1}{T_2}$$

を与えることを示せ．

証明　機関に出入りする熱と機関が外部にする仕事は

I　　$Q_{\mathrm{I}} = 0$　　　　　　　　　　　$-W_{\mathrm{I}} = C_V(T_2 - T_1) + \frac{N^2a}{V_{\mathrm{B}}} - \frac{N^2a}{V_{\mathrm{A}}}$

II　　$Q_{\mathrm{II}} = NkT_2\ln\frac{V_{\mathrm{C}}-Nb}{V_{\mathrm{B}}-Nb}$　　　　$-W_{\mathrm{II}} = NkT_2\ln\frac{V_{\mathrm{C}}-Nb}{V_{\mathrm{B}}-Nb} + \frac{N^2a}{V_{\mathrm{C}}} - \frac{N^2a}{V_{\mathrm{B}}}$

III　　$Q_{\mathrm{III}} = 0$　　　　　　　　　　$-W_{\mathrm{III}} = C_V(T_1 - T_2) + \frac{N^2a}{V_{\mathrm{D}}} - \frac{N^2a}{V_{\mathrm{C}}}$

IV　　$Q_{\mathrm{IV}} = NkT_1\ln\frac{V_{\mathrm{A}}-Nb}{V_{\mathrm{D}}-Nb}$　　　　$-W_{\mathrm{IV}} = NkT_1\ln\frac{V_{\mathrm{A}}-Nb}{V_{\mathrm{D}}-Nb} + \frac{N^2a}{V_{\mathrm{A}}} - \frac{N^2a}{V_{\mathrm{D}}}$

である．したがって高熱源から得る熱量，機関が外に行った仕事，効率は

$$
\begin{cases}
Q_2 = Q_{\text{II}} = NkT_2 \ln \frac{V_{\text{C}} - Nb}{V_{\text{B}} - Nb} \\
-W = -W_{\text{I}} - W_{\text{II}} - W_{\text{III}} - W_{\text{IV}} = NkT_2 \ln \frac{V_{\text{C}} - Nb}{V_{\text{B}} - Nb} + NkT_1 \ln \frac{V_{\text{A}} - Nb}{V_{\text{D}} - Nb} \\
\eta = \frac{-W}{Q_2} = 1 + \frac{T_1 \ln \frac{V_{\text{A}} - Nb}{V_{\text{D}} - Nb}}{T_2 \ln \frac{V_{\text{C}} - Nb}{V_{\text{B}} - Nb}} = 1 - \frac{T_1}{T_2}
\end{cases}
$$

である．断熱過程では $T(V - Nb)^{\gamma-1}$ 一定なので過程 I と III でそれぞれ

$$
T_1(V_{\text{A}} - Nb)^{\gamma-1} = T_2(V_{\text{B}} - Nb)^{\gamma-1}, \quad T_2(V_{\text{C}} - Nb)^{\gamma-1} = T_1(V_{\text{D}} - Nb)^{\gamma-1}
$$

が成り立つから

$$
\frac{V_{\text{A}} - Nb}{V_{\text{D}} - Nb} = \frac{V_{\text{B}} - Nb}{V_{\text{C}} - Nb}
$$

を使った． □

2.5 光子気体

光子は質量 $m = 0$ の粒子である．速度は c，粒子のエネルギーは

$$
\varepsilon = \sqrt{c^2 p_{\text{n}}^2 + mc^4} = cp_{\text{n}}
$$

である．したがって光子気体の内部エネルギーは

$$
U = 3 \times \frac{N}{3} \cdot cp_{\text{n}}
$$

になり，ベルヌーリの公式 (2.1) により

$$
p = \frac{N}{3V} cp_{\text{n}} = \frac{U}{3V} = \frac{1}{3}u
$$

が得られる．マクスウェルが得た輻射圧である．u は単位体積あたりの内部エネルギーで，

$$
U = uV
$$

を満たす温度のみの関数である（キルヒホフの法則）．

法則 2.19（光子気体の状態方程式） 光子気体の状態方程式は

$$
p = \frac{1}{3}u, \qquad U = uV
$$

である．光子は相互作用しないので状態方程式は厳密に成り立つ．

40　　　第 2 章　理想気体，ファン・デル・ワールス気体，光子気体

　シュテファンは，1879 年に，デュローンとプティーの熱輻射の実験データを解析し，輻射のエネルギーが温度の 4 乗に比例するシュテファンの法則

法則 2.20（シュテファンの法則）

$$u = aT^4 \tag{2.27}$$

を発見した（この論文でシュテファンは初めて太陽表面温度を正確に決めた）．弟子のボルツマンが理論的に導出したのでシュテファン–ボルツマンの法則と呼ばれている．シュテファンの法則によって

$$p = \frac{1}{3}aT^4, \qquad U = aT^4V$$

になる．

演習 2.21　　光子気体の断熱保存量が T^3V になることを示せ．

証明　光子気体の内部エネルギーの微分は $dU = d(uV) = u\,dV + V\,du$ である．断熱過程では熱力学第 1 法則によって

$$dU = -p\,dV = -\frac{1}{3}u\,dV$$

を満たさなければならない．それらを両立させて得られる

$$\frac{3}{4}\frac{du}{u} + \frac{dV}{V} = 0$$

を積分すると

$$u^{3/4}V \propto T^3V = 定数 \tag{2.28}$$

に帰着する．　　　　　　　　　　　　　　　　　　　　　　　　　　　□

例題 2.22（光子気体のカルノーサイクル）　　光子気体のカルノーサイクルの効率が理想気体と同じ

$$\eta = 1 - \frac{T_1}{T_2}$$

で与えられることを示せ．

2.5 光子気体

証明 機関に出入りする熱量と機関が外にする仕事は

I $Q_{\mathrm{I}} = 0$ $\qquad\qquad -W_{\mathrm{I}} = -u_2 V_{\mathrm{B}} + u_1 V_{\mathrm{A}}$

II $Q_{\mathrm{II}} = \frac{4}{3} u_2 (V_{\mathrm{C}} - V_{\mathrm{B}})$ $\qquad -W_{\mathrm{II}} = \frac{1}{3} u_2 (V_{\mathrm{C}} - V_{\mathrm{B}})$

III $Q_{\mathrm{III}} = 0$ $\qquad\qquad -W_{\mathrm{III}} = -u_1 V_{\mathrm{D}} + u_2 V_{\mathrm{C}}$

IV $Q_{\mathrm{IV}} = \frac{4}{3} u_1 (V_{\mathrm{A}} - V_{\mathrm{D}})$ $\qquad -W_{\mathrm{IV}} = \frac{1}{3} u_1 (V_{\mathrm{A}} - V_{\mathrm{D}})$

である. したがって高熱源から得る熱量, 機関が外に行った仕事, 効率は

$$
\begin{cases}
Q_2 \ = \ Q_{\mathrm{II}} = \frac{4}{3} u_2 (V_{\mathrm{C}} - V_{\mathrm{B}}) \\[2mm]
-W \ = \ \frac{4}{3} u_2 (V_{\mathrm{C}} - V_{\mathrm{B}}) + \frac{4}{3} u_1 (V_{\mathrm{A}} - V_{\mathrm{D}}) \\[2mm]
\eta \ = \ \dfrac{-W}{Q_2} = 1 + \dfrac{u_1 (V_{\mathrm{A}} - V_{\mathrm{D}})}{u_2 (V_{\mathrm{C}} - V_{\mathrm{B}})} = 1 - \dfrac{u_1}{u_2} \dfrac{\left(\frac{u_2}{u_1}\right)^{3/4} (V_{\mathrm{C}} - V_{\mathrm{B}})}{V_{\mathrm{C}} - V_{\mathrm{B}}} = 1 - \left(\dfrac{u_1}{u_2}\right)^{1/4}
\end{cases}
$$

によって与えられる. 断熱過程 II と IV では (2.28) によってそれぞれ

$$
u_1^{3/4} V_{\mathrm{A}} = u_2^{3/4} V_{\mathrm{B}}, \qquad u_2^{3/4} V_{\mathrm{C}} = u_1^{3/4} V_{\mathrm{D}}
$$

が成り立つことを使った. シュテファンの法則 (2.27) によって与式を得る. $\qquad\square$

エントロピー

Entropie

　熱量は，状態量ではなく，状態変化の過程で出入りする量である．したがって，熱量を積分しても過程に依存して決まる．だが，これまで例として取りあげた理想気体，ファン・デル・ワールス気体，光子気体のいずれも，熱量を調べてみると，状態量が含まれていることに気づく．

理想気体　熱力学第 1 法則は

$$Q = C_V \mathrm{d}T + NkT \frac{\mathrm{d}V}{V}$$

のように書き直すことができる．熱量 Q ではなく，温度で割った量

$$\frac{Q}{T} = C_V \frac{\mathrm{d}T}{T} + Nk \frac{\mathrm{d}V}{V}$$

は微分になっており，状態 1 から 2 への積分

$$\int_1^2 \frac{Q}{T} = C_V \ln \frac{T_2}{T_1} + Nk \ln \frac{V_2}{V_1}$$

は過程によらない量である．

ファン・デル・ワールス気体　(2.20) で与えた熱力学第 1 法則は

$$Q = C_V \mathrm{d}T + NkT \frac{\mathrm{d}V}{V - Nb}$$

である．熱量 Q を温度で割った量

$$\frac{Q}{T} = C_V \frac{\mathrm{d}T}{T} + Nk \frac{\mathrm{d}V}{V - Nb}$$

は微分で，状態 1 から 2 への積分

$$\int_1^2 \frac{Q}{T} = C_V \ln \frac{T_2}{T_1} + Nk \ln \frac{V_2 - Nb}{V_1 - Nb}$$

は過程によらない量である．

光子気体　$U = aT^4V$, $p = \frac{1}{3}aT^4$ を代入すると熱力学第 1 法則は

$$Q = \mathrm{d}(aT^4V) + \frac{1}{3}aT^4\mathrm{d}V = \frac{4}{3}aT\mathrm{d}(T^3V)$$

になるから両辺を T で割り算した量

$$\frac{Q}{T} = \frac{4}{3}a\mathrm{d}(T^3V)$$

は微分になり，積分値は経路によらず，

$$\int_1^2 \frac{Q}{T} = \frac{4}{3}a(T_2^3V_2 - T_1^3V_1)$$

である．

　3 例で現れた分母 T は積分分母と呼ばれる量で，2 変数の場合にはプファフ形式を積分可能にする数学定理（A3 節）に基づいている．2 変数の微分 1 形式には必ず積分因子 μ, 積分分母 $\lambda = \frac{1}{\mu}$ が存在し，

$$\mathrm{d}f = \mu Q = \frac{Q}{\lambda}$$

のように微分に書くことができる．3 変数以上の場合にはこのような数学定理は存在しない．以下では熱力学においていかに積分分母を見つけるかを議論する．この $\frac{Q}{T}$ こそ状態量エントロピーの微分にほかならない．

3.1　クラウジウスの関係式とギブズの関係式

　熱力学第 1 法則は

$$Q = \mathrm{d}U + p\mathrm{d}V$$

である．$x = U, y = V, X = 1, Y = p$ として積分可能条件を調べると

$$\left(\frac{\partial 1}{\partial V}\right)_U = 0, \qquad \left(\frac{\partial p}{\partial U}\right)_V = \frac{1}{C_V}\left(\frac{\partial p}{\partial T}\right)_V = \frac{\beta}{C_V\kappa_T} \neq 0 \qquad (3.1)$$

になる．第2式では (1.18) と (1.25) を使った．微分1形式（プファフ形式）Q は微分ではない．$Q = \mathrm{d}U + p\mathrm{d}V$ が微分でないことは，ポアンカレ補題 A8, $\mathrm{d}Q = 0$ を満たさないことで明らかである．$\mathrm{d}(\mathrm{d}U) = \mathrm{d} \wedge (\mathrm{d}U) = 0$ に注意すると

$$\mathrm{d}Q = \mathrm{d}(\mathrm{d}U + p\mathrm{d}V) = \mathrm{d} \wedge (\mathrm{d}U + p\mathrm{d}V) = \mathrm{d}p \wedge \mathrm{d}V$$

となり $\mathrm{d}Q = 0$ になることはない．

断熱過程 $Q = 0$ は UV 空間における曲線上にある．U を T, V の関数とすると，この曲線上の点は

$$f(T, V) = 定数$$

の関係によって結ばれている．そこでこの関係を使って U を f, V の関数とすると

$$\mathrm{d}U = \left(\frac{\partial U}{\partial f}\right)_V \mathrm{d}f + \left(\frac{\partial U}{\partial V}\right)_f \mathrm{d}V$$

になる．これを熱力学第1法則に代入すると

$$Q = \left(\frac{\partial U}{\partial f}\right)_V \mathrm{d}f + \left\{\left(\frac{\partial U}{\partial V}\right)_f + p\right\} \mathrm{d}V$$

が得られる．断熱過程では $Q = 0, \mathrm{d}f = 0$ である．上式で，もし $\mathrm{d}V$ の係数が 0 でなければ $\mathrm{d}V = 0$ と定まってしまう．だが断熱曲線上で V は変化できるので $\mathrm{d}V$ は 0 ではない．したがって

$$\left(\frac{\partial U}{\partial V}\right)_f + p = 0$$

が成り立っていなければならない．こうして

$$Q = \lambda \mathrm{d}f, \qquad \lambda = \left(\frac{\partial U}{\partial f}\right)_V, \qquad p = -\left(\frac{\partial U}{\partial V}\right)_f$$

が得られる．そこで f をエントロピーに選び U と V の関数と考えて

$$\left(\frac{\partial f}{\partial U}\right)_V = \frac{1}{T}$$

によって関数 $T(U, V)$ を定義できる．このとき

$$\left(\frac{\partial f}{\partial V}\right)_U = -\left(\frac{\partial U}{\partial V}\right)_f \left(\frac{\partial f}{\partial U}\right)_V = \frac{p}{T}$$

になるから

$$\mathrm{d}f = \frac{1}{T}\mathrm{d}U + \frac{p}{T}\mathrm{d}V = \frac{\mathrm{d}U + p\mathrm{d}V}{T} = \frac{Q}{T}$$

が得られる．積分因子を $\mu = \frac{1}{T}$，積分分母を $\lambda = T$ とすればよいことがわかる．
熱力学第 1 法則は

$$Q = T\mathrm{d}f = \mathrm{d}U + p\mathrm{d}V$$

である．クラウジウスは f として記号 S を使った．P, Q, R, T, U, V, W は使用済みである．アルファベットで残っていた文字を使ったと思われる．

定理 3.1（クラウジウスの関係式） 熱力学第 1 法則はクラウジウスの関係式 (1854)

$$\mathrm{d}S = \frac{Q}{T}$$

として表わすことができる．

断熱過程 $Q = 0$ は状態量エントロピー S が変化しない過程のことである．エントロピーを導入したのはクラウジウス (1865) である．仕事に由来するエルゴンからエネルギーと命名したのはヤング (1807) で，クラウジウスはそれにあわせて，変化を意味するエントロピーを造語した．

エントロピーの導入によって熱力学第 1 法則はギブズの関係式になる．

定理 3.2（ギブズの関係式） 熱力学第 1 法則は熱力学でもっとも重要なギブズの関係式

$$T\mathrm{d}S = \mathrm{d}U + p\mathrm{d}V$$

によって表わされる (1873).

熱力学第 1 法則 $\mathrm{d}U = W + Q$ はつねに正しい．だが $\mathrm{d}U = -p\mathrm{d}V + Q$ は準静的過程でしか成り立たない．また，$\mathrm{d}U = W + T\mathrm{d}S$ も準静的過程でしか成り立たない．ギブズの関係式 $T\mathrm{d}S = \mathrm{d}U + p\mathrm{d}V$ は，すべて状態量で書かれているので一般に成り立つ公式である．

断熱曲線についてはすでに理想気体，ファン・デル・ワールス気体，光子気体に対して求めておいた．これらを取りあげ，エントロピーを見つけてみよう．

46　　　　　　　　　　第 3 章　エントロピー

理想気体　$pV = NkT$ を用いると熱力学第 1 法則は

$$Q = \mathrm{d}U + p\mathrm{d}V = \mathrm{d}U + NkT\frac{\mathrm{d}V}{V}$$

になる．両辺を $T = \frac{U}{C_V}$ で割り算すると

$$\frac{Q}{T} = C_V\frac{\mathrm{d}U}{U} + Nk\frac{\mathrm{d}V}{V}$$

のように書き直すことができるからエントロピーは，定数項を除いて

$$f = S = C_V\ln U + Nk\ln V \tag{3.2}$$

によって与えられる．温度と圧力は

$$\frac{1}{T} = \left(\frac{\partial f}{\partial U}\right)_V = \frac{C_V}{U}, \qquad \frac{p}{T} = \left(\frac{\partial f}{\partial V}\right)_U = \frac{Nk}{V}$$

を満たす．第 1 式，第 2 式からそれぞれ

$$U = C_V T, \qquad pV = NkT$$

が得られ，矛盾がないことがわかる．

ファン・デル・ワールス気体　(2.20) で与えた熱力学第 1 法則は

$$Q = \mathrm{d}U + p\mathrm{d}V = \mathrm{d}U + \left(\frac{NkT}{V - Nb} - \frac{N^2 a}{V^2}\right)\mathrm{d}V$$

である．両辺を $T = \frac{U + \frac{N^2 a}{V}}{C_V}$ で割り算すると

$$\frac{Q}{T} = C_V\mathrm{d}\ln\left(U + \frac{N^2 a}{V}\right) + Nk\mathrm{d}\ln(V - Nb)$$

のように書き直すことができるから，エントロピー

$$f = S = C_V\ln\left(U + \frac{N^2 a}{V}\right) + Nk\ln(V - Nb)$$

が得られる．温度と圧力は

$$\frac{1}{T} = \left(\frac{\partial f}{\partial U}\right)_V = \frac{C_V}{U + \frac{N^2 a}{V}}, \quad \frac{p}{T} = \left(\frac{\partial f}{\partial V}\right)_U = -C_V\frac{\frac{N^2 a}{V^2}}{U + \frac{N^2 a}{V}} + \frac{Nk}{V - Nb}$$

を満たす．第1式，第2式からそれぞれ

$$U = C_V T - \frac{N^2 a}{V}, \quad p = -\frac{N^2 a}{V^2} + \frac{NkT}{V - Nb}$$

が得られ，矛盾がないことがわかる．前者を用いると，エントロピーは定数項を除いて，

$$f = C_V \ln T + Nk \ln(V - Nb) = Nk \ln(T^{C_V/Nk}(V - Nb)) \tag{3.3}$$

と書くこともできる．

光子気体　熱力学第1法則は

$$Q = \mathrm{d}U + \frac{1}{3}\frac{U}{V}\mathrm{d}V = \frac{4}{3}\left(\frac{U}{V}\right)^{1/4}\mathrm{d}(U^{3/4}V^{1/4})$$

になるから $T = a^{-1/4}\left(\frac{U}{V}\right)^{1/4}$ で割ると

$$\frac{Q}{T} = \frac{4}{3}a^{1/4}\mathrm{d}(U^{3/4}V^{1/4})$$

である．エントロピーは

$$f = S = \frac{4}{3}a^{1/4}U^{3/4}V^{1/4}$$

になる．温度と圧力は

$$\frac{1}{T} = \left(\frac{\partial f}{\partial U}\right)_V = a^{1/4}u^{-1/4}, \quad \frac{p}{T} = \left(\frac{\partial f}{\partial V}\right)_U = \frac{1}{3}a^{1/4}u^{3/4}$$

によって定義すればよい．第1式，第2式からそれぞれ

$$u = aT^4, \quad p = \frac{1}{3}u$$

が得られる．

3.2　カラテオドリの定理

　これまでは独立変数が2の場合に，数学の積分因子の定理を使ってクラウジウスの関係式を導いた．だが物理では独立変数が2以上の場合が普通である．数学としては積分因子の存在は証明することができないが，物理法則としては普遍的な積分因子，つまり積分分母 T の存在を証明しなければならない．

定理 3.3（カラテオドリの定理）　空間内の点 P の近傍すべてで，プファフ方程式
$$Q = dU - W = dU - X_1 dx_1 - X_2 dx_2 - \cdots = 0$$
を満たす曲線によって P と結びつくことができない点が存在するとき，プファフ形式は積分分母を持つ．

証明　独立変数 3 の場合を考えよう．独立変数 4 以上の場合も証明は同様である．U, V 以外の独立変数を x とすると，熱力学第 1 法則は

$$Q = dU + pdV - Xdx$$

になる．X は外力である．プファフ方程式は

$$Q = dU + pdV - Xdx = 0$$

である．UVx 空間で，与えられたベクトル $\mathbf{A} = (1, p, -X)$ に対し，微分 $d\mathbf{x} = (dU, dV, dx)$ は $\mathbf{A}$ に直交する面内にあることを表している．すなわち，$d\mathbf{x}$ は空間の各点で $\mathbf{A}$ に直交する方向を与えている．したがって，プファフ方程式の解は断熱曲線を与える．

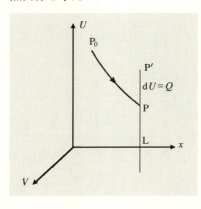

図 3.1　カラテオドリの定理

空間内に任意に選んだ点 P_0 を始点として，プファフ方程式によって決まる曲線に沿って進み，空間内の点 P に到達したとしよう．P を通って U 軸に平行な直線 L を引く．L 上の別の点を P' とする．P' は P_0 からの断熱曲線によって到達することができない．P_0 から P を経て P' に至る経路を考えると，P から P' へは，$dV = 0$, $dx = 0$ により仕事は 0 で，内部エネルギーが異なるから熱力学第 1 法則によって $Q = dU \neq 0$ が成り立ち，断熱曲線にはならないからである．これによって，L 上では P だけが P_0 から断熱曲線によって到達することができる点である．L 上で断熱曲線によって到達できる点はただ 1 つである．同様にして，Vx 平面

上の異なる点を通る U 軸に平行な直線上では P_0 から断熱曲線によって到達することができる点がただ 1 つ存在する．P_0 から断熱曲線によって到達することができる点の集合は 2 次元曲面を形成する．別の始点から到達できる点は異なる曲面上にある．これら曲面は交わることがない．交わることがあるとすると，交差線上の点を始点として，L 上で P と P′ が異なる断熱曲線に沿って到達できることになってしまう．こうしてカラテオドリの定理の前提条件が満たされていることがわかった．

積分分母の存在証明は 2 次元の簡単な一般化である．断熱過程 $Q = 0$ は 3 次元 UVx 空間における曲面上にある．U は T, V, x の関数なので，この曲面上の点は

$$f(T, V, x) = 定数$$

の関係によって結ばれている．そこで，この関係を使って，U を f, V, x の関数とすると

$$dU = \left(\frac{\partial U}{\partial f}\right)_{V,x} df + \left(\frac{\partial U}{\partial V}\right)_{f,x} dV + \left(\frac{\partial U}{\partial x}\right)_{f,V} dx$$

になる．これを熱力学第 1 法則に代入すると

$$Q = \left(\frac{\partial U}{\partial f}\right)_{V,x} df + \left\{\left(\frac{\partial U}{\partial V}\right)_{f,x} + p\right\} dV + \left\{\left(\frac{\partial U}{\partial x}\right)_{f,V} - X\right\} dx$$

が得られる．断熱過程では $Q = 0$, $df = 0$ である．上式で，dV の係数と dx の係数がそれぞれ 0 でなければ，dV を与えても，dx を与えても，断熱曲面の外に出てしまう．断熱曲面上では $dV = dx = 0$ しかなくなる．したがって

$$\left(\frac{\partial U}{\partial V}\right)_{f,x} + p = 0, \qquad \left(\frac{\partial U}{\partial x}\right)_{f,V} - X = 0$$

が成り立っていなければならない．熱力学第 1 法則は

$$Q = \lambda df, \qquad \lambda = \left(\frac{\partial U}{\partial f}\right)_{V,x}$$

によって与えられる．λ が積分分母である．　　　　　　　□

3.3　積分分母の意味

透熱壁によって隔てられた熱平衡状態にある 2 つの体系 1 と 2 を考えよう．体系 1 と 2 は熱源 T に接しているとする．体系 1 の独立変数を T, V_1, x_1, 体系 2 の

独立変数を T, V_2, x_2 とする．前節で得た結果から，体系1には断熱曲面を与える $f_1(T, V_1, x_1)$，積分分母 $\lambda_1(T, V_1, f_1)$ を定義できる．体系2にも断熱曲面を与える $f_2(T, V_2, x_2)$，積分分母 $\lambda_2(T, V_2, f_2)$ を定義できる．体系1と2を併せた複合系の独立変数は T, V_1, V_2, f_1, f_2 で，断熱曲面を与える関数を $f(T, V_1, V_2, f_1, f_2)$，積分分母を $\lambda(T, V_1, V_2, f_1, f_2)$ とする．f の微分は

$$\mathrm{d}f = \frac{\partial f}{\partial T}\mathrm{d}T + \frac{\partial f}{\partial V_1}\mathrm{d}V_1 + \frac{\partial f}{\partial V_2}\mathrm{d}V_2 + \frac{\partial f}{\partial f_1}\mathrm{d}f_1 + \frac{\partial f}{\partial f_2}\mathrm{d}f_2 \tag{3.4}$$

になる．一方，体系1は熱量 Q_1，体系2は Q_2 を熱源から得たとすると両体系が得た熱量は

$$Q = Q_1 + Q_2 \tag{3.5}$$

である．積分分母を使うと $Q = \lambda\mathrm{d}f$, $Q_1 = \lambda_1\mathrm{d}f_1$, $Q_2 = \lambda_2\mathrm{d}f_2$ が成り立つから

$$\lambda\mathrm{d}f = \lambda_1\mathrm{d}f_1 + \lambda_2\mathrm{d}f_2$$

が得られる．(3.4) と比較し

$$\frac{\partial f}{\partial T} = 0, \qquad \frac{\partial f}{\partial V_1} = 0, \qquad \frac{\partial f}{\partial V_2} = 0$$

が成り立たなければならない．すなわち f は T, V_1, V_2 に依存せず，f_1 と f_2 のみの関数で，

$$\frac{\partial f}{\partial f_1} = \frac{\lambda_1}{\lambda}, \qquad \frac{\partial f}{\partial f_2} = \frac{\lambda_2}{\lambda} \tag{3.6}$$

が成り立つ．したがって比 $\frac{\lambda_1}{\lambda}$ と $\frac{\lambda_2}{\lambda}$ も T, V_1, V_2 に依存しない．f および $\frac{\lambda_1}{\lambda}$ が V_1 に依存しないので λ_1 は V_1 に依存しない．同様に λ_2 は V_2 に依存しない．また，$\frac{\lambda_1}{\lambda}$ と $\frac{\lambda_2}{\lambda}$ が T に依存しないためには積分分母は

$$\lambda_1 = \Theta(T)g(f_1), \quad \lambda_2 = \Theta(T)g(f_2), \quad \lambda = \Theta(T)g(f_1, f_2) \tag{3.7}$$

の形にならなければならない．

$$\frac{\lambda_1}{\lambda} = \frac{g(f_1)}{g(f_1, f_2)}, \qquad \frac{\lambda_2}{\lambda} = \frac{g(f_2)}{g(f_1, f_2)}$$

は f_1 と f_2 のみの関数になるからである．体系1の得た熱量は

$$Q_1 = \lambda_1\mathrm{d}f_1 = \Theta(T)g(f_1)\mathrm{d}f_1$$

になる. $\Theta(T)$ は普遍的な関数なので $\Theta(T) = T$ と選ぶことができる. また $g(f_1)\mathrm{d}f_1$ は

$$g(f_1)\mathrm{d}f_1 = \mathrm{d}\left(\int \mathrm{d}f_1\, g(f_1)\right)$$

によって微分になるからこれをエントロピーの微分として,

$$\mathrm{d}S_1 = g(f_1)\mathrm{d}f_1$$

とすれば

$$Q_1 = T\mathrm{d}S_1$$

が得られる. 同様に

$$Q_2 = T\mathrm{d}S_2$$

である.

定理 3.4 複合系のエントロピーは

$$S = S_1 + S_2$$

になる.

証明 (3.6) より得られる

$$\lambda_1 = \lambda\frac{\partial f}{\partial f_1}, \qquad \lambda_2 = \lambda\frac{\partial f}{\partial f_2}$$

に (3.7) を代入すると

$$g(f_1) = g(f_1, f_2)\frac{\partial f}{\partial f_1}, \qquad g(f_2) = g(f_1, f_2)\frac{\partial f}{\partial f_2}$$

になるから

$$0 = \frac{\partial}{\partial f_2}\left(g(f_1, f_2)\frac{\partial f}{\partial f_1}\right) - \frac{\partial}{\partial f_1}\left(g(f_1, f_2)\frac{\partial f}{\partial f_2}\right) = \frac{\partial g}{\partial f_2}\frac{\partial f}{\partial f_1} - \frac{\partial g}{\partial f_1}\frac{\partial f}{\partial f_2}$$

すなわち

$$\left|\frac{\partial(f, g)}{\partial(f_1, f_2)}\right| = \left|\begin{array}{cc} \frac{\partial f}{\partial f_1} & \frac{\partial f}{\partial f_2} \\ \frac{\partial g}{\partial f_1} & \frac{\partial g}{\partial f_2} \end{array}\right| = 0$$

である．行列式が 0 になるのは行または列が比例するときなので，$g(f_1, f_2)$ が f のみの関数 $g(f)$ であることを意味する．そこで

$$g(f)\mathrm{d}f = \mathrm{d}S$$

になる．(3.5) は

$$Q = T\mathrm{d}S = Q_1 + Q_2 = T\mathrm{d}S_1 + T\mathrm{d}S_2 = T(\mathrm{d}S_1 + \mathrm{d}S_2)$$

になるから，積分して定数項を 0 に選べば与式が得られる．エントロピーが示量性変数であることを表わしている． □

3.4 トムソンの等式

クラウジウスの関係式は，理想気体，ファン・デル・ワールス気体，光子気体ばかりでなく，任意の物質で成り立つ．積分因子の存在定理によってその成立が保証されている．$\mathrm{d}S$ が微分であることは閉曲線に沿っての 1 周積分が 0 になることを意味する．すなわち

$$\oint \mathrm{d}S = 0$$

を意味する．任意の作業物質によるカルノーサイクルを考えよう．TS 平面上でカルノーサイクルは T 軸に平行に引いた線分，等温線と S 軸に引いた線分，断熱線からなる長方形である．ギブズは「熱力学の論考でしばしば述べられる完全な熱力学機関は，エントロピー温度図ではこれ以上にない単純な形，すなわち，各辺が座標軸に平行な長方形で表される」と言っている (1873)．このとき 1 周積分は

$$\oint \mathrm{d}S = \frac{Q_2}{T_2} + \frac{Q_1}{T_1} = 0$$

になる．

> **定理 3.5 (カルノーサイクル)** 任意の物質を用いたカルノーサイクル（断熱－等温－断熱－等温からなるサイクル）に対し
>
> $$\frac{Q_1}{T_1} + \frac{Q_2}{T_2} = 0$$
>
> が成り立つ．

3 個以上の熱源がある場合に拡張するのは容易である.

定理 3.6（トムソンの等式）　等温－断熱をくり返して 1 周する経路について
トムソンの等式 (1854)

$$\oint dS = \frac{Q_1}{T_1} + \frac{Q_2}{T_2} + \cdots + \frac{Q_n}{T_n} = \sum_{i=1}^{n} \frac{Q_i}{T_i} = 0$$

が成り立つ.

Q_i が微小で T_i が連続的となるときは

$$\oint dS = \oint \frac{Q}{T} = 0$$

になる. エントロピーによってトムソンの等式を証明したが, トムソンの等式を
用いてエントロピーを定義することができる. A から出発し, 経路 C_1 を通って
B に達し, 経路 C_2 を通ってもとの A に戻る 1 周積分

$$\oint \frac{Q}{T} = \int_{C_1} \frac{Q}{T} + \int_{C_2} \frac{Q}{T}$$

を考えよう. C_2 の逆向きの経路を $-C_2$ とすると

$$\int_{C_1} \frac{Q}{T} = -\int_{C_2} \frac{Q}{T} = \int_{-C_2} \frac{Q}{T}$$

である. C_1 と $-C_2$ は A から B までで任意に選んだ経路だから, この式は任意
の経路について積分値が同じであることを意味する. すなわち A から B までの
積分は A と B のみに依存し, 経路に依存しない. それはある関数 f が存在し

$$\int_A^B \frac{Q}{T} = \int_A^B df = f(B) - f(A)$$

となることを意味する. A と B が近接しているときは

$$\frac{Q}{T} = df$$

になる. すなわちクラウジウスの関係式

$$\frac{Q}{T} = df = dS$$

にほかならない.

第 3 章　エントロピー

> **法則 3.7**　サイクルの最低温度を $T_{\min}$, 最高温度を $T_{\max}$ とするとすべての可逆サイクルの効率は
> $$\eta \le 1 - \frac{T_{\min}}{T_{\max}}$$
> を満たす.

証明　TS 面内の閉曲線を考えると, 高熱源から熱量を受け取る寄与を積分する経路 2 と低熱源に熱量を放つ経路 1 に分けて

$$\oint \frac{Q}{T} = \int_2 \frac{Q}{T} - \int_1 \frac{-Q}{T}$$

とすることができる. 経路 2 の積分で T を最高温度 $T_{\max}$ に置きかえると

$$\int_2 \frac{Q}{T} \ge \frac{1}{T_{\max}} \int_2 Q = \frac{Q_2}{T_{\max}}$$

経路 1 の積分で T を最低温度 $T_{\min}$ に置きかえると

$$-\int_1 \frac{-Q}{T} \ge \frac{1}{T_{\min}} \int_1 Q = \frac{Q_1}{T_{\min}}$$

が成り立つから

$$0 \ge \frac{Q_2}{T_{\max}} + \frac{Q_1}{T_{\min}}$$

が得られる. すなわち

$$\frac{Q_1}{Q_2} \le -\frac{T_{\min}}{T_{\max}}$$

が成り立つ. したがって

$$\eta = 1 + \frac{Q_1}{Q_2} \le 1 - \frac{T_{\min}}{T_{\max}}$$

が得られる. カルノーサイクルでは熱源が 2 つでいずれも一定温度を持っていた. したがって

$$\oint \frac{Q}{T} = \int_2 \frac{Q}{T} - \int_1 \frac{-Q}{T} = \frac{Q_2}{T_2} + \frac{Q_1}{T_1} = 0$$

になり

$$\eta = 1 + \frac{Q_1}{Q_2} = 1 - \frac{T_1}{T_2}$$

のように等号が成り立つのである.　　□

熱力学関数

Potentiel thermodynamique

熱力学第1法則は
$$dU = TdS - pdV$$
と書くことができた．U は，S, T, V, p の中のいずれか2つの関数と考えてよいのだが，この式では S と V がもっとも自然な独立変数である．自然な独立変数を p に選ぶためにすでにエンタルピーを定義した．エンタルピーの微分は
$$dH = TdS + Vdp$$
になった．エンタルピーの自然な変数は S と p である．独立変数を選び直したときに便利になる関数を求めるのがルジャンドル変換で，エンタルピーの定義
$$H = U + pV$$
もルジャンドル変換によるものである（詳しい説明は A5 節）．1 変数 x の関数 $f(x)$ が与えられているとき
$$X = \frac{df}{dx}$$
をあらたな独立変数に選んで，もとの関数 $f(x)$ の情報を失うことなく表わす関数 $F(X)$ がルジャンドル変換で
$$F = f - Xx$$
によって与えられる．力学ではラグランジュ関数をハミルトン関数に変換するのがルジャンドル変換である．熱力学で，ルジャンドル変換によって得られる関数を熱力学関数または特性関数と呼んでいる．

4.1 内部エネルギーのルジャンドル変換

エンタルピー U の独立変数 V を

$$p = -\left(\frac{\partial U}{\partial V}\right)_S$$

にするために定義した

$$H = U - (-p)V = U + pV$$

がルジャンドル変換である.

$$\mathrm{d}H = \mathrm{d}U + V\mathrm{d}p + p\mathrm{d}V = T\mathrm{d}S + V\mathrm{d}p$$

がエンタルピー H の微分である. H を導入したのはギブズ (1876, 1878) で, 記号を χ とし, 定圧下の熱関数と呼んでいたが, カマーリング=オーネスはエンタルピーと名づけた (1909).

ヘルムホルツ関数 U の独立変数 S を

$$T = \left(\frac{\partial U}{\partial S}\right)_V$$

にするためルジャンドル変換

$$F = U - TS$$

を行うと, F の微分

$$\mathrm{d}F = \mathrm{d}U - T\mathrm{d}S - S\mathrm{d}T = -S\mathrm{d}T - p\mathrm{d}V$$

が得られる. 1 から 2 への任意の等温過程で

$$F_2 - F_1 = U_2 - U_1 - T(S_2 - S_1) = W$$

が成り立つ. F は, 等温過程で仕事として取り出せるエネルギーを表わしているので, ギブズは「役に立つエネルギー」と呼んでいた. ギブズは等温下の仕事関数とも呼び, 記号 ψ を使った (1876, 1878). ヘルムホルツは, ギブズよりも後の 1882 年,「自由になるエネルギー」という意味で自由エネルギーと名づけた. 本書ではヘルムホルツ関数と呼ぶ. ヘルムホルツ関数はヘルムホルツポテンシャル, ヘルムホルツ自由エネルギーとも呼ぶ.

ギブズ関数 H の独立変数 S を

$$T = \left(\frac{\partial H}{\partial S}\right)_p$$

にするためルジャンドル変換

$$G = H - TS$$

を行うと，G の微分

$$\mathrm{d}G = \mathrm{d}H - T\mathrm{d}S - S\mathrm{d}T = -S\mathrm{d}T + V\mathrm{d}p$$

が得られる．1 から 2 への任意の等温定圧過程で

$$G_2 - G_1 = 0$$

が成り立つ．ギブズは記号 ζ を使い，熱力学ポテンシャルと呼んだ (1873)．ギブズ関数 G はギブズポテンシャル，ギブズ自由エネルギー，自由エンタルピーと呼ばれることもある．

熱力学関数の定義，ギブズの記法，自然な独立変数，微分をまとめておく．

定義 4.1（内部エネルギーのルジャンドル変換）

U	ϵ	S, V	$\mathrm{d}U = T\mathrm{d}S - p\mathrm{d}V$
$H = U + pV$	$\chi = \epsilon + pv$	S, p	$\mathrm{d}H = T\mathrm{d}S + V\mathrm{d}p$
$F = U - TS$	$\psi = \epsilon - t\eta$	T, V	$\mathrm{d}F = -S\mathrm{d}T - p\mathrm{d}V$
$G = H - TS$	$\zeta = \chi - t\eta$	T, p	$\mathrm{d}G = -S\mathrm{d}T + V\mathrm{d}p$

演習 4.2（ギブズ-ヘルムホルツの式） 熱力学関数の間にはギブズ-ヘルムホルツの式

$$\left.\begin{array}{l} U = F - T\left(\frac{\partial F}{\partial T}\right)_V = H - p\left(\frac{\partial H}{\partial p}\right)_S \\ H = G - T\left(\frac{\partial G}{\partial T}\right)_p = U - V\left(\frac{\partial U}{\partial V}\right)_S \\ F = U - S\left(\frac{\partial U}{\partial S}\right)_V = G - p\left(\frac{\partial G}{\partial p}\right)_T \\ G = H - S\left(\frac{\partial H}{\partial S}\right)_p = F - V\left(\frac{\partial F}{\partial V}\right)_T \end{array}\right\} \tag{4.1}$$

が成り立つことを示せ．

4.2 マクスウェルの関係式

f の微分

$$\mathrm{d}f = \left(\frac{\partial f}{\partial x}\right)_y \mathrm{d}x + \left(\frac{\partial f}{\partial y}\right)_x \mathrm{d}y = X\,\mathrm{d}x + Y\,\mathrm{d}y$$

に対する積分可能条件は，(A6) で与えたように，

$$\left(\frac{\partial X}{\partial y}\right)_x = \left(\frac{\partial}{\partial y}\left(\frac{\partial f}{\partial x}\right)_y\right)_x = \left(\frac{\partial}{\partial x}\left(\frac{\partial f}{\partial y}\right)_x\right)_y = \left(\frac{\partial Y}{\partial x}\right)_y$$

である．U, H, F, G の微分から 4 個のマクスウェルの関係式が得られる．

定理 4.3（マクスウェルの関係式）

$$(1) \qquad \mathrm{d}G = -S\mathrm{d}T + V\mathrm{d}p \qquad \left(\frac{\partial V}{\partial T}\right)_p = -\left(\frac{\partial S}{\partial p}\right)_T \qquad (4.2)$$

$$(2) \qquad \mathrm{d}H = T\mathrm{d}S + V\mathrm{d}p \qquad \left(\frac{\partial V}{\partial S}\right)_p = \left(\frac{\partial T}{\partial p}\right)_S \qquad (4.3)$$

$$(3) \qquad \mathrm{d}F = -S\mathrm{d}T - p\mathrm{d}V \qquad \left(\frac{\partial p}{\partial T}\right)_V = \left(\frac{\partial S}{\partial V}\right)_T \qquad (4.4)$$

$$(4) \qquad \mathrm{d}U = T\mathrm{d}S - p\mathrm{d}V \qquad \left(\frac{\partial p}{\partial S}\right)_V = -\left(\frac{\partial T}{\partial V}\right)_S \qquad (4.5)$$

左に付けた番号はマクスウェルの『熱の理論』(1871) に書いてある．マクスウェルの関係式は，すぐに導くことができるが，頻繁に使うので記憶しておくと便利である．∂T と ∂S および ∂p と ∂V がたすきがけになっていること，$\frac{\partial T}{\partial V}$ の場合に負符号，$\frac{\partial T}{\partial p}$ の場合に正符号になること，微分する変数の対の変数が一定にする変数であることを憶えておけばよい．

4.3 微分形式によるマクスウェルの関係式

微分形式（A2 節参照）を用いるとより簡単である．内部エネルギーの微分からは，ポアンカレー補題 (A7) によって，$\mathrm{d}(\mathrm{d}U) = 0$ であるから

$$\mathrm{d}(\mathrm{d}U) = \mathrm{d} \wedge (T\mathrm{d}S - p\mathrm{d}V) = \mathrm{d}T \wedge \mathrm{d}S - \mathrm{d}p \wedge \mathrm{d}V = 0$$

が成り立つ．

4.4 マクスウェルの関係式の意味　　　59

微分形式において

$$dT \wedge dS = dp \wedge dV \tag{4.6}$$

が基本方程式である.

両辺の変数変換をした

$$dT \wedge \left\{ \left(\frac{\partial S}{\partial T} \right)_p dT + \left(\frac{\partial S}{\partial p} \right)_T dp \right\} = dp \wedge \left\{ \left(\frac{\partial V}{\partial T} \right)_p dT + \left(\frac{\partial V}{\partial p} \right)_T dp \right\}$$

$$\left\{ \left(\frac{\partial T}{\partial S} \right)_p dS + \left(\frac{\partial T}{\partial p} \right)_S dp \right\} \wedge dS = dp \wedge \left\{ \left(\frac{\partial V}{\partial S} \right)_p dS + \left(\frac{\partial V}{\partial p} \right)_S dp \right\}$$

$$dT \wedge \left\{ \left(\frac{\partial S}{\partial T} \right)_V dT + \left(\frac{\partial S}{\partial V} \right)_T dV \right\} = \left\{ \left(\frac{\partial p}{\partial T} \right)_V dT + \left(\frac{\partial p}{\partial V} \right)_T dV \right\} \wedge dV$$

$$\left\{ \left(\frac{\partial T}{\partial S} \right)_V dS + \left(\frac{\partial T}{\partial V} \right)_S dV \right\} \wedge dS = \left\{ \left(\frac{\partial p}{\partial S} \right)_V dS + \left(\frac{\partial p}{\partial V} \right)_S dV \right\} \wedge dV$$

からマクスウェルの関係式 (4.2)–(4.5) が得られることは明らかだろう. マクスウェルの関係式を導くのに熱力学関数を経由する必要がないことがわかる.

4.4　マクスウェルの関係式の意味

S と V の2次元平面で閉曲線に沿って U を1周積分すると

$$\oint dU = \oint (TdS - pdV) = 0$$

である. すなわち

$$\oint TdS = \oint pdV$$

が成り立つ. 左辺は体系が外から得る熱量, 右辺は体系が外にする仕事である. 左辺は ST 平面において経路が囲む面積, 右辺は Vp 平面において経路が囲む面積であるから

$$\int dTdS = \int dpdV \tag{4.7}$$

が成り立つ. 微分形式の (4.6) に対応している. 実際ウェッジ積は面積要素を表わし,

$$\int dT \wedge dS = \int dTdS = \int dpdV = \int dp \wedge dV$$

である.

60   第 4 章　熱力学関数

(4.7) は変数変換で現れるヤコービ行列式（A4 節参照）が 1，すなわち

$$\int \mathrm{d}T\mathrm{d}S = \int \left|\frac{\partial(T,S)}{\partial(p,V)}\right| \mathrm{d}p\mathrm{d}V, \qquad \left|\frac{\partial(T,S)}{\partial(p,V)}\right| = 1$$

であることを意味する．そこで任意の変数を x, y とすると，(A9) によって

$$\left|\frac{\partial(T,S)}{\partial(x,y)}\right| = \left|\frac{\partial(T,S)}{\partial(p,V)}\frac{\partial(p,V)}{\partial(x,y)}\right| = \left|\frac{\partial(p,V)}{\partial(x,y)}\right|$$

が成り立つ．x, y として T, p を選び，(A8) によって左辺，右辺をそれぞれ

$$\left|\frac{\partial(T,S)}{\partial(T,p)}\right| = \left(\frac{\partial S}{\partial p}\right)_T, \qquad \left|\frac{\partial(p,V)}{\partial(T,p)}\right| = -\left(\frac{\partial V}{\partial T}\right)_p$$

として等値すればマクスウェルの関係式 (4.2) が得られる．同様にして，x, y として T, p を選べば (4.4)，p, S を選べば (4.3)，V, S を選べば (4.5) が得られる．

4.5　エントロピーのルジャンドル変換

以上の節では内部エネルギー U を出発点にして H, F, G をルジャンドル変換によって導いた．本節ではエントロピー S を出発点としてルジャンドル変換によって熱力学関数 Ψ, Λ, Φ を導こう．ギブズ方程式を

$$\mathrm{d}S = \frac{1}{T}\mathrm{d}U + \frac{p}{T}\mathrm{d}V = \beta\mathrm{d}U + \pi\mathrm{d}V \tag{4.8}$$

とする．ここで $\beta = \frac{1}{T}$，$\pi = \frac{p}{T}$ を定義した．

マシュー関数　U のかわりに $\beta = \left(\frac{\partial S}{\partial U}\right)_V$ を独立変数とするマシュー関数 (1869) は

$$\Psi = S - \beta U = -\frac{F}{T} \tag{4.9}$$

によって定義する．その微分は

$$\mathrm{d}\Psi = -U\mathrm{d}\beta + \pi\mathrm{d}V = -H\mathrm{d}\beta + p\mathrm{d}(\beta V) \tag{4.10}$$

である．V のかわりに $\pi = \left(\frac{\partial S}{\partial V}\right)_\beta$ を独立変数とするルジャンドル変換

$$\Lambda = S - \pi V$$

の微分は

$$\mathrm{d}\Lambda = \beta\mathrm{d}U - V\mathrm{d}\pi$$

になる．Λ には名がない．

4.5 エントロピーのルジャンドル変換

プランク関数　マシュー関数の独立変数 V を $\pi = \left(\frac{\partial \Psi}{\partial V}\right)_\beta$ に置きかえるルジャンドル変換はプランク関数

$$\Phi = \Psi - \pi V = S - \beta U - \pi V = S - \beta H = -\frac{G}{T} \tag{4.11}$$

で，その微分は

$$\mathrm{d}\Phi = -U\mathrm{d}\beta - V\mathrm{d}\pi = -H\mathrm{d}\beta - V\beta\mathrm{d}p \tag{4.12}$$

になる．

演習 4.4　恒等式

$$\left(\frac{\partial \Psi}{\partial T}\right)_V = \frac{U}{T^2}, \quad \left(\frac{\partial \Psi}{\partial V}\right)_T = \frac{p}{T}, \quad \left(\frac{\partial \Phi}{\partial T}\right)_p = \frac{H}{T^2}, \quad \left(\frac{\partial \Phi}{\partial p}\right)_T = -\frac{V}{T}$$

を示せ．

証明　(4.10) より

$$U = -\left(\frac{\partial \Psi}{\partial \beta}\right)_V = T^2 \left(\frac{\partial \Psi}{\partial T}\right)_V \tag{4.13}$$

および $\pi = \left(\frac{\partial \Psi}{\partial V}\right)_\beta$ が得られる．同様にして (4.12) より

$$H = -\left(\frac{\partial \Phi}{\partial \beta}\right)_p = T^2 \left(\frac{\partial \Phi}{\partial T}\right)_p \tag{4.14}$$

および $V\beta = -\left(\frac{\partial \Phi}{\partial p}\right)_\beta$ が得られる． $\qquad\square$

演習 4.5　**(マクスウェルの関係式)**　エントロピーのルジャンドル変換に基づいてマクスウェルの関係式

$$\left(\frac{\partial \beta}{\partial V}\right)_U = \left(\frac{\partial \pi}{\partial U}\right)_V, \quad \left(\frac{\partial U}{\partial V}\right)_\beta = -\left(\frac{\partial \pi}{\partial \beta}\right)_V, \quad \left(\frac{\partial \beta}{\partial \pi}\right)_U = -\left(\frac{\partial V}{\partial U}\right)_\pi, \quad \left(\frac{\partial U}{\partial \pi}\right)_\beta = \left(\frac{\partial V}{\partial \beta}\right)_\pi$$

が成り立つ．微分形式によって証明せよ．

証明　ポアンカレ補題によって $\mathrm{d}(\mathrm{d}S) = 0$ である．すなわち

$$\mathrm{d}(\mathrm{d}S) = \mathrm{d} \wedge (\beta\mathrm{d}U + \pi\mathrm{d}V) = \mathrm{d}\beta \wedge \mathrm{d}U + \mathrm{d}\pi \wedge \mathrm{d}V = 0$$

が成り立つ. そこで

$$\left\{\left(\tfrac{\partial \beta}{\partial U}\right)_V \mathrm{d}U + \left(\tfrac{\partial \beta}{\partial V}\right)_U \mathrm{d}V\right\} \wedge \mathrm{d}U + \left\{\left(\tfrac{\partial \pi}{\partial U}\right)_V \mathrm{d}U + \left(\tfrac{\partial \pi}{\partial V}\right)_U \mathrm{d}V\right\} \wedge \mathrm{d}V = 0$$

$$\mathrm{d}\beta \wedge \left\{\left(\tfrac{\partial U}{\partial \beta}\right)_V \mathrm{d}\beta + \left(\tfrac{\partial U}{\partial V}\right)_\beta \mathrm{d}V\right\} + \left\{\left(\tfrac{\partial \pi}{\partial \beta}\right)_V \mathrm{d}\beta + \left(\tfrac{\partial \pi}{\partial V}\right)_\beta \mathrm{d}V\right\} \wedge \mathrm{d}V = 0$$

$$\left\{\left(\tfrac{\partial \beta}{\partial U}\right)_\pi \mathrm{d}U + \left(\tfrac{\partial \beta}{\partial \pi}\right)_U \mathrm{d}\pi\right\} \wedge \mathrm{d}U + \mathrm{d}\pi \wedge \left\{\left(\tfrac{\partial V}{\partial U}\right)_\pi \mathrm{d}U + \left(\tfrac{\partial V}{\partial \pi}\right)_U \mathrm{d}\pi\right\} = 0$$

$$\mathrm{d}\beta \wedge \left\{\left(\tfrac{\partial U}{\partial \beta}\right)_\pi \mathrm{d}\beta + \left(\tfrac{\partial U}{\partial \pi}\right)_\beta \mathrm{d}\pi\right\} + \mathrm{d}\pi \wedge \left\{\left(\tfrac{\partial V}{\partial \beta}\right)_\pi \mathrm{d}\beta + \left(\tfrac{\partial V}{\partial \pi}\right)_\beta \mathrm{d}\pi\right\} = 0$$

からマクスウェルの関係式が得られる. □

演習 4.6 定積熱容量と定圧熱容量を与える恒等式

$$C_V = \beta^2 \left(\frac{\partial^2 \Psi}{\partial \beta^2}\right)_V, \qquad C_p = \beta^2 \left(\frac{\partial^2 \Phi}{\partial \beta^2}\right)_p$$

を証明せよ.

証明 定積熱容量, 定圧熱容量はそれぞれ (4.13), (4.14) を用いて,

$$\begin{cases} C_V = \left(\tfrac{\partial U}{\partial T}\right)_V = -\beta^2 \left(\tfrac{\partial U}{\partial \beta}\right)_V = \beta^2 \left(\tfrac{\partial^2 \Psi}{\partial \beta^2}\right)_V \\ C_p = \left(\tfrac{\partial H}{\partial T}\right)_p = -\beta^2 \left(\tfrac{\partial H}{\partial \beta}\right)_p = \beta^2 \left(\tfrac{\partial^2 \Phi}{\partial \beta^2}\right)_p \end{cases}$$

になる. □

演習 4.7 Ψ と Φ を用いてギブズ–ヘルムホルツの式

$$U = F - T\left(\tfrac{\partial F}{\partial T}\right)_V = G - T\left(\tfrac{\partial G}{\partial T}\right)_{p/T}, \ H = G - T\left(\tfrac{\partial G}{\partial T}\right)_p = F - T\left(\tfrac{\partial F}{\partial T}\right)_{V/T}$$

を導け.

証明 (4.10) および (4.12) より

$$U = \begin{cases} -\left(\tfrac{\partial \Psi}{\partial \beta}\right)_V = \left(\tfrac{\partial(\beta F)}{\partial \beta}\right)_V = -T^2 \left(\tfrac{\partial \frac{F}{T}}{\partial T}\right)_V = F - T\left(\tfrac{\partial F}{\partial T}\right)_V \\ -\left(\tfrac{\partial \Phi}{\partial \beta}\right)_\pi = \left(\tfrac{\partial(\beta G)}{\partial \beta}\right)_\pi = -T^2 \left(\tfrac{\partial \frac{G}{T}}{\partial T}\right)_{p/T} = G - T\left(\tfrac{\partial G}{\partial T}\right)_{p/T} \end{cases}$$

が得られる. まったく同様にして

$$H = \begin{cases} -\left(\tfrac{\partial \Phi}{\partial \beta}\right)_p = \left(\tfrac{\partial(\beta G)}{\partial \beta}\right)_p = -T^2 \left(\tfrac{\partial \frac{G}{T}}{\partial T}\right)_p = G - T\left(\tfrac{\partial G}{\partial T}\right)_p \\ -\left(\tfrac{\partial \Psi}{\partial \beta}\right)_{\beta V} = \left(\tfrac{\partial(\beta F)}{\partial \beta}\right)_{\beta V} = -T^2 \left(\tfrac{\partial \frac{F}{T}}{\partial T}\right)_{\beta V} = F - T\left(\tfrac{\partial F}{\partial T}\right)_{V/T} \end{cases}$$

が得られる. □

例題 4.8 演習 4.7 に現れた偏微分係数 $\left(\frac{\partial G}{\partial T}\right)_{p/T}$ や $\left(\frac{\partial F}{\partial T}\right)_{V/T}$ などは

$$\left(\frac{\partial y}{\partial x}\right)_{X/Y} = -\frac{\left(\frac{\partial \ln X}{\partial x}\right)_y - \left(\frac{\partial \ln Y}{\partial x}\right)_y}{\left(\frac{\partial \ln X}{\partial y}\right)_x - \left(\frac{\partial \ln Y}{\partial y}\right)_x}$$

によって与えられることを示せ. $X = X(x,y)$, $Y = Y(x,y)$ とする.

証明 数学公式 (A4) によって

$$\left(\frac{\partial y}{\partial x}\right)_{X/Y} = -\frac{\left(\frac{\partial X/Y}{\partial x}\right)_y}{\left(\frac{\partial X/Y}{\partial y}\right)_x} = -\frac{\frac{1}{Y}\left(\frac{\partial X}{\partial x}\right)_y - \frac{X}{Y^2}\left(\frac{\partial Y}{\partial x}\right)_y}{\frac{1}{Y}\left(\frac{\partial X}{\partial y}\right)_x - \frac{X}{Y^2}\left(\frac{\partial Y}{\partial y}\right)_x}$$

になるから, 直ちに与式が得られる. □

4.6 定積熱容量と定圧熱容量

演習 4.9 (定積熱容量と定圧熱容量) 定積熱容量と定圧熱容量が

$$C_V = T\left(\frac{\partial S}{\partial T}\right)_V, \qquad C_p = T\left(\frac{\partial S}{\partial T}\right)_p \tag{4.15}$$

によって与えられることを示せ.

証明 熱力学第 1 法則 (1.4) で $Q = T\mathrm{d}S$ とすると

$$T\mathrm{d}S = C_V\mathrm{d}T + \Lambda_T^V\mathrm{d}V$$

になるから定積熱容量と等温体積増加の潜熱は

$$C_V = T\left(\frac{\partial S}{\partial T}\right)_V, \qquad \Lambda_T^V = T\left(\frac{\partial S}{\partial V}\right)_T$$

によって与えられる. (1.5) から出発し

$$C_V = \left(\frac{\partial U}{\partial T}\right)_V = T\left(\frac{\partial S}{\partial U}\right)_V\left(\frac{\partial U}{\partial T}\right)_V = T\left(\frac{\partial S}{\partial T}\right)_V \tag{4.16}$$

としても同じである. 同様に熱力学第 1 法則 (1.4) で $Q = T\mathrm{d}S$ とすると

$$T\mathrm{d}S = C_p\mathrm{d}T + \Lambda_T^p\mathrm{d}p$$

になるから定圧熱容量および圧力増加の等温潜熱は

$$C_p = T \left(\frac{\partial S}{\partial T} \right)_p, \qquad \Lambda_T^p = T \left(\frac{\partial S}{\partial p} \right)_T$$

である．(1.14) から出発し

$$C_p = \left(\frac{\partial H}{\partial T} \right)_p = T \left(\frac{\partial S}{\partial H} \right)_p \left(\frac{\partial H}{\partial T} \right)_p = T \left(\frac{\partial S}{\partial T} \right)_p$$

としても同じである．□

例題 4.10 定積熱容量と定圧熱容量が

$$C_V = -T \left(\frac{\partial p}{\partial T} \right)_V \left(\frac{\partial V}{\partial T} \right)_S, \qquad C_p = T \left(\frac{\partial V}{\partial T} \right)_p \left(\frac{\partial p}{\partial T} \right)_S \tag{4.17}$$

によって与えられることを示せ．

証明 第 1 式は最後にマクスウェルの関係式を代入して

$$C_V = T \left(\frac{\partial S}{\partial T} \right)_V = -T \left(\frac{\partial S}{\partial V} \right)_T \left(\frac{\partial V}{\partial T} \right)_S = -T \left(\frac{\partial p}{\partial T} \right)_V \left(\frac{\partial V}{\partial T} \right)_S$$

によって得られる．第 2 式も同様にして

$$C_p = T \left(\frac{\partial S}{\partial T} \right)_p = -T \left(\frac{\partial S}{\partial p} \right)_T \left(\frac{\partial p}{\partial T} \right)_S = T \left(\frac{\partial V}{\partial T} \right)_p \left(\frac{\partial p}{\partial T} \right)_S$$

によって得られる．□

定理 4.11（熱容量の微分係数） 熱容量の微分係数は

$$\left(\frac{\partial C_V}{\partial V} \right)_T = T \left(\frac{\partial^2 p}{\partial T^2} \right)_V, \qquad \left(\frac{\partial C_p}{\partial p} \right)_T = -T \left(\frac{\partial^2 V}{\partial T^2} \right)_p \tag{4.18}$$

によって与えられる．

証明 マクスウェルの関係式 (4.4) を用いると，

$$\left(\frac{\partial C_V}{\partial V} \right)_T = \left(\frac{\partial}{\partial V} \left(T \left(\frac{\partial S}{\partial T} \right)_V \right) \right)_T = T \left(\frac{\partial}{\partial T} \left(\frac{\partial S}{\partial V} \right)_T \right)_V = T \left(\frac{\partial^2 p}{\partial T^2} \right)_V$$

になる．またマクスウェルの関係式 (4.2) を用いると，

$$\left(\frac{\partial C_p}{\partial p}\right)_T = \left(\frac{\partial}{\partial p}\left(T\left(\frac{\partial S}{\partial T}\right)_p\right)\right)_T = T\left(\frac{\partial}{\partial T}\left(\frac{\partial S}{\partial p}\right)_T\right)_V = -T\left(\frac{\partial^2 V}{\partial T^2}\right)_p$$

が得られる． □

演習 4.12　(1.32) で定義した断熱温度係数が

$$\mu = \left(\frac{\partial V}{\partial S}\right)_p = \frac{TV\beta}{C_p} \tag{4.19}$$

によって与えられることを示せ．

証明　恒等式 (A4) を使うと断熱温度係数は

$$\mu = \left(\frac{\partial T}{\partial p}\right)_S = -\frac{\left(\frac{\partial S}{\partial p}\right)_T}{\left(\frac{\partial S}{\partial T}\right)_p} = \frac{TV\beta}{C_p}$$

になる．マクスウェルの関係式 (4.2) によって書き直した

$$\beta = \frac{1}{V}\left(\frac{\partial V}{\partial T}\right)_p = -\frac{1}{V}\left(\frac{\partial S}{\partial p}\right)_T \tag{4.20}$$

と C_p を与える (4.15) を使った． □

定理 4.13（一般化マイアーの関係式）　定圧熱容量は

$$C_p = C_V + \frac{TV\beta^2}{\kappa_T} \tag{4.21}$$

によって与えられる．マイアーの関係式の一般化である．

証明　(1.33) で与えた公式を (4.19) と等値すると

$$\mu = \frac{(C_p - C_V)\kappa_T}{C_p\beta} = \frac{TV\beta}{C_p} \tag{4.22}$$

すなわち与式が得られる．別解は演習 4.23, 4.29で与える． □

系 4.14（等温圧縮率）　等温圧縮率は

$$\kappa_T = \kappa_S + \frac{TV\beta^2}{C_p} \tag{4.23}$$

によって与えられる．

証明 (1.23) で定義した等温圧縮率 κ_T は連鎖法則 (A1) を使って微分すると

$$\kappa_T = -\frac{1}{V}\left(\frac{\partial V}{\partial p}\right)_T = -\frac{1}{V}\left\{\left(\frac{\partial V}{\partial p}\right)_S + \left(\frac{\partial S}{\partial p}\right)_T\left(\frac{\partial V}{\partial S}\right)_p\right\}$$

になるからマクスウェルの関係式 (4.3) および (4.20) によって

$$\kappa_T - \kappa_S = -\frac{1}{V}\left(\frac{\partial S}{\partial p}\right)_T\left(\frac{\partial V}{\partial S}\right)_p = -\frac{1}{V}\left(\frac{\partial S}{\partial p}\right)_T\left(\frac{\partial T}{\partial p}\right)_S = \beta\mu \qquad (4.24)$$

になる．これに (4.22) を代入すれば

$$\kappa_T = \kappa_S + \beta\mu = \kappa_S + \frac{TV\beta^2}{C_p}$$

が得られる． □

定理 4.15（断熱膨張） 断熱過程で

$$\left(\frac{\partial V}{\partial T}\right)_S = -\frac{C_V}{T}\left(\frac{\partial T}{\partial p}\right)_V = -\frac{C_V\kappa_T}{T\beta} \qquad (4.25)$$

が成り立つ．

証明 (4.17) において (1.25) で与えた $\left(\frac{\partial p}{\partial T}\right)_V = \alpha = \frac{\beta}{\kappa_T}$ を使うと

$$C_V = -T\left(\frac{\partial p}{\partial T}\right)_V\left(\frac{\partial V}{\partial T}\right)_S = -\frac{T\beta}{\kappa_T}\left(\frac{\partial V}{\partial T}\right)_S$$

が得られる．また，(2.10) および (4.21) により

$$\left(\frac{\partial V}{\partial T}\right)_S = -\frac{C_V V\beta}{C_p - C_V} = -\frac{C_V\kappa_T}{T\beta}$$

となり同じ結果が得られる．後に示す熱平衡の条件 (5.22) によって $C_V > 0$，$\kappa_T > 0$ なので，$\beta > 0$ のとき気体を断熱膨張させると温度が低下する． □

4.7 エネルギーの方程式

定理 4.16（エネルギーの方程式） エネルギーの方程式（エネルギーの第 1 方程式，ヘルムホルツ方程式とも言う）

$$\left(\frac{\partial U}{\partial V}\right)_T = T\left(\frac{\partial p}{\partial T}\right)_V - p = T^2\left(\frac{\partial \frac{p}{T}}{\partial T}\right)_V \tag{4.26}$$

が成り立つ.

証明 熱力学第 1 法則 $dU = TdS - pdV$ より

$$\left(\frac{\partial U}{\partial V}\right)_T = T\left(\frac{\partial S}{\partial V}\right)_T - p = T\left(\frac{\partial p}{\partial T}\right)_V - p \tag{4.27}$$

が成り立つ. 右辺でマクスウェルの関係式 (4.4) を使った. □

演習 4.17（積分可能条件） エネルギーの方程式はエントロピーの積分可能条件

$$\left(\frac{\partial}{\partial V}\left(\frac{\partial S}{\partial T}\right)_V\right)_T = \left(\frac{\partial}{\partial T}\left(\frac{\partial S}{\partial V}\right)_T\right)_V$$

から導けることを示せ. また，任意の微分に対して成り立つ積分可能条件，ポアンカレー補題 $d(dS) = d \wedge dS = 0$ からエネルギーの方程式を導け.

証明 (4.16) および (4.27) を代入した

$$\left(\frac{\partial}{\partial V}\left(\frac{1}{T}\left(\frac{\partial U}{\partial T}\right)_V\right)\right)_T = \left(\frac{\partial}{\partial T}\left(\frac{1}{T}\left(\frac{\partial U}{\partial V}\right)_T + \frac{p}{T}\right)\right)_V$$

からエネルギーの方程式が導かれる. 微分形式では

$$\begin{aligned}
d(dS) &= d\left(\frac{dU + pdV}{T}\right) \\
&= \frac{1}{T^2}dU \wedge dT + \frac{p}{T^2}dV \wedge dT + \frac{1}{T}dp \wedge dV \\
&= \frac{1}{T^2}\left(\frac{\partial U}{\partial V}\right)_T dV \wedge dT + \frac{p}{T^2}dV \wedge dT + \frac{1}{T}\left(\frac{\partial p}{\partial T}\right)_V dT \wedge dV \\
&= \frac{1}{T^2}\left\{\left(\frac{\partial U}{\partial V}\right)_T + p - T\left(\frac{\partial p}{\partial T}\right)_V\right\}dV \wedge dT
\end{aligned}$$

になるから，$d(dS) = 0$ よりエネルギーの方程式が従う. □

68   第 4 章　熱力学関数

演習 4.18　ヘルムホルツ関数を用いてエネルギーの方程式を導け.

証明　ギブズ–ヘルムホルツの式 (4.1) から得られる $F = U + T\left(\frac{\partial F}{\partial T}\right)_V$ の両辺を T 一定の下で V について微分すると

$$\left(\frac{\partial F}{\partial V}\right)_T = \left(\frac{\partial U}{\partial V}\right)_T + T\left(\frac{\partial}{\partial V}\left(\frac{\partial F}{\partial T}\right)_V\right)_T = \left(\frac{\partial U}{\partial V}\right)_T + T\left(\frac{\partial}{\partial T}\left(\frac{\partial F}{\partial V}\right)_T\right)_V$$

である. これに $\left(\frac{\partial F}{\partial V}\right)_T = -p$ を代入すればよい.　□

演習 4.19　自由膨張において, 体積の増加による圧力上昇を与える係数は

$$\left(\frac{\partial p}{\partial V}\right)_U = \frac{pV\beta - C_p}{VC_V\kappa_T} \tag{4.28}$$

になることを示せ.

証明　(A4) によって書き直し, エネルギーの方程式およびマクスウェルの関係式 $\left(\frac{\partial p}{\partial S}\right)_V = -\left(\frac{\partial T}{\partial V}\right)_S$ によって

$$\left(\frac{\partial p}{\partial V}\right)_U = -\frac{\left(\frac{\partial U}{\partial V}\right)_p}{\left(\frac{\partial U}{\partial p}\right)_V} = -\frac{T\left(\frac{\partial p}{\partial T}\right)_S - p}{T\left(\frac{\partial S}{\partial p}\right)_V} = \frac{T\left(\frac{\partial p}{\partial T}\right)_S - p}{T\left(\frac{\partial V}{\partial T}\right)_S}$$

が得られる. (4.19) および (4.25) を代入すると与式になる.　□

定理 4.20 (ジュール係数)　自由膨張において, 体積の増加による温度上昇を与えるジュール係数は

$$\eta = \left(\frac{\partial T}{\partial V}\right)_U = -\frac{T\left(\frac{\partial p}{\partial T}\right)_V - p}{C_V} = -\frac{T^2}{C_V}\left(\frac{\partial \frac{p}{T}}{\partial T}\right)_V$$

になる.

証明　(A4) によって書き直し, エネルギーの方程式 (4.31) を代入すると

$$\eta = \left(\frac{\partial T}{\partial V}\right)_U = -\frac{\left(\frac{\partial U}{\partial V}\right)_T}{\left(\frac{\partial U}{\partial T}\right)_V} = -\frac{T\left(\frac{\partial p}{\partial T}\right)_V - p}{C_V} = \frac{p\kappa_T - T\beta}{C_V\kappa_T} \tag{4.29}$$

が得られる. 自由膨張におけるエントロピー変化は $dU = TdS - pdV = 0$ により

$$\Delta S = S_2 - S_1 = \int_{V_1}^{V_2} dV\,\frac{p}{T}$$

4.7 エネルギーの方程式 　　 69

である．理想気体では $\Delta S = Nk\ln\frac{V_2}{V_1}$ になる．また，理想気体に対し $\eta = 0$ である．自由膨張で温度変化がないというジュールの法則 (2.4) を説明している．　□

演習 4.21（ボイル－シャルルの法則）　エネルギーの方程式を用いて，ボイルの法則 (2.2) とジュールの法則 (2.4) によりボイル－シャルルの法則 $pV \propto T$ が得られることを示せ.

証明　ジュールの法則を使うと

$$\left(\frac{\partial U}{\partial V}\right)_T = T\left(\frac{\partial p}{\partial T}\right)_V - p = 0$$

である．すなわち

$$\left(\frac{\partial p}{\partial T}\right)_V = \frac{p}{T}$$

である．体積一定の下で積分すると $\ln T = \ln p + (V\ \text{の関数})$，すなわち

$$T = f(V)p$$

になる．$f(V)$ は V のみの任意の関数である．ボイルの法則によって pV は温度のみの関数なので，$f(V)$ は V に比例しなければならない（他のべき乗では pV はかならず V に依存してしまう）．こうして $pV \propto T$ に帰着する.　□

定理 4.22（TdS **第 1 方程式**）　熱力学第 1 法則は

$$TdS = C_V dT + T\left(\frac{\partial p}{\partial T}\right)_V dV = C_V dT + \frac{T\beta}{\kappa_T}dV \tag{4.30}$$

のように書くことができる.

証明　エネルギーの方程式は，$\left(\frac{\partial p}{\partial T}\right)_V = \alpha = \frac{\beta}{\kappa_T}$ によって

$$\left(\frac{\partial U}{\partial V}\right)_T = T\left(\frac{\partial p}{\partial T}\right)_V - p = \frac{T\beta}{\kappa_T} - p \tag{4.31}$$

になる．体積増加の等温潜熱 (1.6) は

$$\Lambda_T^V = \left(\frac{\partial U}{\partial V}\right)_T + p = T\left(\frac{\partial p}{\partial T}\right)_V = \frac{T\beta}{\kappa_T}$$

になり，熱力学第 1 法則 (1.4)，$TdS = C_V dT + \Lambda_T^V dV$ は (4.30) のように書くことができる.　□

70   第 4 章 熱力学関数

演習 4.23 **(一般化マイアーの関係式)** (4.21) で導いた一般化マイアーの関係式

$$C_p = C_V + TV\alpha\beta = C_V + \frac{TV\beta^2}{\kappa_T}$$

を示せ.

証明 熱容量の式 (1.7) は, エネルギーの方程式によって

$$C_x = C_V + T\left(\frac{\partial p}{\partial T}\right)_V \left(\frac{\partial V}{\partial T}\right)_x = C_V + \frac{T\beta}{\kappa_T}\left(\frac{\partial V}{\partial T}\right)_x$$

に書き直せる. したがって定圧熱容量は

$$C_p = C_V + \frac{T\beta}{\kappa_T}\left(\frac{\partial V}{\partial T}\right)_p$$

になる. $\left(\frac{\partial V}{\partial T}\right)_p = \beta V$ に注意すると定圧熱容量は (4.21) になる. 次のようにしてもよい. 恒等式 (A4) を適用すると

$$C_p = C_V + T\left(\frac{\partial p}{\partial T}\right)_V \left(\frac{\partial V}{\partial T}\right)_p = C_V - T\left(\frac{\partial p}{\partial V}\right)_T \left(\frac{\partial V}{\partial T}\right)_p^2$$

を得る. β と κ_T によって書き直せば (4.21) になる. 体積の増加にともなって圧力は低下するので κ_T は正の値を取る. 後に示す熱平衡の条件 (5.22) である. □

定理 4.24 (エネルギーの第 2 方程式) エネルギーの第 2 方程式

$$\left(\frac{\partial U}{\partial p}\right)_T = -T\left(\frac{\partial V}{\partial T}\right)_p - p\left(\frac{\partial V}{\partial p}\right)_T \tag{4.32}$$

が成り立つ.

証明 熱力学第 1 法則 $dU = TdS - pdV$ によって

$$\left(\frac{\partial U}{\partial p}\right)_T = T\left(\frac{\partial S}{\partial p}\right)_T - p\left(\frac{\partial V}{\partial p}\right)_T$$

が得られる. 右辺第 1 項にマクスウェルの関係式 (4.2) を代入するとエネルギーの第 2 方程式 (4.32) に帰着する. □

4.8 エンタルピーの方程式

定理 4.25（エンタルピーの方程式） エンタルピーの方程式

$$\left(\frac{\partial H}{\partial p}\right)_T = V - T\left(\frac{\partial V}{\partial T}\right)_p = -T^2\left(\frac{\partial \frac{V}{T}}{\partial T}\right)_p \tag{4.33}$$

が成り立つ.

証明 エントロピーを T と p の関数とすると，微分 $dH = TdS + Vdp$ より

$$\left(\frac{\partial H}{\partial p}\right)_T = T\left(\frac{\partial S}{\partial p}\right)_T + V \tag{4.34}$$

が成り立つ. 右辺にマクスウェルの関係式 (4.2) を使うとエンタルピーの方程式 (4.33) が得られる. エンタルピーの方程式はエントロピーの積分可能条件

$$\left(\frac{\partial}{\partial p}\left(\frac{\partial S}{\partial T}\right)_p\right)_T = \left(\frac{\partial}{\partial T}\left(\frac{\partial S}{\partial p}\right)_T\right)_p$$

から導くことができる. $\left(\frac{\partial H}{\partial T}\right)_p = T\left(\frac{\partial S}{\partial T}\right)_p$ および (4.34) を使うと

$$\left(\frac{\partial}{\partial p}\left(\frac{1}{T}\left(\frac{\partial H}{\partial T}\right)_p\right)\right)_T = \left(\frac{\partial}{\partial T}\left(\frac{1}{T}\left(\frac{\partial H}{\partial p}\right)_T - \frac{V}{T}\right)\right)_p$$

からエンタルピーの方程式が導かれる. 微分形式では

$$\begin{aligned}
d(dS) &= d\left(\frac{dH - Vdp}{T}\right)\\
&= -\frac{1}{T^2}dH \wedge dT + \frac{V}{T^2}dp \wedge dT - \frac{1}{T}dp \wedge dV\\
&= -\frac{1}{T^2}\left(\frac{\partial H}{\partial p}\right)_T dp \wedge dT + \frac{V}{T^2}dp \wedge dT - \frac{1}{T}\left(\frac{\partial V}{\partial T}\right)_p dp \wedge dT\\
&= \frac{1}{T^2}\left\{-\left(\frac{\partial H}{\partial p}\right)_T + V - T\left(\frac{\partial p}{\partial T}\right)_V\right\} dp \wedge dT
\end{aligned}$$

になり，ポアンカレ補題 $d(dS) = 0$ よりエンタルピーの方程式が従う. □

演習 4.26 ギブズ関数を用いてエンタルピーの方程式を導け.

証明 ギブズ–ヘルムホルツの式 (4.1) から得られる $G = H + T\left(\frac{\partial G}{\partial T}\right)_p$ の両辺を p で微分すると

$$\left(\frac{\partial G}{\partial p}\right)_T = \left(\frac{\partial H}{\partial p}\right)_T + T\left(\frac{\partial}{\partial p}\left(\frac{\partial G}{\partial T}\right)_p\right)_T = \left(\frac{\partial H}{\partial p}\right)_T + T\left(\frac{\partial}{\partial T}\left(\frac{\partial G}{\partial p}\right)_T\right)_p$$

である．これに $\left(\frac{\partial G}{\partial p}\right)_T = V$ を代入すればよい． $\qquad\square$

演習 4.27 エンタルピーの方程式 (4.33) は

$$\left(\frac{\partial H}{\partial p}\right)_T = V - \mu C_p$$

と書けることを示せ．

証明 (1.23) で定義した定圧体膨張率を使うと

$$\left(\frac{\partial H}{\partial p}\right)_T = V(1 - T\beta)$$

と書くことができる．これに (4.19) を代入すると与式が得られる． $\qquad\square$

演習 4.28 エンタルピーの方程式からエネルギーの第 2 方程式 (4.32) を導け．

証明 $U = H - pV$ を微分し，エンタルピーの方程式を代入すると

$$\left(\frac{\partial U}{\partial p}\right)_T = \left(\frac{\partial H}{\partial p}\right)_T - p\left(\frac{\partial V}{\partial p}\right)_T - V = -T\left(\frac{\partial V}{\partial T}\right)_p - p\left(\frac{\partial V}{\partial p}\right)_T$$

が得られる． $\qquad\square$

演習 4.29 (一般化マイアーの関係式) (4.21) で導いた一般化マイアーの関係式

$$C_p = C_V + TV\alpha\beta = C_V + \frac{TV\beta^2}{\kappa_T}$$

を示せ．

証明 熱容量の式 (1.15) は，エンタルピーの方程式によって，

$$C_x = C_p - T\left(\frac{\partial V}{\partial T}\right)_p\left(\frac{\partial p}{\partial T}\right)_x = C_p - TV\beta\left(\frac{\partial p}{\partial T}\right)_x$$

に書き直せる. 定積熱容量は

$$C_V = C_p - TV\beta \left(\frac{\partial p}{\partial T}\right)_V = C_p - \frac{TV\beta^2}{\kappa_T}$$

で, (4.21) に一致する. また次のようにしてもよい. 熱力学第 1 法則 (4.30) および後で示す (4.37) を等値することにより,

$$C_V \mathrm{d}T + \frac{T\beta}{\kappa_T}\mathrm{d}V = C_p\mathrm{d}T - TV\beta\mathrm{d}p$$

が成り立つ. これを $\mathrm{d}T$ について解くと

$$\mathrm{d}T = \frac{TV\beta}{C_p - C_V}\mathrm{d}p + \frac{\frac{T\beta}{\kappa_T}}{C_p - C_V}\mathrm{d}V$$

が得られる. したがって

$$\left(\frac{\partial T}{\partial p}\right)_V = \frac{TV\beta}{C_p - C_V}, \qquad \left(\frac{\partial T}{\partial V}\right)_p = \frac{T\beta}{(C_p - C_V)\kappa_T}$$

が成り立つ. 第 1 式から (4.21) に一致する

$$C_p - C_V = TV\beta \left(\frac{\partial p}{\partial T}\right)_V = \frac{TV\beta^2}{\kappa_T}$$

が得られる. 第 2 式からも

$$C_p - C_V = \frac{T\beta}{\kappa_T} \left(\frac{\partial V}{\partial T}\right)_p = \frac{TV\beta^2}{\kappa_T}$$

が得られる. □

定理 4.30 (ジュール-トムソン係数) ジュール-トムソン係数は

$$\mu_{\mathrm{JT}} = \frac{VT}{C_p} \left(\beta - \frac{1}{T}\right)$$

によって与えられる.

証明 ジュール-トムソン係数は (A4) によって

$$\mu_{\mathrm{JT}} = \left(\frac{\partial T}{\partial p}\right)_H = -\left(\frac{\partial T}{\partial H}\right)_p \left(\frac{\partial H}{\partial p}\right)_T = -\frac{1}{C_p} \left(\frac{\partial H}{\partial p}\right)_T \tag{4.35}$$

になる．ここでエンタルピーの方程式を利用すると，

$$\mu_{\mathrm{JT}} = \frac{1}{C_p}\left\{T\left(\frac{\partial V}{\partial T}\right)_p - V\right\} = \frac{VT}{C_p}\left(\beta - \frac{1}{T}\right) \tag{4.36}$$

になる． $\square$

理想気体では (2.11) で与えたように $\beta = \frac{1}{T}$ になり，ジュール－トムソン係数は 0 である．現実の気体ではジュール－トムソン係数は有限の値を持つ．気体の入った箱に小さな穴を開けて気体を噴出させてみよう．箱の外では圧力が低い場合 ($\mathrm{d}p < 0$) を考えると，ジュール－トムソン係数が正の値を取るときは $\mathrm{d}T < 0$ となり温度が低下する．すなわち $\beta > \frac{1}{T}$ のとき温度を下げることができる． $\beta = \frac{1}{T}$ となる温度を逆転温度と言う．カマーリング＝オーネスはこの原理によってヘリウムを液化し，超伝導を発見した．

> **定理 4.31** ($T\mathrm{d}S$ **第 2 方程式**)　熱力学第 1 法則 (1.4) は
>
> $$T\mathrm{d}S = C_p\mathrm{d}T - T\left(\frac{\partial V}{\partial T}\right)_p \mathrm{d}p = C_p\mathrm{d}T - TV\beta\mathrm{d}p \tag{4.37}$$
>
> のように書くことができる．

証明　エンタルピーの方程式を圧力増加の等温潜熱 (1.21) に代入すると

$$\Lambda_T^p = \left(\frac{\partial H}{\partial p}\right)_T - V = -T\left(\frac{\partial V}{\partial T}\right)_p = -TV\beta$$

になり，与式が得られる． $\square$

演習 4.32　U, H, F を T, p の関数として微分が

$$\begin{cases} \mathrm{d}U = (C_p - pV\beta)\mathrm{d}T + V(p\kappa_T - T\beta)\mathrm{d}p \\ \mathrm{d}H = C_p\mathrm{d}T + V(1 - T\beta)\mathrm{d}p \\ \mathrm{d}F = -(pV\beta + S)\mathrm{d}T + pV\kappa_T\mathrm{d}p \end{cases}$$

によって与えられることを示せ．

4.8 エンタルピーの方程式

証明 $T\mathrm{d}S$ 第 2 方程式および体積の微分 (1.12) を使うと

$$\left.\begin{aligned}
\mathrm{d}U &= T\mathrm{d}S - p\mathrm{d}V = C_p\mathrm{d}T - TV\beta\mathrm{d}p - pV\beta\mathrm{d}T + pV\kappa_T\mathrm{d}p \\
\mathrm{d}H &= T\mathrm{d}S + V\mathrm{d}p = C_p\mathrm{d}T - TV\beta\mathrm{d}p + V\mathrm{d}p \\
\mathrm{d}F &= -S\mathrm{d}T - p\mathrm{d}V = -S\mathrm{d}T - pV\beta\mathrm{d}T + pV\kappa_T\mathrm{d}p
\end{aligned}\right\} \quad (4.38)$$

が得られる. □

定理 4.33 ($T\mathrm{d}S$ **第 3 方程式**) 熱力学第 1 法則は

$$T\mathrm{d}S = C_V\left(\frac{\partial T}{\partial p}\right)_V \mathrm{d}p + C_p\left(\frac{\partial T}{\partial V}\right)_p \mathrm{d}V = \frac{\kappa_T}{\beta}C_V\mathrm{d}p + \frac{C_p}{\beta}\frac{\mathrm{d}V}{V} \quad (4.39)$$

のように書き直すことができる.

証明 (1.31) を用いれば直ちに得られる. またエントロピーを p と V の関数とし, 連鎖法則 (A2) を使うと, 熱力学第 1 法則は

$$\begin{aligned}
T\mathrm{d}S &= T\left(\frac{\partial S}{\partial p}\right)_V \mathrm{d}p + T\left(\frac{\partial S}{\partial V}\right)_p \mathrm{d}V \\
&= T\left(\frac{\partial S}{\partial T}\right)_V\left(\frac{\partial T}{\partial p}\right)_V \mathrm{d}p + T\left(\frac{\partial S}{\partial T}\right)_p\left(\frac{\partial T}{\partial V}\right)_p \mathrm{d}V \\
&= C_V\left(\frac{\partial T}{\partial p}\right)_V \mathrm{d}p + C_p\left(\frac{\partial T}{\partial V}\right)_p \mathrm{d}V \\
&= \frac{\kappa_T}{\beta}C_V\mathrm{d}p + \frac{C_p}{\beta}\frac{\mathrm{d}V}{V}
\end{aligned}$$

を意味する. (4.39) に (1.24) を代入すると $T\mathrm{d}S$ 第 2 方程式 (4.37)

$$T\mathrm{d}S = \frac{\kappa_T}{\beta}C_V\mathrm{d}p + \frac{C_p}{\beta}(\beta\mathrm{d}T - \kappa_T\mathrm{d}p) = C_p\mathrm{d}T - \beta TV\mathrm{d}p$$

が得られる. さらにこの式に (1.26) を代入すると $T\mathrm{d}S$ 第 1 方程式 (4.30)

$$T\mathrm{d}S = \left(C_p - \frac{TV\beta^2}{\kappa_T}\right)\mathrm{d}T + \frac{\beta}{\kappa_T}T\mathrm{d}V = C_V\mathrm{d}T + \frac{\beta}{\kappa_T}T\mathrm{d}V$$

が導かれる. □

演習 **4.34** 内部エネルギー U は S, T, V, p のうち任意の 2 変数の関数である. 変数の選び方に対応するすべての偏微分係数を物理量で表せ.

証明 自然変数 S, V のとき $\left(\frac{\partial U}{\partial S}\right)_V = T$, $\left(\frac{\partial U}{\partial V}\right)_S = -p$, 変数 T, V では

$$\left(\frac{\partial U}{\partial T}\right)_V = C_V, \qquad \left(\frac{\partial U}{\partial V}\right)_T = \frac{T\beta}{\kappa_T} - p$$

で，第2式は (4.31) に与えたエネルギーの方程式である．変数 T, p の場合は

$$\left(\frac{\partial U}{\partial T}\right)_p = C_p - pV\beta, \qquad \left(\frac{\partial U}{\partial p}\right)_T = V(p\kappa_T - T\beta)$$

によって与えられる．第1式は (4.38) 第1式から，第2式は (4.32) に与えたエネルギーの第2方程式から得られる．変数を V, p に選ぶと，(1.17) を用いて

$$\left(\frac{\partial U}{\partial V}\right)_p = \frac{C_p}{V\beta} - p, \qquad \left(\frac{\partial U}{\partial p}\right)_V = \frac{C_V \kappa_T}{\beta}$$

になる．第2式は (3.1) でも与えた．変数が S, T の場合は

$$\begin{cases} \left(\frac{\partial U}{\partial S}\right)_T = T - p\left(\frac{\partial V}{\partial S}\right)_T = T - p\left(\frac{\partial V}{\partial p}\right)_T \left(\frac{\partial p}{\partial S}\right)_T = T - \frac{p\kappa_T}{\beta} \\ \left(\frac{\partial U}{\partial T}\right)_S = \left(\frac{\partial U}{\partial p}\right)_S \left(\frac{\partial p}{\partial T}\right)_S = pV\kappa_S \cdot \frac{C_p}{TV\beta} = \frac{pC_V \kappa_T}{T\beta} \end{cases}$$

になる．第2式の最後でレシュの定理を使った．変数が S, p の場合は

$$\begin{cases} \left(\frac{\partial U}{\partial S}\right)_p = T - p\left(\frac{\partial V}{\partial S}\right)_p = T - p\left(\frac{\partial V}{\partial T}\right)_p \left(\frac{\partial T}{\partial S}\right)_p = T - \frac{pTV\beta}{C_p} \\ \left(\frac{\partial U}{\partial p}\right)_S = -p\left(\frac{\partial V}{\partial p}\right)_S = pV\kappa_S = \frac{pVC_V \kappa_T}{C_p} \end{cases}$$

である．これらを用いると

$$\left(\frac{\partial p}{\partial V}\right)_U = -\frac{\left(\frac{\partial U}{\partial V}\right)_p}{\left(\frac{\partial U}{\partial p}\right)_V} = \frac{pV\beta - C_p}{VC_V \kappa_T}$$

$$\left(\frac{\partial V}{\partial T}\right)_U = -\frac{\left(\frac{\partial U}{\partial T}\right)_V}{\left(\frac{\partial U}{\partial V}\right)_T} = \frac{C_V \kappa_T}{p\kappa_T - T\beta}$$

$$\left(\frac{\partial T}{\partial p}\right)_U = -\frac{\left(\frac{\partial U}{\partial p}\right)_T}{\left(\frac{\partial U}{\partial T}\right)_p} = \frac{V(p\kappa_T - T\beta)}{pV\beta - C_p}$$

$$\left(\frac{\partial p}{\partial S}\right)_U = -\frac{\left(\frac{\partial U}{\partial S}\right)_p}{\left(\frac{\partial U}{\partial p}\right)_S} = \frac{T(pV\beta - C_p)}{pVC_V \kappa_T}$$

$$\left(\frac{\partial S}{\partial T}\right)_U = -\frac{\left(\frac{\partial U}{\partial T}\right)_S}{\left(\frac{\partial U}{\partial S}\right)_T} = \frac{pC_V \kappa_T}{T(p\kappa_T - T\beta)}$$

が得られる．第1式は (4.28)，第2式は (4.29) で与えた． □

4.9 レシュの定理

レシュの定理はすでに定理 1.16 で証明した．そこではエントロピーの概念を使わなかった．海洋技師レシュは忘れられた物理学者，数学者で，クラウジウスがエントロピーを発見する前にこの定理を含む理論をつくっていた（この式自体は書いていないが）．この節ではエントロピーの導入によって生まれたさまざまな公式の勉強のために 5 通りの証明をしてみよう．

> **定理 4.35（レシュの定理）** 定圧，定積熱容量比と等温，断熱圧縮率比は
> $$\frac{C_p}{C_V} = \frac{\kappa_T}{\kappa_S}$$
> を厳密に満たす．

証明 1 (4.17) を使うと

$$\frac{C_p}{C_V} = -\frac{\left(\frac{\partial V}{\partial T}\right)_p \left(\frac{\partial p}{\partial T}\right)_S}{\left(\frac{\partial p}{\partial T}\right)_V \left(\frac{\partial V}{\partial T}\right)_S} = -\frac{\left(\frac{\partial V}{\partial T}\right)_p}{\left(\frac{\partial p}{\partial T}\right)_V}\left(\frac{\partial p}{\partial V}\right)_S = \frac{\left(\frac{\partial V}{\partial p}\right)_T}{\left(\frac{\partial V}{\partial p}\right)_S} = \frac{\kappa_T}{\kappa_S}$$

が得られる．同じことだが，断熱圧縮率は連鎖法則によって

$$\kappa_S = -\frac{1}{V}\left(\frac{\partial V}{\partial p}\right)_S = -\frac{1}{V}\left(\frac{\partial V}{\partial T}\right)_S \left(\frac{\partial T}{\partial p}\right)_S$$

になるから (4.19) および (4.25) を代入して与式を得る． □

証明 2 ヤコービ行列式の性質 (A8) を使うと

$$\frac{\kappa_T}{\kappa_S} = \frac{\left(\frac{\partial V}{\partial p}\right)_T}{\left(\frac{\partial V}{\partial p}\right)_S} = \frac{\left|\frac{\partial(V,T)}{\partial(p,T)}\right|}{\left|\frac{\partial(V,S)}{\partial(p,S)}\right|}$$

になる．さらにヤコービ行列式の性質 (A9) を使うと

$$\frac{\left|\frac{\partial(V,T)}{\partial(p,T)}\right|}{\left|\frac{\partial(V,S)}{\partial(p,S)}\right|} = \frac{\left|\frac{\partial(V,T)}{\partial(p,S)}\frac{\partial(p,S)}{\partial(p,T)}\right|}{\left|\frac{\partial(V,S)}{\partial(V,T)}\frac{\partial(V,T)}{\partial(p,S)}\right|} = \frac{\left|\frac{\partial(p,S)}{\partial(p,T)}\right|}{\left|\frac{\partial(V,S)}{\partial(V,T)}\right|} = \frac{\left(\frac{\partial S}{\partial T}\right)_p}{\left(\frac{\partial S}{\partial T}\right)_V} = \frac{C_p}{C_V}$$

になり，レシュの定理を得る． □

証明 3 (A4) によって κ_T と κ_S を書き直し，連鎖法則 (A2)

$$\left(\frac{\partial S}{\partial V}\right)_p = \left(\frac{\partial S}{\partial T}\right)_p \left(\frac{\partial T}{\partial V}\right)_p, \quad \left(\frac{\partial S}{\partial p}\right)_V = \left(\frac{\partial S}{\partial T}\right)_V \left(\frac{\partial T}{\partial p}\right)_V$$

を使うと

$$\frac{\kappa_T}{\kappa_S} = \frac{\left(\frac{\partial V}{\partial p}\right)_T}{\left(\frac{\partial V}{\partial p}\right)_S} = \frac{\left(\frac{\partial S}{\partial V}\right)_p}{\left(\frac{\partial S}{\partial p}\right)_V} \cdot \frac{\left(\frac{\partial T}{\partial p}\right)_V}{\left(\frac{\partial T}{\partial V}\right)_p} = \frac{\left(\frac{\partial S}{\partial T}\right)_p\left(\frac{\partial T}{\partial V}\right)_p}{\left(\frac{\partial S}{\partial T}\right)_V\left(\frac{\partial T}{\partial p}\right)_V} \cdot \frac{\left(\frac{\partial T}{\partial p}\right)_V}{\left(\frac{\partial T}{\partial V}\right)_p} = \frac{\left(\frac{\partial S}{\partial T}\right)_p}{\left(\frac{\partial S}{\partial T}\right)_V}$$

のように証明できる． □

証明 4 (4.24) に (1.25) を代入すると

$$\frac{\kappa_T}{\kappa_S} = 1 + \frac{\beta\mu}{\kappa_S} = 1 + \alpha\mu\frac{\kappa_T}{\kappa_S} = \frac{1}{1-\alpha\mu}$$

になり，(1.34) に注意すると，レシュの定理

$$\frac{C_p}{C_V} = \frac{\kappa_T}{\kappa_S} = \frac{1}{1-\alpha\mu}$$

が得られる． □

証明 5 (4.21) と (4.23) を連立させて κ_T および κ_S について解くと

$$\kappa_T = \frac{TV\beta^2}{C_p - C_V}, \qquad \kappa_S = \frac{TV\beta^2 C_p}{(C_p - C_V)C_V}$$

が得られる．また，(4.21) と (4.23) を連立させて C_p および C_V について解くと

$$C_p = \frac{TV\beta^2}{\kappa_T - \kappa_S}, \qquad C_V = \frac{TV\beta^2\kappa_S}{(\kappa_T - \kappa_S)\kappa_T}$$

が得られる．いずれからもレシュの定理が従うことは明らかだろう． □

4.10　理想気体の熱力学関数

内部エネルギー　エネルギーの方程式を使うと，ジュールの法則 (2.4)，すなわち，理想気体の内部エネルギーは体積 V によらないことを証明できる．

$$\left(\frac{\partial U}{\partial V}\right)_T = T\left(\frac{\partial}{\partial T}\frac{NkT}{V}\right)_V - p = T \cdot \frac{Nk}{V} - p = 0$$

により明らかである．また例題 2.6 で示したように

$$\left(\frac{\partial U}{\partial p}\right)_T = \left(\frac{\partial U}{\partial V}\right)_T \left(\frac{\partial V}{\partial p}\right)_T$$

が成り立つから，$\left(\frac{\partial U}{\partial V}\right)_T = 0$ のときは $\left(\frac{\partial U}{\partial p}\right)_T = 0$ が成り立ち，内部エネルギーは p によらない．理想気体の内部エネルギーは (2.5) で与えたように

$$U = C_V T$$

である（C_V を定数とする）．

マイアーの関係式　定圧熱容量を与える (4.21) を理想気体に適用すると

$$C_p = C_V + T\left(\frac{\partial}{\partial T}\frac{NkT}{V}\right)_V \left(\frac{\partial}{\partial T}\frac{NkT}{p}\right)_p = C_V + Nk$$

となり，マイアーの関係式が得られる．また，定積熱容量は

$$C_V = C_p - T\left(\frac{\partial}{\partial T}\frac{NkT}{p}\right)_p \left(\frac{\partial}{\partial T}\frac{NkT}{V}\right)_V = C_p - Nk$$

となり，同じ関係式を与える．一般化マイアーの関係式 $C_p = C_V + \frac{TV\beta^2}{\kappa_T}$ で $\beta = \frac{1}{T}, \kappa_T = \frac{1}{p}$ としても同じである．

エンタルピー　エンタルピーの方程式を使うと，理想気体のエンタルピーは圧力 p によらないことを証明できる．

$$\left(\frac{\partial H}{\partial p}\right)_T = V - T\left(\frac{\partial}{\partial T}\frac{NkT}{p}\right)_p = V - T \cdot \frac{Nk}{p} = 0$$

により明らかである．また連鎖法則により

$$\left(\frac{\partial H}{\partial V}\right)_T = \left(\frac{\partial H}{\partial p}\right)_T \left(\frac{\partial p}{\partial V}\right)_T$$

が成り立つから，$\left(\frac{\partial H}{\partial p}\right)_T = 0$ のときは $\left(\frac{\partial H}{\partial V}\right)_T = 0$ が成り立ち，エンタルピーは V によらない．エンタルピーは

$$H = U + pV = C_V T + NkT = C_p T$$

になる．ここでマイアーの関係式を使った．

80   第 4 章   熱力学関数

エントロピー   エントロピーは，(3.2) で与えた $f = Nk \ln(T^{C_V/Nk} V)$ が示量性になるように積分定数項 S_0 を選び

$$S = Nk \ln \left(T^{C_V/Nk} \frac{V}{N} \right) + S_0 \tag{4.40}$$

になる．

ヘルムホルツ関数とギブズ関数   ヘルムホルツ関数は

$$F = U - TS = C_V T - NkT \ln \left(T^{C_V/Nk} \frac{V}{N} \right) - S_0 T \tag{4.41}$$

ギブズ関数は

$$G = H - TS = C_p T - NkT \ln \left(T^{C_V/Nk} \frac{V}{N} \right) - S_0 T \tag{4.42}$$

である．状態方程式 $pV = NkT$ によって変数を p に変えると

$$G = C_p T - NkT \ln \left(k \frac{T^{C_p/Nk}}{p} \right) - S_0 T \tag{4.43}$$

になる．

定理 4.36（理想気体の基本関係式）   理想気体の内部エネルギーは，自然な変数 S と V の関数として

$$U = C_V \left(\frac{N}{V} \right)^{Nk/C_V} e^{(S-S_0)/C_V} \tag{4.44}$$

で与えられる．

証明   (4.40) を T について解くと，

$$T = \left(\frac{N}{V} \right)^{Nk/C_V} e^{(S-S_0)/C_V}$$

になる．

$$U = C_V T = C_V \left(\frac{N}{V} \right)^{Nk/C_V} e^{(S-S_0)/C_V}$$

が得られる．(4.44) を基本関係式と呼ぶのは，この式から理想気体のすべての状態方程式が導かれるからである．V 一定の下に (4.44) を S について微分すると

$$T = \left(\frac{\partial U}{\partial S}\right)_V = \frac{U}{C_V}$$

になるから $U = C_V T$ が得られる．S 一定の下に (4.44) を V について微分すると

$$p = -\left(\frac{\partial U}{\partial V}\right)_S = \frac{Nk}{C_V}\frac{U}{V}$$

になるからベルヌーリの定理 $pV = \frac{Nk}{C_V}U$ が得られる． $\square$

4.11 ファン・デル・ワールス気体の熱力学関数

定積熱容量　定積熱容量 C_V を体積について微分すると，(4.18) によって

$$\left(\frac{\partial C_V}{\partial V}\right)_T = T\left(\frac{\partial^2 p}{\partial T^2}\right)_V = T\left(\frac{\partial^2}{\partial T^2}\left(\frac{NkT}{V-Nb} - \frac{N^2a}{V^2}\right)\right)_V = 0$$

が得られるから，C_V は V に依存せず，T のみの関数である．ファン・デル・ワールス気体は V 無限大の極限で理想気体になるので，V に依存しないファン・デル・ワールス気体の定積熱容量は理想気体と同値である．

定圧熱容量　エネルギーの方程式を用いて導いた公式 (4.21) において (2.25) で与えた圧力係数と (2.18) で与えた $\left(\frac{\partial V}{\partial T}\right)_p$ を代入すると (2.19) を再現する．

内部エネルギー　定積熱容量の定義とエネルギーの方程式を用いると

$$dU = \left(\frac{\partial U}{\partial T}\right)_V dT + \left(\frac{\partial U}{\partial V}\right)_T dV = C_V dT + \left\{T\left(\frac{\partial p}{\partial T}\right)_V - p\right\}dV$$

になる．ファン・デル・ワールス気体では

$$dU = C_V dT + \left(\frac{NkT}{V-Nb} - p\right)dV = C_V dT + \frac{N^2a}{V^2}dV$$

である．C_V が温度に依存しないときはファン・デル・ワールス気体の内部エネルギーは (2.16) で与えた

$$U = C_V T - \frac{N^2a}{V}$$

になる．

エンタルピーとジュール-トムソン係数　(4.35) で定義したジュール-トムソン係数は, (2.17) で与えたエンタルピーおよび (2.22) を使うと

$$\mu_{\mathrm{JT}} = -\frac{1}{C_p}\left(\frac{\partial H}{\partial p}\right)_T = -\frac{1}{C_p}\left(\frac{\partial H}{\partial V}\right)_T \left(\frac{\partial V}{\partial p}\right)_T = -\frac{N}{C_p}\frac{b - \frac{2a(V-Nb)^2}{kTV^2}}{1 - \frac{2Na(V-Nb)^2}{kTV^3}}$$

によって与えられる. (4.36) に (2.26) を代入すれば同じ結果になる. a および b が微小量であるとして線形近似すると, ジュール-トムソン係数は

$$\mu_{\mathrm{JT}} \cong \frac{N}{C_p}\left(\frac{2a}{kT} - b\right) = -\frac{Nb}{C_p T}(T - T_{\mathrm{inv}}), \quad T_{\mathrm{inv}} \equiv \frac{2a}{bk} \tag{4.45}$$

になるから T_{inv} が逆転温度である.

エントロピー　(3.3) で与えたエントロピーを示量性にすると

$$S = Nk\ln\left(T^{C_V/Nk}\frac{V-Nb}{N}\right) + S_0$$

が得られる. ヘルムホルツ関数 $F = U - TS$ は

$$F = C_V T - \frac{N^2 a}{V} - NkT\ln\left(T^{C_V/Nk}\frac{V-Nb}{N}\right) - S_0 T \tag{4.46}$$

ギブズ関数 $H - TS$ は

$$G = (C_V + Nk)T - \frac{2N^2 a}{V} + \frac{NbkT}{V-Nb} - NkT\ln\left(T^{C_V/Nk}\frac{V-Nb}{N}\right) - S_0 T \tag{4.47}$$

になる.

演習 4.37　エントロピーが積分可能である条件を用いて内部エネルギー (2.16)

$$U = C_V T - \frac{N^2 a}{V}$$

を導け.

証明　熱力学第 1 法則によって

$$\left(\frac{\partial S}{\partial U}\right)_V = \frac{1}{T}, \qquad \left(\frac{\partial S}{\partial V}\right)_U = \frac{p}{T} = \frac{Nk}{V-Nb} - \frac{N^2 a}{TV^2}$$

が成り立つから積分可能条件（マクスウェルの関係式）は

$$\left(\frac{\partial \frac{1}{T}}{\partial V}\right)_U = \left(\frac{\partial}{\partial U}\left(\frac{Nk}{V-Nb} - \frac{N^2a}{TV^2}\right)\right)_V = -\frac{N^2a}{V^2}\left(\frac{\partial \frac{1}{T}}{\partial U}\right)_V$$

になる．すなわち

$$\left(\frac{\partial T}{\partial V}\right)_U = -\frac{N^2a}{V^2}\left(\frac{\partial T}{\partial U}\right)_V$$

が得られる．これを使うと

$$\mathrm{d}T = \left(\frac{\partial T}{\partial U}\right)_V \mathrm{d}U + \left(\frac{\partial T}{\partial V}\right)_U \mathrm{d}V = \left(\frac{\partial T}{\partial U}\right)_V \left(\mathrm{d}U - \frac{N^2a}{V^2}\mathrm{d}V\right)$$

が得られる．したがって

$$C_V \mathrm{d}T = \mathrm{d}\left(U + \frac{N^2a}{V}\right)$$

が成り立つから $C_V = $ 定数で内部エネルギーが得られる． $\square$

定理 4.38（ファン・デル・ワールス気体の基本関係式） ファン・デル・ワールス気体の内部エネルギーは，自然な変数 S と V の関数として

$$U = C_V\left(\frac{N}{V-Nb}\right)^{Nk/C_V}\mathrm{e}^{(S-S_0)/C_V} - \frac{N^2a}{V} \tag{4.48}$$

で与えられる．

証明 (4.40) を T について解くと，

$$T = \left(\frac{N}{V-Nb}\right)^{Nk/C_V}\mathrm{e}^{(S-S_0)/C_V}$$

になる．

$$U = C_V T - \frac{N^2a}{V} = C_V\left(\frac{N}{V-Nb}\right)^{Nk/C_V}\mathrm{e}^{(S-S_0)/C_V} - \frac{N^2a}{V}$$

が得られる．V 一定の下に (4.48) を S について微分すると

$$T = \left(\frac{\partial U}{\partial S}\right)_V = \frac{U + \frac{N^2a}{V}}{C_V}$$

になるから $U = C_V T - \frac{N^2 a}{V}$ が得られる. S 一定の下に (4.48) を V について微分すると

$$p = -\left(\frac{\partial U}{\partial V}\right)_S = \frac{Nk}{C_V}\frac{U + \frac{N^2 a}{V}}{V - Nb} - \frac{N^2 a}{V^2} = \frac{NkT}{V - Nb} - \frac{N^2 a}{V^2}$$

になるからファン・デル・ワールス気体の状態方程式が再現される. □

4.12　光子気体の熱力学関数

　光子気体の内部エネルギー密度 u は温度のみの関数である. すなわち

$$U(T, V) = u(T)V$$

の形をしている. 輻射の圧力を p とする. 空洞の体積を $\mathrm{d}V$, 温度を $\mathrm{d}T$ 変化させたとき, 熱力学第 1 法則によって, 系に供給する熱は

$$Q = \mathrm{d}(uV) + p\mathrm{d}V = (u + p)\mathrm{d}V + V\frac{\mathrm{d}u}{\mathrm{d}T}\mathrm{d}T$$

である. エントロピーの変化は

$$\mathrm{d}S = \frac{Q}{T} = \frac{u + p}{T}\mathrm{d}V + \frac{V}{T}\frac{\mathrm{d}u}{\mathrm{d}T}\mathrm{d}T \tag{4.49}$$

になる. $\mathrm{d}S$ が微分である条件

$$\left(\frac{\partial S}{\partial T}\right)_V = \frac{V}{T}\frac{\mathrm{d}u}{\mathrm{d}T}, \qquad \left(\frac{\partial S}{\partial V}\right)_T = \frac{u + p}{T}$$

を使うと

$$\frac{\partial}{\partial V}\left(\frac{V}{T}\frac{\mathrm{d}u}{\mathrm{d}T}\right) = \frac{\partial}{\partial T}\left(\frac{u + p}{T}\right)$$

が成り立つから

$$\frac{\mathrm{d}p}{\mathrm{d}T} - \frac{p}{T} = \frac{u}{T}$$

が得られる. マクスウェルが与えた輻射圧

$$p = \frac{1}{3}u \tag{4.50}$$

を代入すれば,

$$\frac{\mathrm{d}u}{\mathrm{d}T} = \frac{4u}{T}, \qquad \frac{\mathrm{d}u}{u} = 4\frac{\mathrm{d}T}{T}$$

になるから，積分すると $\ln u = \ln T + $ 定数，すなわち，シュテファンの法則 (2.27) が得られる．ここで紹介した導き方は 1892 年のガリツィンの論文によるもので，現代の教科書はこれに従っている．ローレンツはシュテファン–ボルツマンの法則を「理論物理学の真の真珠」と讃えた．

エネルギーの方程式を用いても同じである．$U = uV = 3pV$ に注意すると，

$$\left(\frac{\partial U}{\partial V}\right)_T = 3p$$

になるから，エネルギーの方程式

$$T\left(\frac{\partial p}{\partial T}\right)_V - p = T\frac{\mathrm{d}p}{\mathrm{d}T} - p$$

より

$$T\frac{\mathrm{d}p}{\mathrm{d}T} = 4p, \qquad \frac{\mathrm{d}p}{p} = 4\frac{\mathrm{d}T}{T}$$

を積分すればよい．定積熱容量は

$$C_V = \left(\frac{\partial U}{\partial T}\right)_V = V\frac{\mathrm{d}u}{\mathrm{d}T} = 4aVT^3 = \frac{4U}{T}$$

によって与えられる．エントロピーは，(4.49)，すなわち

$$\mathrm{d}S = \frac{4}{3}aT^3\mathrm{d}V + 4aT^3\mathrm{d}T = \frac{4}{3}\mathrm{d}(T^3V)$$

を積分して

$$S = \frac{4}{3}aT^3V = \frac{4U}{3T} \tag{4.51}$$

になる．エンタルピー，ヘルムホルツ関数，ギブズ関数は

$$\begin{cases} H = U + pV = \frac{4}{3}aT^4V = \frac{4}{3}U \\ F = U - TS = -\frac{1}{3}aT^4V = -\frac{1}{3}U \\ G = H - TS = 0 \end{cases}$$

で与えられる．$G = 0$ となる理由は例題 6.11 を参照.

定理 4.39（光子気体の基本関係式） 光子気体の内部エネルギーを自然な変数 S と V で表わすと基本関係式

$$U = \left(\frac{3}{4}\right)^{4/3} a^{-1/3}\frac{S^{4/3}}{V^{1/3}} \tag{4.52}$$

が得られる.

証明 $U = aT^4V$ において T を S と V で表わすと

$$U = aT^4V = aV\left(\frac{3S}{4aV}\right)^{4/3}$$

が得られる. $\square$

演習 4.40 光子気体の基本関係式 (4.52) から状態方程式を導け.

証明 (4.52) を S について微分すると

$$T = \left(\frac{\partial U}{\partial S}\right)_V = \left(\frac{3}{4}\right)^{1/3}a^{-1/3}\frac{S^{1/3}}{V^{1/3}}$$

になるからこれを S について解けば (4.51) が得られる. (4.52) を V について微分するとマクスウェルの輻射圧

$$p = -\left(\frac{\partial U}{\partial V}\right)_S = \frac{1}{3}\left(\frac{3}{4}\right)^{4/3}a^{-1/3}\frac{S^{4/3}}{V^{4/3}} = \frac{1}{3}aT^4 = \frac{1}{3}u$$

が得られる. $\square$

4.13 ボルツマンの証明

マクスウェルは 1873 年に輻射圧 (4.50) を導いた. バルトリは 1884 年に, 電磁気学とは無関係に, 熱力学第 2 法則を用いた思考実験によって輻射圧を導いていたので, 輻射圧は「マクスウェル–バルトリの圧力」と呼ばれていた. バルトリは黒体の内球とそれを囲む外球の間にある輻射を考えた. 外球を内球に接するまで収縮させると熱が内球に吸収される. 熱力学第 1 法則と矛盾しないためには, その熱に見合う仕事がなされなければならない. そのため, バルトリは, 輻射圧が存在してその圧力に抗して外部から仕事がなされると考えた. ボルツマンは, バルトリの論文を読んでひらめき, 1884 年にバルトリの計算を改善した.

輻射の体積 V が dV だけ増加したとすると, 断熱過程における輻射のエネルギー uV の増加は

$$d(uV) = -pdV$$

である. これから

$$\frac{du}{dT}\frac{dT}{u+p} = -\frac{dV}{V}$$

が得られるから，両辺を V_1, T_1 から V_2, T_2 まで積分すると

$$\int_{T_1}^{T_2} \frac{\mathrm{d}u}{\mathrm{d}T} \frac{\mathrm{d}T}{u+p} = -\ln \frac{V_2}{V_1}$$

である．

温度 T_1 において V_1 にするため，あるいは温度 T_2 において V_2 にするために系に供給される熱量は，$u_1 = u(T_1)$, $u_2 = u(T_2)$, $p_1 = p(T_1)$, $p_2 = p(T_2)$ とすると，

$$Q_1 = (u_1 + p_1)V_1, \qquad Q_2 = (u_2 + p_2)V_2$$

である．定圧過程で得る熱量，すなわちエンタルピー $H = U + pV = (u+p)V$ である．断熱過程ではエントロピーが不変であるから

$$\frac{(u_1 + p_1)V_1}{T_1} = \frac{(u_2 + p_2)V_2}{T_2}$$

が成り立つ．これを代入すると

$$\int_{T_1}^{T_2} \frac{\mathrm{d}u}{\mathrm{d}T} \frac{\mathrm{d}T}{u+p} = \ln \frac{u_2 + p_2}{T_2} - \ln \frac{u_1 + p_1}{T_1}$$

になる．$T_1 = T$, $T_2 = T + \mathrm{d}T$ と選んで両辺を $\mathrm{d}T$ について展開すると，

$$\frac{\mathrm{d}u}{\mathrm{d}T} \frac{\mathrm{d}T}{u+p} = \frac{T}{u+p} \mathrm{d}\frac{u+p}{T} \quad \text{すなわち} \quad \frac{\mathrm{d}u}{\mathrm{d}T} \frac{\mathrm{d}T}{T} = \mathrm{d}\frac{u+p}{T}$$

が得られる．これを積分すると

$$p = T \int \frac{\mathrm{d}u'}{\mathrm{d}T'} \frac{\mathrm{d}T'}{T'} - u = T \int \frac{u'\mathrm{d}T'}{T'^2} \tag{4.53}$$

になる．シュテファンの法則 $u = aT^4$ を代入すると

$$p = \frac{aT^4}{3} = \frac{1}{3}u$$

になる．これが数因子を除いてバルトリの式に対応している．

ボルツマンはシュテファンの法則からマクスウェル理論の結果である輻射圧 (4.50) を導いたが，続く論文ではこのマクスウェル理論に基づいてシュテファンの法則を証明した．上で導いた (4.53) の両辺を微分すると

$$\mathrm{d}p = \mathrm{d}T \int \frac{u'\mathrm{d}T'}{T'^2} + \frac{u}{T}\mathrm{d}T = \frac{p}{T}\mathrm{d}T + \frac{u}{T}\mathrm{d}T$$

になる．ボルツマンはこの方程式に $p = \frac{1}{3}u$ を用いてシュテファンの法則 $u = aT^4$ を得た．

4.14 ミーーグリューンアイゼン状態方程式

(4.25) で与えた断熱膨張係数の逆数は

$$\left(\frac{\partial T}{\partial V}\right)_S = -\frac{T\beta}{C_V \kappa_T} = -\frac{\gamma_G T}{V} \tag{4.54}$$

のように表わすことができる. ここでグリューンアイゼン定数

$$\gamma_G = \frac{V\beta}{C_V \kappa_T} \tag{4.55}$$

を定義した. 恒等式 $\left(\frac{\partial U}{\partial p}\right)_V = -T\left(\frac{\partial V}{\partial T}\right)_S$ の逆数を使うと

$$\gamma_G = -\frac{V}{T}\left(\frac{\partial T}{\partial V}\right)_S = V\left(\frac{\partial p}{\partial U}\right)_V$$

が得られる. すなわち定積過程では

$$dp = \frac{\gamma_G}{V} dU$$

が成り立つ. γ_G を定数として積分すると次の状態方程式が得られる.

定理 4.41（ミーーグリューンアイゼン状態方程式） γ_G が定数のとき

$$pV = \gamma_G U + f(V)$$

が成り立つ. $f(V)$ は任意の V の関数である.

ミーが 1903 年に高温で成り立つ模型を提案し，グリューンアイゼンが 1912 年に低温でも成り立つように拡張した. 理想気体は $\gamma_G = \frac{Nk}{C_V}$, $f(V) = 0$ で，ベルヌーリの定理を与える. ファン・デル・ワールス気体は

$$\gamma_G = \frac{NkV}{C_V(V - Nb)}, \qquad f(V) = \frac{N^2 a}{V}\left(\frac{NkV}{C_V(V - Nb)} - 1\right) \tag{4.56}$$

光子気体は $\gamma_G = \frac{1}{3}$, $f(V) = 0$ に相当する. 熱容量比は，(4.21) を用いると

$$\gamma = 1 + \frac{TV\beta^2}{C_V \kappa_T} = 1 + T\beta\gamma_G$$

と書くことができる. 理想気体では $T\beta = 1$ で，

$$\gamma = 1 + \gamma_G = 1 + \frac{Nk}{C_V}$$

ファン・デル・ワールス気体では (2.26) によって

$$\gamma = 1 + \frac{\frac{Nk}{C_V}}{1 - \frac{2Na(V - Nb)^2}{kTV^3}}$$

が得られる.

演習 4.42　γ_G が定数のとき，断熱過程では

$$TV^{\gamma_G} = 定数$$

になることを示せ.

証明　(4.54) を γ_G 一定の下に積分すると題意が得られる．理想気体では $TV^{\frac{Nk}{C_V}}$ 一定，光子気体では $TV^{\frac{1}{3}}$ 一定が得られる．ファン・デル・ワールス気体の γ_G は定数ではないが，(4.56) で与えた γ_G を (4.54) に代入して積分すれば $T(V - Nb)^{\frac{Nk}{C_V}}$ 一定が得られる． $\square$

演習 4.43　デバイの固体理論ではエントロピーは

$$S = S(x), \qquad x = \frac{T}{T_D}$$

の形をしている． T_D はデバイ温度で体積のみの関数である．

$$\gamma_G = -\frac{V}{T_D} \frac{dT_D}{dV} = -\frac{d \ln T_D}{d \ln V}$$

は (4.55) で定義したグリューンアイゼン定数に一致することを示せ.

証明　エントロピーが x のみの関数であることに注意すると

$$\left(\frac{\partial S}{\partial V} \right)_T = \frac{dS}{dx} \frac{dx}{dT_D} \frac{dT_D}{dV} = -\frac{dS}{dx} \frac{T}{T_D^2} \frac{dT_D}{dV} = -\left(\frac{\partial S}{\partial T} \right)_V \frac{T}{T_D} \frac{dT_D}{dV}$$

になるから

$$\gamma_G = \frac{V}{T} \frac{\left(\frac{\partial S}{\partial V} \right)_T}{\left(\frac{\partial S}{\partial T} \right)_V} = -\frac{V}{T} \left(\frac{\partial T}{\partial V} \right)_S$$

が得られる．定積熱容量

$$C_V = T \left(\frac{\partial S}{\partial T} \right)_V = x \frac{dS}{dx}$$

は x のみの関数である． $C_V(x)$ としても同じ結果が得られる． $\square$

90 　　　　　　　　　　第 4 章　熱力学関数

演習 4.44 　例題 7.4 で示すように，絶対零度付近では固体の定積，定圧熱容量は，その差が T^7 程度でほとんど同じである．それを C とすると

$$C_V = C_p = C = aT^3 \tag{4.57}$$

が成り立つ．a は定数である．内部エネルギー，エントロピー，ヘルムホルツ関数を導け．

証明　$dV = 0$ なので $dU = CdT$ を積分すれば

$$U = \frac{a}{4}T^4$$

が得られる．エントロピーは

$$S = \int_0^T \frac{Q}{T'} = \int_0^T \frac{CdT'}{T'} = \frac{a}{3}T^3$$

ヘルムホルツ関数は

$$F = U - TS = -\frac{a}{2}T^4$$

になる．　　　　　　　　　　　　　　　　　　　　　　　　　　　　　□

演習 4.45 　固体 1 と固体 2 はそれぞれ温度 T_1 と T_2 を持ち，同一物質，同一質量，同一熱容量 C を持つとする．T_1 を低熱源，T_2 を高熱源としてカルノー機関を用い，2 つの固体を同一温度 T の熱平衡状態にしたとする．このとき

$$T = \sqrt{T_1 T_2} \tag{4.58}$$

が成り立つことを示せ．また系が外部に行う仕事は

$$-W = C(\sqrt{T_2} - \sqrt{T_1})^2 \tag{4.59}$$

によって与えられることを示せ．

証明　固体 1 のエントロピー増加は

$$\Delta S_1 = \int_{T_1}^T \frac{CdT'}{T'} = C\ln\frac{T}{T_1}$$

である．同様に，固体 2 のエントロピー増加は $\Delta S_2 = C \ln \frac{T}{T_2}$ である．サイクルを 1 周するとエントロピーはもとに戻っていなければならないので

$$\Delta S_1 + \Delta S_2 = C \ln \frac{T}{T_1} + C \ln \frac{T}{T_2} = 0$$

により (4.58) が得られる．2 つの固体が異なる熱容量 C_1 および C_1 を持つときは

$$T = T_1^{\frac{C_1}{C_1+C_2}} T_2^{\frac{C_2}{C_1+C_2}}$$

になることを確かめよ．エントロピーが保存するときは $W = \Delta(U_1 + U_2)$ になるから

$$W = C(T - T_1) + C(T - T_2) = -C(T_1 + T_2 - 2T)$$

で，(4.58) を代入すれば (4.59) になる． $\square$

4.15 針金とゴムひもの熱力学

(1.1) で与えたように，針金やゴムひもを長さ $\mathrm{d}L$ だけ増加させるために外力がする仕事は $W = \tau \mathrm{d}L$ だった．流体の場合の $W = -p\mathrm{d}V$ と比べると，圧力と張力の符号が異なるだけで，数学的には，ほとんど同じ扱いである．ギブズの関係式は

$$T\mathrm{d}S = \mathrm{d}U - \tau \mathrm{d}L$$

である．U を T と L の関数とすると

$$T\mathrm{d}S = \left(\frac{\partial U}{\partial T}\right)_L \mathrm{d}T + \left\{\left(\frac{\partial U}{\partial L}\right)_T - \tau\right\} \mathrm{d}L$$

になるから，定積熱容量 C_V，体積増加の等温潜熱 Λ_T^V に対応して定長熱容量 C_L，長さ増加の等温潜熱 Λ_T^L は

$$C_L = T\left(\frac{\partial S}{\partial T}\right)_L = \left(\frac{\partial U}{\partial T}\right)_L, \quad \Lambda_T^L = T\left(\frac{\partial S}{\partial L}\right)_T = \left(\frac{\partial U}{\partial L}\right)_T - \tau$$

である．エンタルピーを

$$H = U - \tau L$$

によって定義すれば

$$T\mathrm{d}S = \mathrm{d}H + L\mathrm{d}\tau$$

と書くことができる. H を T と τ の関数とすると

$$TdS = \left(\frac{\partial H}{\partial T}\right)_\tau dT + \left\{\left(\frac{\partial H}{\partial \tau}\right)_T + L\right\}d\tau$$

になるから, 定圧熱容量 C_p, 圧力増加の等温潜熱 Λ_T^p に対応して定張力熱容量 C_τ, 張力増加の等温潜熱 Λ_T^τ は

$$C_\tau = T\left(\frac{\partial S}{\partial T}\right)_\tau = \left(\frac{\partial H}{\partial T}\right)_\tau, \quad \Lambda_T^\tau = T\left(\frac{\partial S}{\partial \tau}\right)_T = \left(\frac{\partial H}{\partial \tau}\right)_T + L$$

である.

法則 4.46（熱力学第 1 法則） 熱力学第 1 法則は

$$TdS = C_L dT + \Lambda_T^L dL = C_\tau dT + \Lambda_T^\tau d\tau$$

になる.

演習 4.47 長さ増加の等温潜熱 Λ_T^L, 張力増加の等温潜熱 Λ_T^τ は

$$\Lambda_T^L = -T\left(\frac{\partial \tau}{\partial T}\right)_L, \quad \Lambda_T^\tau = T\left(\frac{\partial L}{\partial T}\right)_\tau$$

になることを示せ.

証明 ヘルムホルツ関数を $F = U - TS$ によって定義すると

$$dF = -SdT + \tau dL$$

になるから,

$$\left(\frac{\partial F}{\partial T}\right)_L = -S, \quad \left(\frac{\partial F}{\partial L}\right)_T = \tau$$

が得られる. これを用い, 微分の順番を入れかえるとマクスウェルの関係式

$$\left(\frac{\partial S}{\partial L}\right)_T = -\left(\frac{\partial}{\partial L}\left(\frac{\partial F}{\partial T}\right)_L\right)_T = -\left(\frac{\partial}{\partial T}\left(\frac{\partial F}{\partial L}\right)_T\right)_L = -\left(\frac{\partial \tau}{\partial T}\right)_L$$

が得られる. これによって

$$\Lambda_T^L = T\left(\frac{\partial S}{\partial L}\right)_T = -T\left(\frac{\partial \tau}{\partial T}\right)_L$$

になる. 同様にしてギブズ関数を $G = H - TS$ によって定義すると

$$\mathrm{d}G = -S\mathrm{d}T - L\mathrm{d}\tau$$

になるから,

$$\left(\frac{\partial G}{\partial T}\right)_\tau = -S, \quad \left(\frac{\partial G}{\partial \tau}\right)_T = -L$$

が得られる. これを用い, 微分の順番を入れかえるとマクスウェルの関係式

$$\left(\frac{\partial S}{\partial \tau}\right)_T = -\left(\frac{\partial}{\partial \tau}\left(\frac{\partial G}{\partial T}\right)_\tau\right)_T = -\left(\frac{\partial}{\partial T}\left(\frac{\partial G}{\partial \tau}\right)_T\right)_\tau = \left(\frac{\partial L}{\partial T}\right)_\tau$$

が得られる. これによって

$$\Lambda_T^\tau = T\left(\frac{\partial S}{\partial \tau}\right)_T = T\left(\frac{\partial L}{\partial T}\right)_\tau$$

になる. □

演習 4.48 (エネルギーの方程式とエンタルピーの方程式)　エネルギーの方程式
とエンタルピーの方程式

$$\left(\frac{\partial U}{\partial L}\right)_T = \tau - T\left(\frac{\partial \tau}{\partial T}\right)_L, \quad \left(\frac{\partial H}{\partial \tau}\right)_T = T\left(\frac{\partial L}{\partial T}\right)_\tau - L \tag{4.60}$$

が成り立つことを示せ.

証明　長さ増加の等温潜熱にマクスウェルの関係式を代入すると

$$\Lambda_T^L = T\left(\frac{\partial S}{\partial L}\right)_T = \left(\frac{\partial U}{\partial L}\right)_T - \tau = -T\left(\frac{\partial \tau}{\partial T}\right)_L$$

が得られる. また張力増加の等温潜熱にマクスウェルの関係式を代入すると

$$\Lambda_T^\tau = T\left(\frac{\partial S}{\partial \tau}\right)_T = \left(\frac{\partial H}{\partial \tau}\right)_T + L = T\left(\frac{\partial L}{\partial T}\right)_\tau$$

になる. □

長さ増加の等温潜熱は $\left(\frac{\partial \tau}{\partial T}\right)_L$ に比例する. ひもに張力を加え, 長さ L を一定
に保つとき, 温度の変化に応じて張力の増加を与える係数である. また張力増加
の等温潜熱は (1.23) で定義した定圧体膨張率 β に対応する線膨張率

$$\beta_\tau \equiv \frac{1}{L}\left(\frac{\partial L}{\partial T}\right)_\tau = -\frac{1}{L}\frac{\left(\frac{\partial \tau}{\partial T}\right)_L}{\left(\frac{\partial \tau}{\partial L}\right)_T} = \frac{1}{L}\left(\frac{\partial S}{\partial L}\right)_T\left(\frac{\partial L}{\partial \tau}\right)_T \tag{4.61}$$

に比例している. 長さ増加の等温潜熱は

$$\Lambda_T^\tau = T \left(\frac{\partial L}{\partial T} \right)_\tau = TL\beta_\tau$$

である. 張力増加の等温潜熱は

$$\Lambda_T^L = -T \left(\frac{\partial \tau}{\partial T} \right)_L = T \left(\frac{\partial \tau}{\partial L} \right)_T \left(\frac{\partial L}{\partial T} \right)_\tau = TL\beta_\tau \left(\frac{\partial \tau}{\partial L} \right)_T$$

のように書き直せる. 断面積 A, 長さ L のひもの等温および断熱ヤング率を

$$E_T = \frac{L}{A} \left(\frac{\partial \tau}{\partial L} \right)_T, \qquad E_S = \frac{L}{A} \left(\frac{\partial \tau}{\partial L} \right)_S$$

によって定義する. 等温ヤング率を使うと

$$\Lambda_T^L = TAE_T\beta_\tau$$

になる. τ を T と L の関数とすると

$$\mathrm{d}\tau = \left(\frac{\partial \tau}{\partial T} \right)_L \mathrm{d}T + \left(\frac{\partial \tau}{\partial L} \right)_T \mathrm{d}L = -AE_T\beta_\tau \mathrm{d}T + AE_T \frac{\mathrm{d}L}{L}$$

を得る. 断熱過程で, T と x を変数とすると, $T\mathrm{d}S = C_x\mathrm{d}T + \Lambda_T^x\mathrm{d}x = 0$ により

$$\left(\frac{\partial T}{\partial x} \right)_S = -\frac{\Lambda_T^x}{C_x} = -\frac{\left(\frac{\partial S}{\partial x} \right)_T}{\left(\frac{\partial S}{\partial T} \right)_x}$$

が得られる. $x = L$, $x = \tau$ それぞれについて

$$\left(\frac{\partial T}{\partial L} \right)_S = -\frac{TAE_T\beta_\tau}{C_L}, \qquad \left(\frac{\partial T}{\partial \tau} \right)_S = -\frac{TL\beta_\tau}{C_\tau}$$

が得られる.

例題 4.49 等温および断熱ヤング率はレシュの定理

$$\frac{E_T}{E_S} = \frac{C_L}{C_\tau}$$

を満たすことを示せ.

証明 V を AL に, p を $-\frac{\tau}{A}$ に対応させれば, 等温, 断熱圧縮率の逆数

$$\frac{1}{\kappa_T} = -V \left(\frac{\partial p}{\partial V} \right)_T, \qquad \frac{1}{\kappa_S} = -V \left(\frac{\partial p}{\partial V} \right)_S$$

がヤング率 E_T および E_S に対応している. □

演習 4.50 ゴムひもは，冷却すると弾性を失う．ある温度以上では張力は温度に比例し，

$$\tau = aT$$

であるとする．$a > 0$ は L のみの関数とする．そのときゴムひもの内部エネルギーは温度だけの関数で，エントロピーは伸びとともに減少することを示せ．

証明 $\tau = aT$ をエネルギーの方程式 (4.60) に代入すると，

$$\left(\frac{\partial U}{\partial L}\right)_T = aT - T\left(\frac{\partial(aT)}{\partial T}\right)_L = 0$$

となり，ゴムひもの内部エネルギーは T だけの関数である．一方エントロピーは

$$\left(\frac{\partial S}{\partial L}\right)_T = -\left(\frac{\partial \tau}{\partial T}\right)_L = -a < 0$$

によって減少する．また，外力 τ によって長さが L に保たれているとき，τ を増加すれば L が伸びる．すなわち $\left(\frac{\partial L}{\partial \tau}\right)_T > 0$ であるから，線膨張率の式 (4.61) によって，$\left(\frac{\partial S}{\partial L}\right)_T < 0$ のゴムひもの場合は，$\beta_\tau < 0$ となり，ゴムひもの伸びは温度下降を意味する．τ 一定の下で温度を上昇させればゴムひもは縮む．

針金とゴムひもの違いは微視的構造に由来する．針金を構成する金属は規則正しく並んだ格子からなる．格子に力を加えて引き延ばすと，格子が変形し，対称性を失って，より無秩序な構造になる．後に示すように乱雑なほどエントロピーが増大する．$\left(\frac{\partial S}{\partial L}\right)_T > 0$ なので $\beta_\tau > 0$ となり，等温変化では Q は正で，熱を吸収してエントロピーを増加させる．断熱変化では $\beta_\tau > 0$ によって $\left(\frac{\partial T}{\partial L}\right)_S < 0$ と $\left(\frac{\partial T}{\partial \tau}\right)_S < 0$ が得られ，針金を引き延ばしたり張力を増やすと温度が下がる．それに対してゴムは長い高分子からなり，高分子は低温で無秩序な向きを持っているが，ゴムひもを引き延ばすと高分子が整列するようになる．等温変化では熱を放出してエントロピーを減少させる．断熱変化ではゴムひもを引き延ばしたり張力を増やすと温度が上がる．ゴムの弾性はエントロピー力である． □

5

熱力学第2法則

Deuxième principe de la thermodynamique

5.1　クラウジウス，トムソン，カラテオドリの原理

熱力学第2法則には同等のさまざまな表現がある．クラウジウスは 1850 年の論文で次のように述べた.

> **法則 5.1（クラウジウスの原理）**　「熱は，それに関係する変化が同時に起こるのでなければ，低温物体から高温物体に移動することは決してない.」

結果としてなにものにも変化を残さずもとの状態に戻すことができることを可逆と言う．熱量が高温から低温へ移動するのは不可逆である．クラウジウスの原理は，何らかの方法で熱量を高温物体に戻せば必ずどこかに変化を残すと言っている．また低熱源から取った熱量をすべて高熱源に移動する熱力学的過程は存在しない，と言いかえることもできる．トムソンはクラウジウスとは独立に 1851 年の論文で次のように表現した.

> **法則 5.2（トムソンの原理）**　「物体の一部分を周囲の物体の最低温度以下に冷やすことによって力学的効果を引き出すことは不可能である.」

1 つの熱源から取った熱量をすべて仕事に変えてしまう熱力学的過程は存在しない，と言いかえることもできる．プランクは『熱力学論考』でトムソンの原理を次の形で述べている.

5.1 クラウジウス，トムソン，カラテオドリの原理

法則 5.3 (プランクの表現) 「完全なサイクルで運転したとき，重りを持ち上げ，熱源を冷却する以外に何の効果も生み出さない機関をつくることは不可能である．」

第1種の永久機関はエネルギーの供給なしに仕事をする機関で，熱力学第1法則に反するから存在しない．オストヴァルトは熱力学第2法則に反する機関を第2種の永久機関と名づけた．トムソンの原理は次のように言うこともある．

法則 5.4 第2種の永久機関は存在しない．

法則 5.5 (カラテオドリの原理) 「定められた始状態の任意の近傍で，断熱的状態変化によっては近似できない状態が存在する．」

カラテオドリの第1公理は，断熱過程において，外部からの仕事が内部エネルギーの変化になるとし，熱力学第1法則を再定式化した．カラテオドリはこのカラテオドリの原理を第2公理として熱力学第2法則を導いた．

演習 5.6 クラウジウスの原理とトムソンの原理は同等であることを証明せよ．

証明 背理法（帰謬法）を使う．

カルノーサイクルは高熱源 T_2 から熱量 Q_2，低熱源 T_1 から熱量 Q_1 を得て仕事 $-W = Q_1 + Q_2 > 0$ を外に行うサイクルである．クラウジウスの原理が成り立たないとすると T_1 から T_2 へ熱量 Q_2 を移動できることになる．その結果，T_2 は一方で熱量 Q_2 を供給し，他方で Q_2 を受け取っているから，もとに戻っている．一方 T_1 は熱量 $Q_1 + Q_2$ を得て仕事 $-W = Q_1 + Q_2 > 0$ を外に行っている．これは「1つの熱源から取った熱量をすべて仕事に変えてしまうサイクルは存在しない」というトムソンの原理に反している．

トムソンの原理が成り立たないとする．低熱源 T_1 から熱量 Q を得てすべてを仕事 $-W$ に変える第2種の永久機関が存在することになる．そこでこの仕事を高熱源 T_2 に与えるようにする．その結果，永久機関はもとに戻っている．すなわち Q を T_1 から T_2 に移動できたことになる．これはクラウジウスの原理に反する． □

第5章 熱力学第2法則

演習 5.7 カラテオドリの原理とトムソンの原理は同等であることを証明せよ.

証明1 熱源に接触した系が1から2へ等温変化をして外に仕事 $-W$ をしたとする. このとき熱力学第1法則によって $Q = U_2 - U_1 - W$ が成り立つ. カラテオドリの原理が成り立たないとしてみよう. 断熱変化で到達できない状態は存在しないから, 2から1への断熱変化が可能になる. 断熱変化で外にする仕事を $-W'$ とすると熱力学第1法則 $0 = U_1 - U_2 - W'$ が成り立つ. このサイクルで熱源から得る熱量は Q, 外にする仕事は $-W - W'$ で, 1つの熱源から得た熱量をすべて仕事に変えている. この結果はトムソンの原理に反する. したがって, カラテオドリの原理が成り立たないとしたことが誤りだったのである. □

証明2 断熱曲線上の1点 P の任意の近傍で, 断熱曲線によって P と結ぶことができない点 P′ が存在しないとしてみよう. このとき P は2本の断熱曲線の交差点になる. pV 平面上で等温曲線を引くと, 等温曲線は2本の断熱曲線上の A と B で交差する. 3角形 PAB のサイクルを考えると, 熱量は AB 間の等温過程でのみ系に入ってくる. 断熱過程 PA と BP では熱量の出入りはなく, 3角形 PAB の面積が仕事である. したがって1つの熱源から得た熱量をすべて仕事に変えるサイクルが存在することになり, トムソンの原理に反する. それゆえ P′ が存在しないという仮定が間違っていたわけである. □

系 5.8 高熱源 T_2, 低熱源 T_1 からそれぞれ熱量 Q_2, Q_1 を得て外に正の仕事 $-W = Q_1 + Q_2 > 0$ を行うサイクルでは $Q_2 > 0$ かつ $Q_1 < 0$ である.

証明 もし $Q_1 > 0$ なら T_2 から T_1 に熱量 Q_1 を補給できる. T_1 はもとに戻り, T_2 は熱量 $Q_1 + Q_2$ をすべて仕事に変えている. これはトムソンの原理に反するので $Q_1 < 0$ である. したがって $-W = Q_1 + Q_2 > 0$ により $Q_2 > 0$ である. □

定理 5.9 (カルノーの定理) 効率はすべてのカルノー機関について互いに等しく, かつ最大である.

証明 カルノー機関は可逆機関で, 逆運転できる. 熱源 T_1 から $-Q_1$ を得, T_2 に Q_2 を与え, 外に仕事 $W = -Q_1 - Q_2$ をする. 熱源 T_2 と T_1 の間で働く一般の機関は T_2 から熱量 Q_2' を得, T_1 に熱量 $-Q_1'$ を与えて外に $-W' = Q_1' + Q_2'$ の仕

事をする．逆運転するカルノー機関と一般の機関を同時運転すると，全仕事，高
熱源，低熱源から得る全熱量はそれぞれ

$$(-W)_{\text{total}} = -W' + W, \qquad (Q_2)_{\text{total}} = Q_2' - Q_2, \qquad (Q_1)_{\text{total}} = Q_1' - Q_1$$

である．$Q_2 = Q_2'$ となるように調節しておくと

$$(-W)_{\text{total}} = -W' + W = Q_1' + Q_2' - Q_1 - Q_2 = Q_1' - Q_1$$

になる．トムソンの原理「1つの熱源から取った熱量をすべて仕事に変えてしま
うサイクルは存在しない」によって，

$$(-W)_{\text{total}} \leq 0 \qquad \text{すなわち} \qquad Q_1' \leq Q_1$$

が成り立たなければならない．不等式の両辺を $Q_2 = Q_2' > 0$ で割ると

$$\frac{Q_1}{Q_2} \geq \frac{Q_1'}{Q_2'}$$

が得られる．したがってカルノーの定理

$$\eta = 1 + \frac{Q_1}{Q_2} \geq 1 + \frac{Q_1'}{Q_2'} = \eta'$$

が成り立つ．もし一般の機関もカルノー機関なら両方とも逆運転できる．上の式
で Q_1, Q_2 と Q_1', Q_2' を互いに入れかえても成り立つから

$$\frac{Q_1'}{Q_2'} \geq \frac{Q_1}{Q_2}$$

になる．両方が成立するためには等号が成り立ち，

$$\frac{Q_1'}{Q_2'} = \frac{Q_1}{Q_2}$$

でなければならない．効率はカルノー機関で最大である． □

定理 5.10（ケルヴィン温度） 2つの熱源の温度の比は，カルノーサイクルに
よって熱源間で交換される熱量比に等しくなるように定義する．すなわち

$$\frac{T_1}{T_2} = -\frac{Q_1}{Q_2}$$

になるように定義することができる．

証明 カルノー機関 C_1 は熱源 T_2 から熱量 Q_2 を得て仕事をし，熱源 T_1 に熱量 $-Q_1$ を捨てているとする．そのとき効率は熱源の温度 T_1 と T_2 のみに依存する普遍関数である．すなわち

$$\frac{-Q_1}{Q_2} = f(T_1, T_2)$$

のように書くことができる．別のカルノー機関 C_2 は熱源 T_1 から熱量 $-Q_1$ を得て仕事をし，熱源 T_0 に熱量 $-Q_0$ を捨てているとすると

$$\frac{-Q_0}{-Q_1} = f(T_0, T_1)$$

が成り立つ．2 つの機関を同時運転すると，結合機関は，熱源 T_2 から熱量 Q_2 を得て仕事をし，熱源 T_0 に熱量 $-Q_0$ を捨てており，熱源 T_1 はなにもしていないので

$$\frac{-Q_0}{Q_2} = f(T_0, T_2)$$

と書ける．すなわち

$$f(T_0, T_2) = \frac{-Q_0}{-Q_1}\frac{-Q_1}{Q_2} = f(T_0, T_1)f(T_1, T_2)$$

が成り立っている．ところが右辺は T_1 に依存しないので，関数 f は T_1 が相殺する形を取らなければならない．そのためには g を普遍関数として

$$f(T_1, T_2) = \frac{g(T_1)}{g(T_2)}$$

でなければならない．そこで $g(T) = T$ と選び，

$$\frac{-Q_1}{Q_2} = \frac{T_1}{T_2}$$

とすることができるのである． $\square$

定義 5.11（カルノー関数） 高熱源の温度を T_2，低熱源の温度を T_1 とすると，カルノー機関の効率は

$$\eta = 1 + \frac{Q_1}{Q_2} = 1 - \frac{T_1}{T_2} = C(T_2)(T_2 - T_1), \qquad C(T_2) = \frac{1}{T_2}$$

になる． T_2 のみの関数 C をカルノー関数と言う（クラウジウス 1850）.

5.1 クラウジウス，トムソン，カラテオドリの原理 *101*

演習 5.12 絶対零度は実現できないことを示せ.

証明 絶対零度 $T_1 = 0$ が実現できたとする. カルノーサイクルで，2 つの断熱過程のエントロピーを S_2, S_1 とすると温度 T_2 の等温過程で入ってくる熱量は $Q_2 = T_2(S_2 - S_1)$, 温度 $T_1 = 0$ の等温過程で入ってくる熱量は $T_1(S_1 - S_2) = 0$ である. この結果，高熱源 T_2 から得た熱量 Q_2 はすべて仕事になってしまう. これはトムソンの原理に反する. ゆえに絶対零度は実現できない. $T_1 = 0$ が実現すると効率は $\eta = 1 - \frac{T_1}{T_2} = 1$ になる. それはあり得ないのである. □

演習 5.13 (**エネルギーの方程式**) カルノーサイクルを用いて (4.26) で与えたエネルギーの方程式

$$\left(\frac{\partial U}{\partial V}\right)_T = T\left(\frac{\partial p}{\partial T}\right)_V - p$$

を導け. カルノーサイクルにおいて，熱源の温度差 $T_2 - T_1 = \mathrm{d}T$ が微小であるときを考えよ.

証明 $\mathrm{d}T$ が微小なので $V_\mathrm{A} = V_\mathrm{B}$, $V_\mathrm{C} = V_\mathrm{D}$ としてよい. すなわちサイクルは，TV 平面で辺の長さ $\mathrm{d}T$ と $V_\mathrm{C} - V_\mathrm{B} = V_\mathrm{D} - V_\mathrm{A}$ の長方形を 1 巡するとすればよい. B から C への等温膨張で流入する熱量は

$$Q_2 = \int_\mathrm{B}^\mathrm{C} (\mathrm{d}U + p\mathrm{d}V) = \int_\mathrm{B}^\mathrm{C} \left\{\left(\frac{\partial U}{\partial V}\right)_T + p\right\} \mathrm{d}V$$

である. Q_1 についても同様である. 断熱過程では体積変化は無視できるのでサイクルの熱力学第 1 法則は

$$Q_1 + Q_2 = \int_\mathrm{B}^\mathrm{C} p\mathrm{d}V + \int_\mathrm{D}^\mathrm{A} p\mathrm{d}V = \mathrm{d}T \int_\mathrm{B}^\mathrm{C} \mathrm{d}V \left(\frac{\partial p}{\partial T}\right)_V$$

である. 一方，カルノーの定理は，$T_2 - T_1 = \mathrm{d}T$ に対して

$$Q_1 + Q_2 = \frac{Q_2}{T_1}\mathrm{d}T = \frac{Q_2}{T_2}\mathrm{d}T$$

になるので

$$\frac{1}{T_2} \int_\mathrm{B}^\mathrm{C} \left\{\left(\frac{\partial U}{\partial V}\right)_T + p\right\} \mathrm{d}V = \int_\mathrm{B}^\mathrm{C} \mathrm{d}V \left(\frac{\partial p}{\partial T}\right)_V$$

が任意の等温区間 BC について成り立つ. したがってエネルギーの方程式が成り立つ. □

5.2 クラウジウスの不等式

熱源 T_2 から熱量 Q_2 を得て外部に仕事 $-W$ をし，熱源 T_1 に熱量 $-Q_1$ を捨てる任意の機関では

$$-\frac{T_1}{T_2} \geq \frac{Q_1}{Q_2}$$

だった（前節の Q_1', Q_2' をあらためて Q_1, Q_2 に書き直した）．すなわち

$$1 - \frac{T_1}{T_2} \geq 1 + \frac{Q_1}{Q_2} = \frac{Q_1 + Q_2}{Q_2}$$

が成り立っていた．サイクルにおける熱力学第 1 法則は

$$Q_1 + Q_2 + W = 0$$

を意味するから，効率について

$$\eta = \frac{-W}{Q_2} \leq 1 - \frac{T_1}{T_2}$$

が成り立っている．このとき

$$\frac{Q_1}{T_1} + \frac{Q_2}{T_2} \leq 0$$

が成り立つ．等号が成り立つのはカルノーサイクルのときだけである．

> **定理 5.14（クラウジウスの不等式）** 機関 A が，温度 $T_1, T_2, \cdots, T_n$ の熱源に順次接して熱量 $Q_1, Q_2, \cdots, Q_n$ を得て 1 周するサイクルについて，クラウジウスの不等式 (1865)
>
> $$\frac{Q_1}{T_1} + \frac{Q_2}{T_2} + \cdots + \frac{Q_n}{T_n} = \sum_{i=1}^{n} \frac{Q_i}{T_i} \leq 0$$
>
> が成り立つ．

証明 カルノー機関を使う．カルノー機関は，高熱源 T_0 から熱量 Q_{0i} を受け取り，仕事 $-W_i$ を行い，熱量 Q_i を低熱源 T_i に与える（Q_i の符号に注意）とする．低熱源 T_i はそれに接する機関 A に Q_i を与えてもとに戻り，Q_i を得た機関 A は仕事 Q_i を行う．カルノー機関は可逆なので

$$\frac{Q_i}{Q_{0i}} = \frac{T_i}{T_0}$$

が成り立つ．これを n 回くり返してサイクルを 1 周すると，

$$\sum_{i=1}^{n} \frac{Q_i}{T_i} = \sum_{i=1}^{n} \frac{Q_{0i}}{T_0} = \frac{Q_0}{T_0}$$

になる．ここで

$$Q_0 = \sum_{i=1}^{n} Q_{0i}$$

は熱源が与えた全熱量である．機関 A が外に行う仕事，カルノー機関が外に行う仕事はそれぞれ

$$-W = \sum_{i=1}^{n} Q_i, \qquad -\sum_{i=1}^{n} W_i = \sum_{i=1}^{n} (Q_{0i} - Q_i) = Q_0 + W$$

になるから機関 A とカルノー機関が外に行う仕事の総和は $-W + Q_0 + W = Q_0$ になる．ところがトムソンの原理によって，1 つの熱源から得た熱量をすべて仕事に変える機関は存在しないから $Q_0 \leq 0$ が成り立たなければならない．すなわちクラウジウスの不等式

$$\sum_{i=1}^{n} \frac{Q_i}{T_i} \leq 0$$

が得られる． □

5.3 エントロピー極大原理

熱源が連続的に変化する場合，クラウジウスの不等式は

$$\oint \frac{Q}{T} \leq 0$$

になる．A から出発し，任意の経路 C_1 を通って B に達し，可逆経路 C_2 を通ってもとの A に戻る 1 周積分

$$\oint \frac{Q}{T} = \int_{\mathrm{C}_1} \frac{Q}{T} + \int_{\mathrm{C}_2} \frac{Q}{T}$$

を考えよう．C_2 の逆向きの経路を $-\mathrm{C}_2$ とすると

$$\int_{\mathrm{C}_1} \frac{Q}{T} = -\int_{\mathrm{C}_2} \frac{Q}{T} = \int_{-\mathrm{C}_2} \frac{Q}{T}$$

_104_　　　　　　　　　第 5 章　熱力学第 2 法則

である．可逆過程ではエントロピーを定義できるから

$$\int_{C_1} \frac{Q}{T} \leq \int_{-C_2} \frac{Q}{T} = S(B) - S(A)$$

が成り立つ．A と B が近接しているときは

$$\frac{Q}{T} \leq dS$$

になる．可逆過程でのみ等号が成り立ち，クラウジウスの関係式

$$\frac{Q}{T} = dS$$

になる．外部との熱のやりとりがない系では $Q = 0$ により

$$dS \geq 0$$

が成り立つ．平衡状態で等号が成り立つ．

法則 5.15（エントロピー極大原理）　熱的に孤立した系で実際に起る非可逆
過程ではエントロピーはつねに増大する．平衡状態で

$$dS = 0$$

が成り立つ．

例題 5.16　　平衡状態はエントロピーの最大値を取ることを示せ．

証明　孤立系唯一の平衡状態のエントロピーを S_0，他の任意の状態のエントロ
ピーを S' とする．もし $S' \geq S_0$ が成り立つとすれば，エントロピー増大の原理
によって S_0 から S' への自発的な非可逆過程が可能になる．その結果，外へのい
かなる効果もなく，平衡状態のエントロピーが S_0 から S' に変化することになる．
これは S_0 が孤立系唯一の平衡状態のエントロピーという定義に反する．したがっ
て $S_0 > S'$ である．　　　　　　　　　　　　　　　　　　　　　　　　□

5.4　熱平衡の条件

環境（圧力源）の圧力を p_0 とすると熱力学第 1 法則は

$$dU = Q - p_0 dV$$

環境（熱源）の温度を T_0 とすると熱力学第 2 法則は

$$Q \leq T_0 \mathrm{d}S$$

である．これらを組み合わせると

$$\mathrm{d}U \leq T_0 \mathrm{d}S - p_0 \mathrm{d}V$$

になる．そこで有効度関数

$$A = U + p_0 V - T_0 S$$

を定義するとその微分は

$$\mathrm{d}A = \mathrm{d}U + p_0 \mathrm{d}V - T_0 \mathrm{d}S \leq 0 \tag{5.1}$$

である．ギブズの関係式を代入すると

$$\mathrm{d}A = (T - T_0)\mathrm{d}S - (p - p_0)\mathrm{d}V \leq 0$$

が得られる．

定理 5.17 圧力源と熱源（与えられた p_0 と T_0）の下で，有効度関数 A について

$$\mathrm{d}A \leq 0$$

が成り立つ．A が極小のとき

$$\mathrm{d}A = 0$$

で平衡状態になる．

さまざまな情況に応じてこの定理の意味を調べてみよう．

系 5.18（内部エネルギー極小原理） 力学的，熱的に孤立した系では

$$\mathrm{d}U \leq 0$$

が成り立つ．内部エネルギー U が極小（$\mathrm{d}U = 0$）のとき平衡状態になる．

証明 (5.1) により得られる内部エネルギーの微分

$$dU = dA - p_0 dV + T_0 dS$$

において，力学的に孤立した系では $dV = 0$ で，右辺第 2 項は 0 である．熱源と切り離された孤立系では $dS = 0$ なので

$$dU = dA \leq 0$$

が成り立つ．

$$dS = 0, \quad dV = 0, \quad dU = 0$$

が平衡条件である． □

系 5.19（エンタルピー極小原理） 断熱，定圧過程では

$$dH \leq 0$$

が成り立つ．H が極小 ($dH = 0$) のとき平衡状態になる．

証明 エンタルピー $H = U + pV$ の微分は有効度関数 A を用いて

$$dH = dA + (p - p_0)dV + V dp + T_0 dS$$

のように書き直せる．圧力源の下では $p = p_0$, $dp = 0$ なので

$$dH = dA + T_0 dS$$

になる．さらに熱的に孤立した系 $dS = 0$ では

$$dH = dA \leq 0$$

で題意を得る．平衡の条件は

$$dS = 0, \quad dp = 0, \quad dH = 0$$

になる． □

系 5.20（ヘルムホルツ関数極小原理） 熱源に接し，力学的に孤立した系では

$$\mathrm{d}F \leq 0$$

が成り立つ．F が極小（$\mathrm{d}F = 0$）のとき平衡状態になる．

証明 ヘルムホルツ関数 $F = U - TS$ の微分は

$$\mathrm{d}F = \mathrm{d}A - (T - T_0)\mathrm{d}S - S\mathrm{d}T - p_0\mathrm{d}V$$

である．熱源の下では，$T = T_0$，$\mathrm{d}T = 0$，力学的に孤立した系では $\mathrm{d}V = 0$ になるから，

$$\mathrm{d}F = \mathrm{d}A \leq 0$$

が得られる．平衡の条件は

$$\mathrm{d}T = 0, \quad \mathrm{d}V = 0, \quad \mathrm{d}F = 0$$

である．

力学的に孤立していない系では

$$\mathrm{d}F \leq -p_0\mathrm{d}V$$

になる．$p_0\mathrm{d}V$ は体系が外にする仕事，$-\mathrm{d}F$ は体系のヘルムホルツ関数の減少分である．等温過程で体系が外に行う仕事はヘルムホルツ関数の減少分をこえることができない．すなわち

$$p_0\mathrm{d}V \leq -\mathrm{d}F$$

が成り立つ．これを最大仕事の原理と呼ぶ．等号が成り立つ仕事の最大値を最大仕事と言う． □

系 5.21（ギブズ関数極小原理） 圧力源，熱源に接する系では

$$\mathrm{d}G \leq 0$$

である．G が極大（$\mathrm{d}G = 0$）のとき平衡状態になる．

証明 ギブズ関数 $G = F + pV$ の微分は

$$\mathrm{d}G = \mathrm{d}A - (T - T_0)\mathrm{d}S - S\mathrm{d}T + (p - p_0)\mathrm{d}V + V\mathrm{d}p$$

である．熱源に接している系では $T = T_0$，$\mathrm{d}T = 0$，圧力源に接している系では $p = p_0$，$\mathrm{d}p = 0$ になるから，

$$\mathrm{d}G = \mathrm{d}A \le 0$$

である．平衡の条件は

$$\mathrm{d}T = 0, \quad \mathrm{d}p = 0, \quad \mathrm{d}G = 0$$

になる． $\square$

5.5 エントロピーと内部エネルギーの安定性

定理 5.22（エントロピー極大原理と内部エネルギー極小原理） エントロピー S は，平衡状態では，極値を取るだけではなく，極大になっていなければならない．平衡点で，上に凸でなければならない．すなわち

$$\left(\frac{\partial^2 S}{\partial U^2}\right)_V < 0, \qquad \left(\frac{\partial^2 S}{\partial V^2}\right)_U < 0 \tag{5.2}$$

が成り立つ．このとき内部エネルギー U の 2 次微分係数は不等式

$$\left(\frac{\partial^2 U}{\partial S^2}\right)_V > 0, \qquad \left(\frac{\partial^2 U}{\partial V^2}\right)_S > 0$$

を満たす．平衡点で，下に凸でなければならない．

証明 S についての 2 次微分係数は

$$\left(\frac{\partial^2 U}{\partial S^2}\right)_V = \left(\frac{\partial T}{\partial S}\right)_V = \left(\frac{\partial U}{\partial S}\right)_V \left(\frac{\partial T}{\partial U}\right)_V = T\left(\frac{\partial T}{\partial U}\right)_V$$

$$= -T^3 \left(\frac{\partial \frac{1}{T}}{\partial U}\right)_V = -T^3 \left(\frac{\partial^2 S}{\partial U^2}\right)_V$$

になるから，(5.2) より $\left(\frac{\partial^2 U}{\partial S^2}\right)_V > 0$ が成り立つ． U が安定であるためには，平衡点で，体積一定の下に，エントロピー S の変化に対し下に凸である．また V に

ついての 2 次微分係数は

$$\left(\frac{\partial^2 U}{\partial V^2}\right)_S = \left(\frac{\partial}{\partial V}\left(\frac{\partial U}{\partial V}\right)_S\right)_S = -\left(\frac{\partial}{\partial V}\left(\frac{\partial U}{\partial S}\right)_V \left(\frac{\partial S}{\partial V}\right)_U\right)_S$$

$$= -\left(\frac{\partial}{\partial V}T\left(\frac{\partial S}{\partial V}\right)_U\right)_S = -T\left(\frac{\partial}{\partial V}\left(\frac{\partial S}{\partial V}\right)_U\right)_S$$

を計算すればよい．最後に，平衡点で $\left(\frac{\partial S}{\partial V}\right)_U = 0$ になることを使った．$\left(\frac{\partial S}{\partial V}\right)_U$ を $U(S,V)$ と V の関数として微分すると

$$\left(\frac{\partial^2 U}{\partial V^2}\right)_S = -T\left\{\left(\frac{\partial U}{\partial V}\right)_S \left(\frac{\partial}{\partial U}\left(\frac{\partial S}{\partial V}\right)_U\right)_S + \left(\frac{\partial^2 S}{\partial V^2}\right)_U\right\}$$

になるから平衡点で

$$\left(\frac{\partial^2 U}{\partial V^2}\right)_S = -T\left(\frac{\partial^2 S}{\partial V^2}\right)_U > 0 \tag{5.3}$$

が得られる． □

法則 5.23（ルシャトリエ–ブラウンの原理） 平衡状態にある系は，外部からの摂動に対して，その摂動の効果を減少させる方向に応答する（ルシャトリエ 1884，ブラウン 1887）．

エントロピーが上に凸，あるいは内部エネルギーが下に凸のとき，すなわち

$$\mathrm{d}^2 S \leq 0 \quad \text{あるいは} \quad \mathrm{d}^2 U \geq 0$$

のとき，系は安定な平衡状態に向う．

5.6 ルジャンドル変換の安定性

定理 5.24 ギブズ関数の 2 次微分と内部エネルギーの 2 次微分の間に

$$\mathrm{d}^2 U = \mathrm{d}T\mathrm{d}S - \mathrm{d}p\mathrm{d}V = -\mathrm{d}^2 G \tag{5.4}$$

の関係がある．

証明 U の 2 次微分は

$$
\begin{aligned}
\mathrm{d}^2 U &= \frac{\partial^2 U}{\partial S^2}\mathrm{d}S^2 + \frac{\partial^2 U}{\partial V \partial S}\mathrm{d}S\mathrm{d}V + \frac{\partial^2 U}{\partial S \partial V}\mathrm{d}V\mathrm{d}S + \frac{\partial^2 U}{\partial V^2}\mathrm{d}V^2 \\
&= \frac{\partial T}{\partial S}\mathrm{d}S^2 + \frac{\partial T}{\partial V}\mathrm{d}S\mathrm{d}V - \frac{\partial p}{\partial S}\mathrm{d}V\mathrm{d}S - \frac{\partial p}{\partial V}\mathrm{d}V^2 \\
&= \mathrm{d}T\mathrm{d}S - \mathrm{d}p\mathrm{d}V
\end{aligned}
\tag{5.5}
$$

G の 2 次微分は

$$
\begin{aligned}
\mathrm{d}^2 G &= \frac{\partial^2 G}{\partial T^2}\mathrm{d}T^2 + \frac{\partial^2 G}{\partial p \partial T}\mathrm{d}T\mathrm{d}p + \frac{\partial^2 G}{\partial T \partial p}\mathrm{d}p\mathrm{d}T + \frac{\partial^2 G}{\partial p^2}\mathrm{d}p^2 \\
&= -\frac{\partial S}{\partial T}\mathrm{d}T^2 - \frac{\partial S}{\partial p}\mathrm{d}T\mathrm{d}p + \frac{\partial V}{\partial T}\mathrm{d}p\mathrm{d}T + \frac{\partial V}{\partial p}\mathrm{d}p^2 \\
&= -\mathrm{d}T\mathrm{d}S + \mathrm{d}p\mathrm{d}V
\end{aligned}
$$

になるから与式が成立する. □

ギブズ関数の安定性　内部エネルギー安定の条件 $\mathrm{d}^2 U > 0$ により (5.4) は $\mathrm{d}^2 G < 0$ を意味する. 任意の方向に 1 変数変化させても $\mathrm{d}^2 G < 0$ が成り立つから

$$
\left(\frac{\partial^2 G}{\partial T^2}\right)_p < 0, \qquad \left(\frac{\partial^2 G}{\partial p^2}\right)_T < 0
$$

が得られる. ギブズ関数は平衡点で上に凸である.

(A11) で与えたように, $f(x,y)$ のルジャンドル変換 $F(X,y)$ の 2 次微分係数は

$$
\left(\frac{\partial^2 F}{\partial X^2}\right)_y = -\frac{1}{\left(\frac{\partial^2 f}{\partial x^2}\right)_y}
$$

によって与えられる. これを用いると

$$
\left(\frac{\partial^2 H}{\partial S^2}\right)_p = -\frac{1}{\left(\frac{\partial^2 G}{\partial T^2}\right)_p}, \qquad \left(\frac{\partial^2 H}{\partial p^2}\right)_S = -\frac{1}{\left(\frac{\partial^2 U}{\partial V^2}\right)_S}
\tag{5.6}
$$

$$
\left(\frac{\partial^2 F}{\partial T^2}\right)_V = -\frac{1}{\left(\frac{\partial^2 U}{\partial S^2}\right)_V}, \qquad \left(\frac{\partial^2 F}{\partial V^2}\right)_T = -\frac{1}{\left(\frac{\partial^2 G}{\partial p^2}\right)_T}
\tag{5.7}
$$

$$
\left(\frac{\partial^2 G}{\partial T^2}\right)_p = -\frac{1}{\left(\frac{\partial^2 H}{\partial S^2}\right)_p}, \qquad \left(\frac{\partial^2 G}{\partial p^2}\right)_T = -\frac{1}{\left(\frac{\partial^2 F}{\partial V^2}\right)_T}
\tag{5.8}
$$

が成り立つ. (5.8) 第 1 式は (5.6) 第 1 式, (5.8) 第 2 式は (5.7) 第 2 式の逆数である.

エンタルピーの安定性　エンタルピーの 2 次微分係数は (5.6) によって与えられるから $\left(\frac{\partial^2 G}{\partial T^2}\right)_p < 0$ および $\left(\frac{\partial^2 U}{\partial V^2}\right)_p > 0$ により

$$
\left(\frac{\partial^2 H}{\partial S^2}\right)_p > 0, \qquad \left(\frac{\partial^2 H}{\partial p^2}\right)_S < 0
$$

が成り立つ．第 1 式は圧力一定の下でのエンタルピー極小原理を表わしている．

ヘルムホルツ関数の安定性　ヘルムホルツ関数の 2 次微分係数は (5.7) によって与えられるから $\left(\frac{\partial^2 U}{\partial S^2}\right)_V > 0$ および $\left(\frac{\partial^2 G}{\partial T^2}\right)_p < 0$ により

$$
\left(\frac{\partial^2 F}{\partial T^2}\right)_V < 0, \qquad \left(\frac{\partial^2 F}{\partial V^2}\right)_T > 0 \tag{5.9}
$$

が得られる．第 2 式は温度一定の下でのヘルムホルツ関数極小原理を表わしている．

演習 5.25　ヘルムホルツ関数の 2 次微分が

$$
\mathrm{d}^2 F = -\mathrm{d}T\mathrm{d}S - \mathrm{d}p\mathrm{d}V = -\mathrm{d}^2 H \tag{5.10}
$$

となることを示せ．

証明　ヘルムホルツ関数の 2 次微分は

$$
\begin{aligned}
\mathrm{d}^2 F &= \frac{\partial^2 F}{\partial T^2}\mathrm{d}T^2 + \frac{\partial^2 F}{\partial V \partial T}\mathrm{d}T\mathrm{d}V + \frac{\partial^2 F}{\partial T \partial V}\mathrm{d}V\mathrm{d}T + \frac{\partial^2 F}{\partial V^2}\mathrm{d}V^2 \\
&= -\frac{\partial S}{\partial T}\mathrm{d}T^2 - \frac{\partial S}{\partial V}\mathrm{d}T\mathrm{d}V - \frac{\partial p}{\partial T}\mathrm{d}V\mathrm{d}T - \frac{\partial p}{\partial V}\mathrm{d}V^2 \\
&= -\mathrm{d}T\mathrm{d}S - \mathrm{d}p\mathrm{d}V
\end{aligned}
$$

エンタルピーの 2 次微分は

$$
\begin{aligned}
\mathrm{d}^2 H &= \frac{\partial^2 H}{\partial S^2}\mathrm{d}S^2 + \frac{\partial^2 H}{\partial p \partial S}\mathrm{d}S\mathrm{d}p + \frac{\partial^2 H}{\partial S \partial p}\mathrm{d}p\mathrm{d}S + \frac{\partial^2 H}{\partial p^2}\mathrm{d}p^2 \\
&= \frac{\partial T}{\partial S}\mathrm{d}S^2 + \frac{\partial T}{\partial p}\mathrm{d}S\mathrm{d}p + \frac{\partial V}{\partial S}\mathrm{d}p\mathrm{d}S + \frac{\partial V}{\partial p}\mathrm{d}p^2 \\
&= \mathrm{d}T\mathrm{d}S + \mathrm{d}V\mathrm{d}p \tag{5.11}
\end{aligned}
$$

になるから与式が得られる．　　　　　　　　　　　　　　　　　　　　　□

5.7 不等式の物理的意味

U, S, T についての 2 次微分係数を熱容量で表わすと

$$\left(\frac{\partial^2 S}{\partial U^2}\right)_V = -\frac{1}{T^2}\left(\frac{\partial T}{\partial U}\right)_V = -\frac{1}{T^2 C_V} \tag{5.12}$$

$$\left(\frac{\partial^2 U}{\partial S^2}\right)_V = \left(\frac{\partial T}{\partial S}\right)_V = \frac{T}{C_V} \tag{5.13}$$

$$\left(\frac{\partial^2 H}{\partial S^2}\right)_p = \left(\frac{\partial T}{\partial S}\right)_p = \frac{T}{C_p} \tag{5.14}$$

$$\left(\frac{\partial^2 F}{\partial T^2}\right)_V = -\left(\frac{\partial S}{\partial T}\right)_V = -\frac{C_V}{T} \tag{5.15}$$

$$\left(\frac{\partial^2 G}{\partial T^2}\right)_p = -\left(\frac{\partial S}{\partial T}\right)_p = -\frac{C_p}{T} \tag{5.16}$$

が得られる．また V, p についての 2 次微分係数を圧縮率で表わすと

$$\left(\frac{\partial^2 S}{\partial V^2}\right)_U = \frac{1}{T}\left(\frac{\partial p}{\partial V}\right)_S = -\frac{1}{TV\kappa_S} \tag{5.17}$$

$$\left(\frac{\partial^2 U}{\partial V^2}\right)_S = -\left(\frac{\partial p}{\partial V}\right)_S = \frac{1}{V\kappa_S} \tag{5.18}$$

$$\left(\frac{\partial^2 H}{\partial p^2}\right)_S = \left(\frac{\partial V}{\partial p}\right)_S = -V\kappa_S \tag{5.19}$$

$$\left(\frac{\partial^2 F}{\partial V^2}\right)_T = -\left(\frac{\partial p}{\partial V}\right)_T = \frac{1}{V\kappa_T} \tag{5.20}$$

$$\left(\frac{\partial^2 G}{\partial p^2}\right)_T = \left(\frac{\partial V}{\partial p}\right)_T = -V\kappa_T \tag{5.21}$$

である．(5.3) で与えたように，第 1 式 (5.17) は平衡点でのみ成り立つ．

S, U, H, F, G すべての安定条件をまとめると

$$
\begin{aligned}
&\left(\frac{\partial^2 S}{\partial U^2}\right)_V = -\frac{1}{T^2 C_V} < 0, && \left(\frac{\partial^2 S}{\partial V^2}\right)_U = -\frac{1}{TV\kappa_S} < 0 \\
&\left(\frac{\partial^2 U}{\partial S^2}\right)_V = \frac{T}{C_V} > 0, && \left(\frac{\partial^2 U}{\partial V^2}\right)_S = \frac{1}{V\kappa_S} > 0 \\
&\left(\frac{\partial^2 H}{\partial S^2}\right)_p = \frac{T}{C_p} > 0, && \left(\frac{\partial^2 H}{\partial p^2}\right)_S = -V\kappa_S < 0 \\
&\left(\frac{\partial^2 F}{\partial T^2}\right)_V = -\frac{C_V}{T} < 0, && \left(\frac{\partial^2 F}{\partial V^2}\right)_T = \frac{1}{V\kappa_T} > 0 \\
&\left(\frac{\partial^2 G}{\partial T^2}\right)_p = -\frac{C_p}{T} < 0, && \left(\frac{\partial^2 G}{\partial p^2}\right)_V = -V\kappa_T < 0
\end{aligned}
$$

になる. すなわち

$$C_V > 0, \qquad \kappa_S > 0, \qquad C_p > 0, \qquad \kappa_T > 0 \qquad (5.22)$$

が得られる. (4.21) で与えた一般化マイアーの関係式 $C_p = C_V + \frac{TV\beta^2}{\kappa_T}$ および
(4.23) で与えた恒等式 $\kappa_T = \kappa_S + \frac{TV\beta^2}{C_p}$ によって

$$C_p \geq C_V > 0, \qquad \kappa_T \geq \kappa_S > 0 \qquad (5.23)$$

が得られる.

5.8 エントロピーの安定性

以上では 1 変数を変化させたときの安定性を調べたが, 2 変数を変化させたときの安定性を保証するものではない. エントロピーの 2 次微分係数が U 方向, V 方向で上に凸でも, 両方向の中間では下に凸になっているかもしれない. 以下では 2 変数を変化させたときの熱力学関数の安定性を考えよう.

定理 5.26 熱平衡状態が安定であるとき

$$\frac{\partial^2 S}{\partial U^2} < 0, \quad \frac{\partial^2 S}{\partial V^2} < 0, \quad \begin{vmatrix} \frac{\partial^2 S}{\partial U^2} & \frac{\partial^2 S}{\partial U \partial V} \\ \frac{\partial^2 S}{\partial V \partial U} & \frac{\partial^2 S}{\partial V^2} \end{vmatrix} = \frac{\partial^2 S}{\partial U^2}\frac{\partial^2 S}{\partial V^2} - \left(\frac{\partial^2 S}{\partial U \partial V}\right)^2 > 0$$

$$(5.24)$$

が成り立つ. 係数行列式を S の U, V についてのヘス行列式と呼ぶ.

証明 U と V を同時に変化させるときは, エントロピーの平衡点での 2 次微分は

$$\mathrm{d}^2 S = \mathrm{d}\left(\frac{\partial S}{\partial U}\mathrm{d}U + \frac{\partial S}{\partial V}\mathrm{d}V\right)$$

$$= \frac{\partial^2 S}{\partial U^2}\mathrm{d}U^2 + \frac{\partial^2 S}{\partial V \partial U}\mathrm{d}U\mathrm{d}V + \frac{\partial^2 S}{\partial U \partial V}\mathrm{d}V\mathrm{d}U + \frac{\partial^2 S}{\partial V^2}\mathrm{d}V^2 \quad (5.25)$$

である. これが負値を持つ条件は 2 次形式

$$\mathrm{d}^2 S = (\mathrm{d}U \ \mathrm{d}V)\begin{pmatrix} \frac{\partial^2 S}{\partial U^2} & \frac{\partial^2 S}{\partial U \partial V} \\ \frac{\partial^2 S}{\partial V \partial U} & \frac{\partial^2 S}{\partial V^2} \end{pmatrix}\begin{pmatrix} \mathrm{d}U \\ \mathrm{d}V \end{pmatrix}$$

の係数行列が負の固有値のみを持つことである. 固有値は

$$\lambda_{\pm} = \frac{1}{2}\left(\frac{\partial^2 S}{\partial U^2} + \frac{\partial^2 S}{\partial V^2}\right) \pm \frac{1}{2}\sqrt{\left(\frac{\partial^2 S}{\partial U^2} - \frac{\partial^2 S}{\partial V^2}\right)^2 + 4\left(\frac{\partial^2 S}{\partial U \partial V}\right)^2}$$

である. 負の固有値のみを持つ条件の第1は不等式 $\frac{\partial^2 S}{\partial U^2} < 0$ が成り立つことである. もし $\frac{\partial^2 S}{\partial U^2} > 0$ で $\frac{\partial^2 S}{\partial V^2} > 0$ の場合, λ_+ は正になってしまう. また $\frac{\partial^2 S}{\partial U^2} > 0$ で $\frac{\partial^2 S}{\partial V^2} \leq 0$ の場合も λ_+ は正になる. したがって不等式 $\frac{\partial^2 S}{\partial U^2} < 0$ が成り立つ. U と V について対称なので第2不等式 $\frac{\partial^2 S}{\partial V^2} < 0$ の証明も同じである. 負の固有値のみを持つもう1つの条件は

$$\left(\frac{\partial^2 S}{\partial U^2} + \frac{\partial^2 S}{\partial V^2}\right)^2 > \left(\frac{\partial^2 S}{\partial U^2} - \frac{\partial^2 S}{\partial V^2}\right)^2 + 4\left(\frac{\partial^2 S}{\partial U \partial V}\right)^2$$

が成り立つことである. 整理すると (5.24) 第3不等式が得られる. (5.12), (5.17) および 5.13 節にまとめたヘス行列式の (5.40) によって得られる

$$\begin{aligned}
\frac{\partial^2 S}{\partial U^2} &= -\frac{1}{T^2 C_V}, & \frac{\partial^2 S}{\partial V^2} &= -\frac{1}{TV\kappa_S}, \\
\frac{\partial^2 S}{\partial U^2}\frac{\partial^2 S}{\partial V^2} - \left(\frac{\partial^2 S}{\partial U \partial V}\right)^2 &= \frac{1}{T^3 V C_V \kappa_T} = \frac{1}{T^3 V C_p \kappa_S}
\end{aligned} \tag{5.26}$$

が (5.24) を満たす条件は (5.22) と同じ

$$C_V > 0, \qquad \kappa_S > 0, \qquad C_p > 0, \qquad \kappa_T > 0$$

になる. 2変数についてのエントロピーの安定性で, すべての条件が揃う. □

演習 5.27 エントロピーの2次微分は

$$\mathrm{d}^2 S = -\frac{C_V}{T^2}\mathrm{d}T^2 - \frac{1}{TV\kappa_T}\mathrm{d}V^2 = -\frac{1}{T^2 C_p}\mathrm{d}U^2 - TV\kappa_S\mathrm{d}\pi^2 \tag{5.27}$$

のように書けることを示せ. $\pi \equiv \frac{p}{T}$ である.

証明 $\beta \equiv \frac{1}{T}$ を U と V の関数とすると, $\beta = \left(\frac{\partial S}{\partial U}\right)_V$ によって

$$\mathrm{d}\beta = \left(\frac{\partial \beta}{\partial U}\right)_V \mathrm{d}U + \left(\frac{\partial \beta}{\partial V}\right)_U \mathrm{d}V = \frac{\partial^2 S}{\partial U^2}\mathrm{d}U + \frac{\partial^2 S}{\partial V \partial U}\mathrm{d}V$$

が得られる．これを $\mathrm{d}U$ について解くと $\mathrm{d}U = \frac{1}{\frac{\partial^2 S}{\partial U^2}}\mathrm{d}\beta - \frac{\frac{\partial^2 S}{\partial V \partial U}}{\frac{\partial^2 S}{\partial U^2}}\mathrm{d}V$ になるからエントロピーの 2 次微分

$$\mathrm{d}^2 S = \frac{1}{\frac{\partial^2 S}{\partial U^2}}\mathrm{d}\beta^2 + \left(\frac{\partial^2 S}{\partial V^2} - \frac{\left(\frac{\partial^2 S}{\partial U \partial V}\right)^2}{\frac{\partial^2 S}{\partial U^2}}\right)\mathrm{d}V^2$$

が得られる．$\mathrm{d}\beta^2 = \frac{1}{T^4}\mathrm{d}T^2$ および (5.26) を代入すると (5.27) 第 1 式が得られる．第 2 式も同様で π を U と V の関数とすると，$\pi = \left(\frac{\partial S}{\partial V}\right)_U$ によって

$$\mathrm{d}\pi = \left(\frac{\partial \pi}{\partial U}\right)_V \mathrm{d}U + \left(\frac{\partial \pi}{\partial V}\right)_U \mathrm{d}V = \frac{\partial^2 S}{\partial U \partial V}\mathrm{d}U + \frac{\partial^2 S}{\partial V^2}\mathrm{d}V$$

が得られる．これを $\mathrm{d}V$ について解くと $\mathrm{d}V = \frac{1}{\frac{\partial^2 S}{\partial V^2}}\mathrm{d}\pi - \frac{\frac{\partial^2 S}{\partial U \partial V}}{\frac{\partial^2 S}{\partial V^2}}\mathrm{d}U$ になるからエントロピーの 2 次微分

$$\mathrm{d}^2 S = \left(\frac{\partial^2 S}{\partial U^2} - \frac{\left(\frac{\partial^2 S}{\partial V \partial U}\right)^2}{\frac{\partial^2 S}{\partial V^2}}\right)\mathrm{d}U^2 + \frac{1}{\frac{\partial^2 S}{\partial V^2}}\mathrm{d}\pi^2$$

が得られる．(5.26) を代入すると第 2 式が得られる． $\qquad\square$

> **系 5.28** エントロピー S の 2 次微分が
>
> $$\mathrm{d}^2 S = \mathrm{d}\beta\mathrm{d}U + \mathrm{d}\pi\mathrm{d}V$$
>
> となることを示し，(5.27) を導け．

証明 (5.25) は

$$\mathrm{d}^2 S = \frac{\partial \beta}{\partial U}\mathrm{d}U^2 + \frac{\partial \beta}{\partial V}\mathrm{d}U\mathrm{d}V + \frac{\partial \pi}{\partial U}\mathrm{d}V\mathrm{d}U + \frac{\partial \pi}{\partial V}\mathrm{d}V^2 = \mathrm{d}\beta\mathrm{d}U + \mathrm{d}\pi\mathrm{d}V$$

に変形できる．ここで β と V を独立変数に選ぶと

$$\mathrm{d}^2 S = \left(\frac{\partial U}{\partial \beta}\right)_V \mathrm{d}\beta^2 + \left(\frac{\partial U}{\partial V}\right)_\beta \mathrm{d}\beta\mathrm{d}V + \left(\frac{\partial \pi}{\partial \beta}\right)_V \mathrm{d}\beta\mathrm{d}V + \left(\frac{\partial \pi}{\partial V}\right)_\beta \mathrm{d}V^2$$

となる．右辺第 2 項と第 3 項は演習 4.5 で与えたマクスウェルの関係式の第 2 式 $\left(\frac{\partial U}{\partial V}\right)_\beta = -\left(\frac{\partial \pi}{\partial \beta}\right)_V$ によって消える．また

$$\left(\frac{\partial U}{\partial \beta}\right)_V = -T^2 \left(\frac{\partial U}{\partial T}\right)_V = -T^2 C_V, \quad \left(\frac{\partial \pi}{\partial V}\right)_\beta = \frac{1}{T}\left(\frac{\partial p}{\partial V}\right)_T = -\frac{1}{TV\kappa_T}$$

により (5.27) 第 1 式が得られる．次に，U と π を独立変数に選ぶと，

$$\mathrm{d}^2 S = \left(\frac{\partial \beta}{\partial U}\right)_\pi \mathrm{d}U^2 + \left(\frac{\partial \beta}{\partial \pi}\right)_U \mathrm{d}\pi\mathrm{d}U + \left(\frac{\partial V}{\partial U}\right)_\pi \mathrm{d}\pi\mathrm{d}S + \left(\frac{\partial V}{\partial \pi}\right)_U \mathrm{d}\pi^2$$

になる．右辺第 2 項と第 3 項は演習 4.5 で与えたマクスウェルの関係式の第 3 式 $\left(\frac{\partial \beta}{\partial \pi}\right)_U = -\left(\frac{\partial V}{\partial U}\right)_\pi$ によって消える．β を π と U の関数とし，π を U と V の関数として連鎖法則 (A1) を適用，さらにマクスウェルの関係式の第 1 式 $\left(\frac{\partial \beta}{\partial V}\right)_U = \left(\frac{\partial \pi}{\partial U}\right)_V$ によって

$$\left(\frac{\partial \beta}{\partial U}\right)_V = \left(\frac{\partial \beta}{\partial U}\right)_\pi + \left(\frac{\partial \beta}{\partial \pi}\right)_U \left(\frac{\partial \beta}{\partial V}\right)_U = \left(\frac{\partial \beta}{\partial U}\right)_\pi + \frac{\left(\frac{\partial \beta}{\partial V}\right)_U^2}{\left(\frac{\partial \pi}{\partial V}\right)_U} \tag{5.28}$$

が成り立つ（演習 5.44）．この恒等式を考慮すると

$$\left(\frac{\partial \beta}{\partial U}\right)_\pi = \left(\frac{\partial \beta}{\partial U}\right)_V - \frac{\left(\frac{\partial \beta}{\partial V}\right)_U^2}{\left(\frac{\partial \pi}{\partial V}\right)_U} = \frac{\partial^2 S}{\partial U^2} - \frac{\left(\frac{\partial^2 S}{\partial V \partial U}\right)^2}{\frac{\partial^2 S}{\partial V^2}}, \quad \left(\frac{\partial \pi}{\partial V}\right)_U = \frac{\partial^2 S}{\partial V^2}$$

が成り立ち，(5.27) 第 2 式が得られる． $\square$

系 5.29 (ルシャトリエ–ブラウンの不等式)　エントロピー S が上に凸であることから不等式

$$\left(\frac{\partial \beta}{\partial U}\right)_V \le \left(\frac{\partial \beta}{\partial U}\right)_\pi < 0, \qquad \left(\frac{\partial \pi}{\partial V}\right)_U \le \left(\frac{\partial \pi}{\partial V}\right)_\beta < 0$$

が成り立つ．

証明　(5.28) と同様に，π を β と V の関数とし，β を V と U の関数として連鎖法則 (A1) を適用，さらにマクスウェルの関係式によって

$$\left(\frac{\partial \pi}{\partial V}\right)_U = \left(\frac{\partial \pi}{\partial V}\right)_\beta + \left(\frac{\partial \pi}{\partial \beta}\right)_V \left(\frac{\partial \pi}{\partial U}\right)_V = \left(\frac{\partial \pi}{\partial V}\right)_\beta + \frac{\left(\frac{\partial \pi}{\partial U}\right)_V^2}{\left(\frac{\partial \beta}{\partial U}\right)_V} \tag{5.29}$$

を導くことができる（演習 5.44）．エントロピーの 2 次微分

$$\mathrm{d}^2 S = \left(\frac{\partial U}{\partial \beta}\right)_V \mathrm{d}\beta^2 + \left(\frac{\partial \pi}{\partial V}\right)_\beta \mathrm{d}V^2 = \left(\frac{\partial \beta}{\partial U}\right)_\pi \mathrm{d}U^2 + \left(\frac{\partial V}{\partial \pi}\right)_U \mathrm{d}\pi^2$$

が負になるためには

$$\left(\frac{\partial U}{\partial \beta}\right)_V < 0, \quad \left(\frac{\partial \pi}{\partial V}\right)_\beta < 0, \quad \left(\frac{\partial \beta}{\partial U}\right)_\pi < 0, \quad \left(\frac{\partial V}{\partial \pi}\right)_U < 0$$

が成り立たなければならない. (5.28) および (5.29) を使うと,ルシャトリエ-ブラウンの不等式

$$
\left(\frac{\partial \beta}{\partial U}\right)_V = \left(\frac{\partial \beta}{\partial U}\right)_\pi + \frac{\left(\frac{\partial \beta}{\partial V}\right)_U^2}{\left(\frac{\partial \pi}{\partial V}\right)_U} \leq \left(\frac{\partial \beta}{\partial U}\right)_\pi < 0
$$

$$
\left(\frac{\partial \pi}{\partial V}\right)_U = \left(\frac{\partial \pi}{\partial V}\right)_\beta + \frac{\left(\frac{\partial \pi}{\partial U}\right)_V^2}{\left(\frac{\partial \beta}{\partial U}\right)_V} \leq \left(\frac{\partial \pi}{\partial V}\right)_\beta < 0
$$

が得られる.これらを物理量で表わすと

$$
-\frac{1}{T^2 C_V} \leq -\frac{1}{T^2 C_p} < 0, \qquad -\frac{1}{TV\kappa_S} \leq -\frac{1}{TV\kappa_T} < 0
$$

になり (5.23) を再現する. □

5.9 内部エネルギーの安定性

定理 5.30 熱平衡状態が安定であるとき

$$
\frac{\partial^2 U}{\partial S^2} > 0, \quad \frac{\partial^2 U}{\partial V^2} > 0, \quad \begin{vmatrix} \frac{\partial^2 U}{\partial S^2} & \frac{\partial^2 U}{\partial S \partial V} \\ \frac{\partial^2 U}{\partial V \partial S} & \frac{\partial^2 U}{\partial V^2} \end{vmatrix} = \frac{\partial^2 U}{\partial S^2}\frac{\partial^2 U}{\partial V^2} - \left(\frac{\partial^2 U}{\partial S \partial V}\right)^2 > 0
$$

$$(5.30)$$

が成り立つ.

証明 U の 2 次微分は

$$
\mathrm{d}^2 U = \frac{\partial^2 U}{\partial S^2}\mathrm{d}S^2 + \frac{\partial^2 U}{\partial V \partial S}\mathrm{d}S\mathrm{d}V + \frac{\partial^2 U}{\partial S \partial V}\mathrm{d}V\mathrm{d}S + \frac{\partial^2 U}{\partial V^2}\mathrm{d}V^2
$$

である.これが正値を持つ条件は 2 次形式

$$
\mathrm{d}^2 U = (\mathrm{d}S \ \ \mathrm{d}V) \begin{pmatrix} \frac{\partial^2 U}{\partial S^2} & \frac{\partial^2 U}{\partial S \partial V} \\ \frac{\partial^2 U}{\partial V \partial S} & \frac{\partial^2 U}{\partial V^2} \end{pmatrix} \begin{pmatrix} \mathrm{d}S \\ \mathrm{d}V \end{pmatrix}
$$

の係数行列が正の固有値を持つことである.固有値は

$$
\lambda_\pm = \frac{1}{2}\left(\frac{\partial^2 U}{\partial S^2} + \frac{\partial^2 U}{\partial V^2}\right) \pm \frac{1}{2}\sqrt{\left(\frac{\partial^2 U}{\partial S^2} - \frac{\partial^2 U}{\partial V^2}\right)^2 + 4\left(\frac{\partial^2 U}{\partial S \partial V}\right)^2}
$$

である．正の固有値のみを持つ条件の第 1 は不等式 $\frac{\partial^2 U}{\partial S^2} > 0$ が成り立つことである．もし $\frac{\partial^2 U}{\partial S^2} < 0$ で $\frac{\partial^2 U}{\partial V^2} < 0$ の場合，λ_- は負になってしまう．また $\frac{\partial^2 U}{\partial S^2} < 0$ で $\frac{\partial^2 U}{\partial V^2} > 0$ の場合も λ_- は負になる．したがって不等式 $\frac{\partial^2 U}{\partial S^2} > 0$ が成り立つ．$\frac{\partial^2 U}{\partial V^2} > 0$ となる理由も同様である．正の固有値を持つもう 1 つの条件は

$$\left(\frac{\partial^2 U}{\partial S^2} + \frac{\partial^2 U}{\partial V^2}\right)^2 > \left(\frac{\partial^2 U}{\partial S^2} - \frac{\partial^2 U}{\partial V^2}\right)^2 + 4\left(\frac{\partial^2 U}{\partial S \partial V}\right)^2$$

が成り立つことである．整理すると第 3 不等式が得られる．(5.13)，(5.18) およびヘス行列式 (5.41) によって得られる

$$\left(\frac{\partial^2 U}{\partial S^2}\right)_V = \frac{T}{C_V}, \qquad \left(\frac{\partial^2 U}{\partial V^2}\right)_S = \frac{1}{V\kappa_S},$$
$$\frac{\partial^2 U}{\partial S^2}\frac{\partial^2 U}{\partial V^2} - \left(\frac{\partial^2 U}{\partial S \partial V}\right)^2 = \frac{T}{V C_V \kappa_T} = \frac{T}{V C_p \kappa_S}$$

が (5.30) を満たす条件は (5.22) と同じになる． □

演習 5.31　内部エネルギーの 2 次微分は

$$\mathrm{d}^2 U = \frac{C_V}{T}\mathrm{d}T^2 + \frac{1}{V\kappa_T}\mathrm{d}V^2 = \frac{T}{C_p}\mathrm{d}S^2 + V\kappa_S \mathrm{d}p^2 \tag{5.31}$$

になることを示せ．

証明　T を S と V の関数とすると

$$\mathrm{d}T = \left(\frac{\partial T}{\partial S}\right)_V \mathrm{d}S + \left(\frac{\partial T}{\partial V}\right)_S \mathrm{d}V = \frac{\partial^2 U}{\partial S^2}\mathrm{d}S + \frac{\partial^2 U}{\partial V \partial S}\mathrm{d}V$$

が得られる．これを $\mathrm{d}S$ について解くと $\mathrm{d}S = \frac{1}{\frac{\partial^2 U}{\partial S^2}}\mathrm{d}T - \frac{\frac{\partial^2 U}{\partial V \partial S}}{\frac{\partial^2 U}{\partial S^2}}\mathrm{d}V$ になるから内部エネルギーの 2 次微分は

$$\mathrm{d}^2 U = \frac{\partial^2 U}{\partial S^2}\mathrm{d}S^2 + 2\frac{\partial^2 U}{\partial S \partial V}\mathrm{d}V\mathrm{d}S + \frac{\partial^2 U}{\partial V^2}\mathrm{d}V^2 = \frac{1}{\frac{\partial^2 U}{\partial S^2}}\mathrm{d}T^2 + \left(\frac{\partial^2 U}{\partial V^2} - \frac{\left(\frac{\partial^2 U}{\partial S \partial V}\right)^2}{\frac{\partial^2 U}{\partial S^2}}\right)\mathrm{d}V^2$$

に帰する．これに $\frac{\partial^2 U}{\partial S^2} = \frac{T}{C_V}$，$\frac{\partial^2 U}{\partial V^2} - \frac{\left(\frac{\partial^2 U}{\partial S \partial V}\right)^2}{\frac{\partial^2 U}{\partial S^2}} = \frac{1}{V\kappa_T}$ を代入すると与えられた第 1 式になる．次に p を S と V の関数とすると

$$\mathrm{d}p = \left(\frac{\partial p}{\partial S}\right)_V \mathrm{d}S + \left(\frac{\partial p}{\partial V}\right)_S \mathrm{d}V = -\frac{\partial^2 U}{\partial S \partial V}\mathrm{d}S - \frac{\partial^2 U}{\partial V^2}\mathrm{d}V$$

が得られる．これを dV について解くと $dV = -\frac{1}{\frac{\partial^2 U}{\partial V^2}}dp - \frac{\frac{\partial^2 U}{\partial S \partial V}}{\frac{\partial^2 U}{\partial S^2}}dV$ になるから
内部エネルギーの 2 次微分は

$$d^2 U = \left(\frac{\partial^2 U}{\partial S^2} - \frac{\left(\frac{\partial^2 U}{\partial S \partial V} \right)^2}{\frac{\partial^2 U}{\partial V^2}} \right) dS^2 + \frac{1}{\frac{\partial^2 U}{\partial V^2}} dp^2$$

に帰する．これに $\frac{\partial^2 U}{\partial S^2} - \frac{\left(\frac{\partial^2 U}{\partial S \partial V} \right)^2}{\frac{\partial^2 U}{\partial V^2}} = \frac{T}{C_p}$，$\frac{\partial^2 U}{\partial V^2} = \frac{1}{V \kappa_S}$ を代入すると与えられた
第 2 式になる．内部エネルギーが安定になる条件は，エントロピーが安定になる
条件と同じである． □

演習 5.32 (5.5) で与えた

$$d^2 U = dTdS - dpdV$$

を用いて (5.31) を導け．

証明 T と V を独立変数に選ぶと

$$d^2 U = \left(\frac{\partial S}{\partial T} \right)_V dT^2 + \left(\frac{\partial S}{\partial V} \right)_T dVdT - \left(\frac{\partial p}{\partial T} \right)_V dTdV - \left(\frac{\partial p}{\partial V} \right)_T dV^2$$

となる．右辺第 2 項と第 3 項はマクスウェルの関係式によって消えるから (5.31)
第 1 式になる．S と p を独立変数に選ぶと

$$d^2 U = \left(\frac{\partial T}{\partial S} \right)_p dS^2 + \left(\frac{\partial T}{\partial p} \right)_S dpdS - \left(\frac{\partial V}{\partial S} \right)_p dpdS - \left(\frac{\partial V}{\partial p} \right)_S dp^2$$

となる．右辺第 2 項と第 3 項はマクスウェルの関係式によって消え (5.31) 第 2 式
が得られる． □

> **定理 5.33 (ルシャトリエ－ブラウンの不等式)** 内部エネルギー U が下に凸
> であることから不等式
>
> $$\left(\frac{\partial T}{\partial S} \right)_V \geq \left(\frac{\partial T}{\partial S} \right)_p > 0, \qquad \left(\frac{\partial p}{\partial V} \right)_S \leq \left(\frac{\partial p}{\partial V} \right)_T < 0$$
>
> が成り立つ．

証明 T を p と S の関数 $T(p,S)$ とし，p を S と V の関数 $p(S,V)$ として連鎖法則 (A1) を適用，さらにマクスウェルの関係式 $\left(\frac{\partial T}{\partial V}\right)_S = -\left(\frac{\partial p}{\partial S}\right)_V$ によって

$$\left(\frac{\partial T}{\partial S}\right)_V = \left(\frac{\partial T}{\partial S}\right)_p - \left(\frac{\partial T}{\partial p}\right)_S\left(\frac{\partial T}{\partial V}\right)_S = \left(\frac{\partial T}{\partial S}\right)_p - \frac{\left(\frac{\partial T}{\partial V}\right)_S^2}{\left(\frac{\partial p}{\partial V}\right)_S} \tag{5.32}$$

が成り立つ（演習 5.44）．同様にして，p を T と V の関数 $p(T,V)$ とし，T を V と S の関数 $T(V,S)$ として連鎖法則 (A1) を適用し，マクスウェルの関係式を使うと

$$\left(\frac{\partial p}{\partial V}\right)_S = \left(\frac{\partial p}{\partial V}\right)_T - \left(\frac{\partial p}{\partial T}\right)_V\left(\frac{\partial p}{\partial S}\right)_V = \left(\frac{\partial p}{\partial V}\right)_T - \frac{\left(\frac{\partial p}{\partial S}\right)_V^2}{\left(\frac{\partial T}{\partial S}\right)_V} \tag{5.33}$$

が成り立つ（演習 5.44）．内部エネルギーの 2 次微分

$$\mathrm{d}^2 U = \left(\frac{\partial S}{\partial T}\right)_V \mathrm{d}T^2 - \left(\frac{\partial p}{\partial V}\right)_T \mathrm{d}V^2 = \left(\frac{\partial T}{\partial S}\right)_p \mathrm{d}S^2 - \left(\frac{\partial V}{\partial p}\right)_S \mathrm{d}p^2$$

が正になるためには

$$\left(\frac{\partial S}{\partial T}\right)_p > 0, \quad \left(\frac{\partial p}{\partial V}\right)_S < 0, \quad \left(\frac{\partial T}{\partial S}\right)_V > 0, \quad \left(\frac{\partial V}{\partial p}\right)_T < 0$$

が成り立たなければならない．したがって (5.33) および (5.32) よりルシャトリエ－ブラウンの不等式

$$\left(\frac{\partial T}{\partial S}\right)_V = \left(\frac{\partial T}{\partial S}\right)_p - \frac{\left(\frac{\partial T}{\partial V}\right)_S^2}{\left(\frac{\partial p}{\partial V}\right)_S} \geq \left(\frac{\partial T}{\partial S}\right)_p > 0$$

$$\left(\frac{\partial p}{\partial V}\right)_S = \left(\frac{\partial p}{\partial V}\right)_T - \frac{\left(\frac{\partial p}{\partial S}\right)_V^2}{\left(\frac{\partial T}{\partial S}\right)_V} \leq \left(\frac{\partial p}{\partial V}\right)_T < 0$$

が得られる．これらを物理量で表わすと

$$\frac{T}{C_V} \geq \frac{T}{C_p} > 0, \qquad -\frac{1}{V\kappa_S} \leq -\frac{1}{V\kappa_T} < 0$$

になり (5.23) を再現する． $\qquad\qquad\qquad\qquad\qquad\qquad\qquad\qquad\qquad$ $\square$

5.10　エンタルピーの安定性

定理 5.34　熱平衡状態が安定であるとき

$$\frac{\partial^2 H}{\partial S^2} > 0, \quad \frac{\partial^2 H}{\partial p^2} < 0, \quad \begin{vmatrix} \frac{\partial^2 H}{\partial S^2} & \frac{\partial^2 H}{\partial S \partial p} \\ \frac{\partial^2 H}{\partial p \partial S} & \frac{\partial^2 H}{\partial p^2} \end{vmatrix} = \frac{\partial^2 H}{\partial S^2} \frac{\partial^2 H}{\partial p^2} - \left(\frac{\partial^2 H}{\partial S \partial p} \right)^2 < 0 \tag{5.34}$$

が成り立つ.

証明　(5.42) の証明で現れた H のヘス行列式恒等式

$$\frac{\partial^2 H}{\partial S^2} \frac{\partial^2 H}{\partial p^2} - \left(\frac{\partial^2 H}{\partial S \partial p} \right)^2 = \left(\frac{\partial T}{\partial S} \right)_V \left(\frac{\partial V}{\partial p} \right)_S = \left(\frac{\partial^2 U}{\partial S^2} \right)_V \left(\frac{\partial^2 H}{\partial p^2} \right)_S$$

が成り立つから $\left(\frac{\partial^2 U}{\partial S^2} \right)_V > 0$, $\left(\frac{\partial^2 H}{\partial p^2} \right)_S < 0$ によって左辺は負である. また

$$\frac{\partial^2 H}{\partial S^2} \frac{\partial^2 H}{\partial p^2} - \left(\frac{\partial^2 H}{\partial S \partial p} \right)^2 = \left(\frac{\partial T}{\partial S} \right)_p \left(\frac{\partial V}{\partial p} \right)_T = \left(\frac{\partial^2 H}{\partial S^2} \right)_p \left(\frac{\partial^2 G}{\partial p^2} \right)_T$$

が成り立つから $\left(\frac{\partial^2 H}{\partial S^2} \right)_p > 0$, $\left(\frac{\partial^2 G}{\partial p^2} \right)_T < 0$ によって左辺は負である. (5.14), (5.19) およびヘス行列式 (5.42) によって得られる

$$\left(\frac{\partial^2 H}{\partial S^2} \right)_p = \frac{T}{C_p}, \qquad \left(\frac{\partial^2 H}{\partial p^2} \right)_S = -V \kappa_S,$$

$$\frac{\partial^2 H}{\partial S^2} \frac{\partial^2 H}{\partial p^2} - \left(\frac{\partial^2 H}{\partial S \partial p} \right)^2 = -\frac{TV \kappa_S}{C_V} = -\frac{TV \kappa_T}{C_p}$$

が (5.34) を満たす条件は (5.22) と同じになる.　　　　□

演習 5.35　エンタルピーの 2 次微分は

$$\mathrm{d}^2 H = \frac{T}{C_V} \mathrm{d}S^2 - \frac{1}{V \kappa_S} \mathrm{d}V^2 = \frac{C_p}{T} \mathrm{d}T^2 - V \kappa_T \mathrm{d}p^2 \tag{5.35}$$

になることを示せ.

証明　V を S と p の関数とし,

$$\mathrm{d}V = \left(\frac{\partial V}{\partial S} \right)_p \mathrm{d}S + \left(\frac{\partial V}{\partial p} \right)_S \mathrm{d}p = \frac{\partial^2 H}{\partial S \partial p} \mathrm{d}S + \frac{\partial^2 H}{\partial p^2} \mathrm{d}p$$

をdpについて解くと$dp = \frac{1}{\frac{\partial^2 H}{\partial p^2}}dV - \frac{\frac{\partial^2 H}{\partial S \partial p}}{\frac{\partial^2 H}{\partial p^2}}dS$になるから

$$d^2 H = \frac{\partial^2 H}{\partial S^2}dS^2 + 2\frac{\partial^2 H}{\partial p \partial S}dpdS + \frac{\partial^2 H}{\partial p^2}dp^2 = \left(\frac{\partial^2 H}{\partial S^2} - \frac{\left(\frac{\partial^2 H}{\partial S \partial p}\right)^2}{\frac{\partial^2 H}{\partial p^2}}\right)dS^2 + \frac{1}{\frac{\partial^2 H}{\partial p^2}}dV^2$$

が得られる. $\frac{\partial^2 H}{\partial S^2} - \frac{\left(\frac{\partial^2 H}{\partial S \partial p}\right)^2}{\frac{\partial^2 H}{\partial p^2}} = \frac{T}{C_V}$, $\frac{\partial^2 H}{\partial p^2} = -V\kappa_S$ を代入すると (5.35) 第1式になる. 同様にしてTをSとVの関数とすると

$$dT = \left(\frac{\partial T}{\partial S}\right)_p dS + \left(\frac{\partial T}{\partial p}\right)_S dp = \frac{\partial^2 H}{\partial S^2}dS + \frac{\partial^2 H}{\partial p \partial S}dp$$

が得られる. これをdSについて解くと$dS = \frac{1}{\frac{\partial^2 H}{\partial S^2}}dT - \frac{\frac{\partial^2 H}{\partial p \partial S}}{\frac{\partial^2 H}{\partial S^2}}dp$になるから

$$d^2 H = \frac{1}{\frac{\partial^2 H}{\partial S^2}}dT^2 + \left(\frac{\partial^2 H}{\partial p^2} - \frac{\left(\frac{\partial^2 H}{\partial p \partial S}\right)^2}{\frac{\partial^2 H}{\partial S^2}}\right)dp^2$$

が得られる. $\frac{\partial^2 H}{\partial S^2} = \frac{T}{C_p}$, $\frac{\partial^2 H}{\partial p^2} - \frac{\left(\frac{\partial^2 H}{\partial p \partial S}\right)^2}{\frac{\partial^2 H}{\partial S^2}} = -V\kappa_T$ を代入すると (5.35) 第2式になる. □

演習 5.36 (5.11) で与えたエンタルピーHの2次微分

$$d^2 H = dTdS + dVdp$$

を用いて (5.35) を示せ.

証明 SとVを変数に選べば,

$$d^2 H = \left(\frac{\partial T}{\partial S}\right)_V dS^2 + \left(\frac{\partial T}{\partial V}\right)_S dVdS + \left(\frac{\partial p}{\partial S}\right)_V dSdV + \left(\frac{\partial p}{\partial V}\right)_S dV^2$$

である. 右辺第2項と第3項はマクスウェルの関係式によって消えるから (5.35) 第1式が得られる. 同様にして, Tとpを独立変数に選ぶと

$$d^2 H = \left(\frac{\partial S}{\partial T}\right)_p dT^2 + \left(\frac{\partial S}{\partial p}\right)_T dpdT + \left(\frac{\partial V}{\partial T}\right)_p dTdp + \left(\frac{\partial V}{\partial p}\right)_T dp^2$$

である. 右辺第2項と第3項はマクスウェルの関係式によって消えるから (5.35) 第2式である. □

5.11 ヘルムホルツ関数の安定性

> **定理 5.37** 熱平衡状態が安定であるとき
>
> $$\frac{\partial^2 F}{\partial T^2} < 0, \quad \frac{\partial^2 F}{\partial V^2} > 0, \quad \begin{vmatrix} \frac{\partial^2 F}{\partial T^2} & \frac{\partial^2 F}{\partial T \partial V} \\ \frac{\partial^2 F}{\partial V \partial T} & \frac{\partial^2 F}{\partial V^2} \end{vmatrix} = \frac{\partial^2 F}{\partial T^2} \frac{\partial^2 F}{\partial V^2} - \left(\frac{\partial^2 F}{\partial T \partial V}\right)^2 < 0 \tag{5.36}$$
>
> が成り立つ.

証明 (5.43) の証明で現れた F のヘス行列式恒等式

$$\frac{\partial^2 F}{\partial T^2} \frac{\partial^2 F}{\partial V^2} - \left(\frac{\partial^2 F}{\partial T \partial V}\right)^2 = \left(\frac{\partial S}{\partial T}\right)_V \left(\frac{\partial p}{\partial V}\right)_S = \left(\frac{\partial^2 F}{\partial T^2}\right)_V \left(\frac{\partial^2 U}{\partial V^2}\right)_S$$

が成り立つから $\left(\frac{\partial^2 F}{\partial T^2}\right)_V < 0,\ \left(\frac{\partial^2 U}{\partial V^2}\right)_S > 0$ によって左辺は負である. また

$$\frac{\partial^2 F}{\partial T^2} \frac{\partial^2 F}{\partial V^2} - \left(\frac{\partial^2 F}{\partial T \partial V}\right)^2 = \left(\frac{\partial S}{\partial T}\right)_p \left(\frac{\partial p}{\partial V}\right)_T = \left(\frac{\partial^2 G}{\partial T^2}\right)_p \left(\frac{\partial^2 F}{\partial V^2}\right)_T$$

が成り立つから $\left(\frac{\partial^2 G}{\partial T^2}\right)_p < 0,\ \left(\frac{\partial^2 F}{\partial V^2}\right)_S > 0$ によって左辺は負である. (5.15), (5.20) およびヘス行列式 (5.43) によって得られる

$$\left(\frac{\partial^2 F}{\partial T^2}\right)_V = -\frac{C_V}{T}, \qquad \left(\frac{\partial^2 F}{\partial V^2}\right)_T = \frac{1}{V \kappa_T},$$
$$\frac{\partial^2 F}{\partial T^2} \frac{\partial^2 F}{\partial V^2} - \left(\frac{\partial^2 F}{\partial T \partial V}\right)^2 = -\frac{C_V}{TV \kappa_S} = -\frac{C_p}{TV \kappa_T}$$

が (5.36) を満たす条件は (5.22) と同一である. □

演習 5.38 ヘルムホルツ関数の 2 次微分は

$$\mathrm{d}^2 F = -\frac{T}{C_V} \mathrm{d}S^2 + \frac{1}{V \kappa_S} \mathrm{d}V^2 = -\frac{C_p}{T} \mathrm{d}T^2 + V \kappa_T \mathrm{d}p^2 \tag{5.37}$$

になることを示せ.

証明 S を T と V の関数とすると

$$\mathrm{d}S = \left(\frac{\partial S}{\partial T}\right)_V \mathrm{d}T + \left(\frac{\partial S}{\partial V}\right)_T \mathrm{d}V = -\frac{\partial^2 F}{\partial T^2} \mathrm{d}T - \frac{\partial^2 F}{\partial V \partial T} \mathrm{d}V$$

が得られる. これを $\mathrm{d}T$ について解いた $\mathrm{d}T = -\frac{1}{\frac{\partial^2 F}{\partial T^2}}\mathrm{d}S - \frac{\frac{\partial^2 F}{\partial V \partial T}}{\frac{\partial^2 F}{\partial T^2}}\mathrm{d}V$ を使うと

$$\mathrm{d}^2 F = \frac{\partial^2 F}{\partial T^2}\mathrm{d}T^2 + 2\frac{\partial^2 F}{\partial T \partial V}\mathrm{d}V\mathrm{d}T + \frac{\partial^2 F}{\partial V^2}\mathrm{d}V^2 = \frac{1}{\frac{\partial^2 F}{\partial T^2}}\mathrm{d}S^2 + \left(\frac{\partial^2 F}{\partial V^2} - \frac{\left(\frac{\partial^2 F}{\partial T \partial V}\right)^2}{\frac{\partial^2 F}{\partial T^2}}\right)\mathrm{d}V^2$$

になる. $\frac{\partial^2 F}{\partial T^2} = -\frac{C_V}{T}$, $\frac{\partial^2 F}{\partial V^2} - \frac{\left(\frac{\partial^2 F}{\partial T \partial V}\right)^2}{\frac{\partial^2 F}{\partial T^2}} = \frac{1}{V\kappa_S}$ を代入すれば (5.37) 第 1 式である. 同様にして, p を T と V の関数とすると

$$\mathrm{d}p = \left(\frac{\partial p}{\partial T}\right)_V \mathrm{d}T + \left(\frac{\partial p}{\partial V}\right)_T \mathrm{d}V = -\frac{\partial^2 F}{\partial T \partial V}\mathrm{d}T - \frac{\partial^2 F}{\partial V^2}\mathrm{d}V$$

が得られる. これを $\mathrm{d}V$ について解いた $\mathrm{d}V = -\frac{1}{\frac{\partial^2 F}{\partial V^2}}\mathrm{d}p - \frac{\frac{\partial^2 F}{\partial T \partial V}}{\frac{\partial^2 F}{\partial V^2}}\mathrm{d}T$ を代入すると

$$\mathrm{d}^2 F = \left(\frac{\partial^2 F}{\partial T^2} - \frac{\left(\frac{\partial^2 F}{\partial T \partial V}\right)^2}{\frac{\partial^2 F}{\partial V^2}}\right)\mathrm{d}T^2 + \frac{1}{\frac{\partial^2 F}{\partial V^2}}\mathrm{d}p^2$$

になる. $\frac{\partial^2 F}{\partial T^2} - \frac{\left(\frac{\partial^2 F}{\partial T \partial V}\right)^2}{\frac{\partial^2 F}{\partial V^2}} = -\frac{C_p}{T}$, $\frac{\partial^2 F}{\partial V^2} = \frac{1}{V\kappa_T}$ を代入して (5.37) 第 2 式が得られる. (5.37) は, (5.10) で与えた $\mathrm{d}^2 F = -\mathrm{d}^2 H$ から直ちに得られる. $\qquad\square$

5.12 ギブズ関数の安定性

定理 5.39 熱平衡状態が安定であるとき

$$\frac{\partial^2 G}{\partial T^2} < 0, \quad \frac{\partial^2 G}{\partial p^2} < 0, \quad \begin{vmatrix} \frac{\partial^2 G}{\partial T^2} & \frac{\partial^2 G}{\partial T \partial p} \\ \frac{\partial^2 G}{\partial p \partial T} & \frac{\partial^2 G}{\partial p^2} \end{vmatrix} = \frac{\partial^2 G}{\partial T^2}\frac{\partial^2 G}{\partial p^2} - \left(\frac{\partial^2 G}{\partial T \partial p}\right)^2 > 0$$

(5.38)

が成り立つ.

証明 (5.44) の証明で現れた G のヘス行列式恒等式

$$\frac{\partial^2 G}{\partial T^2}\frac{\partial^2 G}{\partial p^2} - \left(\frac{\partial^2 G}{\partial T \partial p}\right)^2 = -\left(\frac{\partial S}{\partial T}\right)_V \left(\frac{\partial V}{\partial p}\right)_T = \left(\frac{\partial^2 F}{\partial T^2}\right)_V \left(\frac{\partial^2 G}{\partial p^2}\right)_T$$

が成り立つから $\left(\frac{\partial^2 F}{\partial T^2}\right)_V < 0$, $\left(\frac{\partial^2 G}{\partial p^2}\right)_T > 0$ によって左辺は負である. また

$$\frac{\partial^2 G}{\partial T^2}\frac{\partial^2 G}{\partial p^2} - \left(\frac{\partial^2 G}{\partial T \partial p}\right)^2 = -\left(\frac{\partial S}{\partial T}\right)_p \left(\frac{\partial V}{\partial p}\right)_S = \left(\frac{\partial^2 G}{\partial T^2}\right)_p \left(\frac{\partial^2 H}{\partial p^2}\right)_S$$

が成り立つから $\left(\frac{\partial^2 G}{\partial T^2}\right)_p < 0,\ \left(\frac{\partial^2 H}{\partial p^2}\right)_S > 0$ によって左辺は負である. (5.16), (5.21) およびヘス行列式 (5.43) によって得られる

$$\left(\frac{\partial^2 G}{\partial T^2}\right)_p = -\frac{C_p}{T},\qquad \left(\frac{\partial^2 G}{\partial p^2}\right)_T = -V\kappa_T,$$

$$\frac{\partial^2 F}{\partial T^2}\frac{\partial^2 F}{\partial V^2} - \left(\frac{\partial^2 F}{\partial T\partial V}\right)^2 = -\frac{C_V}{TV\kappa_S} = -\frac{C_p}{TV\kappa_T}$$

が (5.38) を満たす条件は (5.22) と同一である. □

演習 5.40 ギブズ関数の 2 次微分は

$$\mathrm{d}^2 G = -\frac{C_V}{T}\mathrm{d}T^2 - \frac{1}{V\kappa_T}\mathrm{d}V^2 = -\frac{T}{C_p}\mathrm{d}S^2 - V\kappa_S\mathrm{d}p^2 \tag{5.39}$$

になることを示せ.

証明 V を T と p の関数とすると

$$\mathrm{d}V = \left(\frac{\partial V}{\partial T}\right)_p \mathrm{d}T + \left(\frac{\partial V}{\partial p}\right)_V \mathrm{d}p = \frac{\partial^2 G}{\partial T\partial p}\mathrm{d}T - \frac{\partial^2 G}{\partial p^2}\mathrm{d}p$$

が得られる. これを $\mathrm{d}p$ について解くと $\mathrm{d}p = -\frac{\frac{\partial^2 G}{\partial T\partial p}}{\frac{\partial^2 G}{\partial p^2}}\mathrm{d}T + \frac{1}{\frac{\partial^2 G}{\partial p^2}}\mathrm{d}V$ になるからギブズ関数の 2 次微分

$$\mathrm{d}^2 G = \frac{\partial^2 G}{\partial T^2}\mathrm{d}T^2 + 2\frac{\partial^2 G}{\partial T\partial p}\mathrm{d}p\mathrm{d}T + \frac{\partial^2 G}{\partial p^2}\mathrm{d}p^2 = \left(\frac{\partial^2 G}{\partial T^2} - \frac{\left(\frac{\partial^2 G}{\partial T\partial p}\right)^2}{\frac{\partial^2 G}{\partial p^2}}\right)\mathrm{d}T^2 + \frac{1}{\frac{\partial^2 G}{\partial p^2}}\mathrm{d}V^2$$

が得られる. $\frac{\partial^2 G}{\partial T^2} - \frac{\left(\frac{\partial^2 G}{\partial T\partial p}\right)^2}{\frac{\partial^2 G}{\partial p^2}} = -\frac{C_V}{T},\ \frac{\partial^2 G}{\partial p^2} = -V\kappa_T$ を代入すれば (5.39) 第 1 式が得られる. 同様に S を T と p の関数とすると

$$\mathrm{d}S = \left(\frac{\partial S}{\partial T}\right)_p \mathrm{d}T + \left(\frac{\partial S}{\partial p}\right)_T \mathrm{d}p = -\frac{\partial^2 G}{\partial T^2}\mathrm{d}T - \frac{\partial^2 G}{\partial p\partial T}\mathrm{d}p$$

が得られる. これを $\mathrm{d}T$ について解くと $\mathrm{d}T = -\frac{1}{\frac{\partial^2 G}{\partial T^2}}\mathrm{d}S - \frac{\frac{\partial^2 G}{\partial p\partial T}}{\frac{\partial^2 G}{\partial T^2}}\mathrm{d}p$ になるからギブズ関数の 2 次微分

$$\mathrm{d}^2 G = \frac{1}{\frac{\partial^2 G}{\partial T^2}}\mathrm{d}S^2 + \left(\frac{\partial^2 G}{\partial p^2} - \frac{\left(\frac{\partial^2 G}{\partial p\partial T}\right)^2}{\frac{\partial^2 G}{\partial T^2}}\right)\mathrm{d}p^2$$

が得られる. $\frac{\partial^2 G}{\partial T^2} = -\frac{C_p}{T},\ \frac{\partial^2 G}{\partial p^2} - \frac{\left(\frac{\partial^2 G}{\partial p\partial T}\right)^2}{\frac{\partial^2 G}{\partial T^2}} = -V\kappa_S$ を代入すれば (5.39) 第 2 式である. (5.39) は, (5.4) で与えた $\mathrm{d}^2 G = -\mathrm{d}^2 U$ から直ちに得られる. □

5.13 ヘス行列式

演習 5.41 ヘス行列式は物理量によって

$$\frac{\partial^2 S}{\partial U^2}\frac{\partial^2 S}{\partial V^2} - \left(\frac{\partial^2 S}{\partial U\partial V}\right)^2 = \frac{1}{T^3VC_V\kappa_T} = \frac{1}{T^3VC_p\kappa_S} \tag{5.40}$$

$$\frac{\partial^2 U}{\partial S^2}\frac{\partial^2 U}{\partial V^2} - \left(\frac{\partial^2 U}{\partial S\partial V}\right)^2 = \frac{T}{VC_V\kappa_T} = \frac{T}{VC_p\kappa_S} \tag{5.41}$$

$$\frac{\partial^2 H}{\partial S^2}\frac{\partial^2 H}{\partial p^2} - \left(\frac{\partial^2 H}{\partial S\partial p}\right)^2 = -\frac{TV\kappa_S}{C_V} = -\frac{TV\kappa_T}{C_p} \tag{5.42}$$

$$\frac{\partial^2 F}{\partial T^2}\frac{\partial^2 F}{\partial V^2} - \left(\frac{\partial^2 F}{\partial T\partial V}\right)^2 = -\frac{C_V}{TV\kappa_S} = -\frac{C_p}{TV\kappa_T} \tag{5.43}$$

$$\frac{\partial^2 G}{\partial T^2}\frac{\partial^2 G}{\partial p^2} - \left(\frac{\partial^2 G}{\partial T\partial p}\right)^2 = \frac{VC_V\kappa_T}{T} = \frac{VC_p\kappa_S}{T} \tag{5.44}$$

のようになることを示せ.

証明 S の U, V についてのヘス行列式 (5.40) は

$$\frac{\partial^2 S}{\partial U^2}\frac{\partial^2 S}{\partial V^2} - \left(\frac{\partial^2 S}{\partial U\partial V}\right)^2 = \left(\frac{\partial \frac{1}{T}}{\partial U}\right)_V\left(\frac{\partial \frac{p}{T}}{\partial V}\right)_U - \left(\frac{\partial \frac{p}{T}}{\partial U}\right)_V\left(\frac{\partial \frac{1}{T}}{\partial V}\right)_U$$

$$= -\frac{1}{T^3}\left|\frac{\partial(T,p)}{\partial(U,V)}\right|$$

になる.

$$\left|\frac{\partial(T,p)}{\partial(U,V)}\right| = \begin{cases} \left|\frac{\partial(T,p)}{\partial(T,V)}\right|\left|\frac{\partial(T,V)}{\partial(U,V)}\right| = \left(\frac{\partial T}{\partial U}\right)_V\left(\frac{\partial p}{\partial V}\right)_T = -\frac{1}{VC_V\kappa_T} \\ \left|\frac{\partial(T,p)}{\partial(S,p)}\right|\left|\frac{\partial(S,p)}{\partial(S,V)}\right|\left|\frac{\partial(S,V)}{\partial(U,V)}\right| = \left(\frac{\partial T}{\partial S}\right)_p\left(\frac{\partial p}{\partial V}\right)_S\left(\frac{\partial S}{\partial U}\right)_V = -\frac{1}{VC_p\kappa_S} \end{cases}$$

が得られるから与式になる. これからレシュの定理 $C_V\kappa_T = C_p\kappa_S$ が得られる.
以下すべての証明でレシュの定理が従う. U のヘス行列式 (5.41) は

$$\frac{\partial^2 U}{\partial S^2}\frac{\partial^2 U}{\partial V^2} - \left(\frac{\partial^2 U}{\partial S\partial V}\right)^2 = -\left(\frac{\partial T}{\partial S}\right)_V\left(\frac{\partial p}{\partial V}\right)_S + \left(\frac{\partial p}{\partial S}\right)_V\left(\frac{\partial T}{\partial V}\right)_S$$

$$= -\left|\frac{\partial(T,p)}{\partial(S,V)}\right|$$

になるから

$$\left|\frac{\partial(T,p)}{\partial(S,V)}\right| = \begin{cases} \left|\frac{\partial(T,p)}{\partial(T,V)}\right|\left|\frac{\partial(T,V)}{\partial(S,V)}\right| = \left(\frac{\partial T}{\partial S}\right)_V\left(\frac{\partial p}{\partial V}\right)_T = -\frac{T}{VC_V\kappa_T} \\ \left|\frac{\partial(T,p)}{\partial(S,p)}\right|\left|\frac{\partial(S,p)}{\partial(S,V)}\right| = \left(\frac{\partial T}{\partial S}\right)_p\left(\frac{\partial p}{\partial V}\right)_S = -\frac{T}{VC_p\kappa_S} \end{cases}$$

が得られる．同様にして，H のヘス行列式 (5.42) は

$$\frac{\partial^2 H}{\partial S^2}\frac{\partial^2 H}{\partial p^2} - \left(\frac{\partial^2 H}{\partial S\partial p}\right)^2 = \left(\frac{\partial T}{\partial S}\right)_p\left(\frac{\partial V}{\partial p}\right)_S - \left(\frac{\partial V}{\partial S}\right)_p\left(\frac{\partial T}{\partial p}\right)_S$$
$$= \left|\frac{\partial(T,V)}{\partial(S,p)}\right|$$

になるから

$$\left|\frac{\partial(T,V)}{\partial(S,p)}\right| = \begin{cases} \left|\frac{\partial(T,V)}{\partial(S,V)}\right|\left|\frac{\partial(S,V)}{\partial(S,p)}\right| = \left(\frac{\partial T}{\partial S}\right)_V\left(\frac{\partial V}{\partial p}\right)_S = -\frac{TV\kappa_S}{C_V} \\ \left|\frac{\partial(T,p)}{\partial(S,p)}\right|\left|\frac{\partial(T,V)}{\partial(T,p)}\right| = \left(\frac{\partial T}{\partial S}\right)_p\left(\frac{\partial V}{\partial p}\right)_T = -\frac{TV\kappa_T}{C_p} \end{cases}$$

が得られる．くり返す必要はないが，F のヘス行列式 (5.43) は

$$\frac{\partial^2 F}{\partial T^2}\frac{\partial^2 F}{\partial V^2} - \left(\frac{\partial^2 F}{\partial T\partial V}\right)^2 = \left|\frac{\partial(S,p)}{\partial(T,V)}\right| = -\frac{C_V}{TV\kappa_S} = -\frac{C_p}{TV\kappa_T}$$

G のヘス行列式 (5.44) は

$$\frac{\partial^2 G}{\partial T^2}\frac{\partial^2 G}{\partial p^2} - \left(\frac{\partial^2 G}{\partial T\partial p}\right)^2 = -\left|\frac{\partial(S,V)}{\partial(T,p)}\right| = \frac{VC_V\kappa_T}{T} = \frac{VC_p\kappa_S}{T}$$

によって与えられる． $\square$

演習 5.42 前問の結果を用いて次の 2 次微分係数恒等式を導け．

$$\frac{\partial^2 S}{\partial U^2} - \frac{\left(\frac{\partial^2 S}{\partial U\partial V}\right)^2}{\frac{\partial^2 S}{\partial V^2}} = \left(\frac{\partial^2 \Lambda}{\partial U^2}\right)_\pi, \quad \frac{\partial^2 S}{\partial V^2} - \frac{\left(\frac{\partial^2 S}{\partial U\partial V}\right)^2}{\frac{\partial^2 S}{\partial U^2}} = \left(\frac{\partial^2 \Psi}{\partial V^2}\right)_\beta \qquad (5.45)$$

$$\frac{\partial^2 U}{\partial S^2} - \frac{\left(\frac{\partial^2 U}{\partial S\partial V}\right)^2}{\frac{\partial^2 U}{\partial V^2}} = \left(\frac{\partial^2 H}{\partial S^2}\right)_p, \quad \frac{\partial^2 U}{\partial V^2} - \frac{\left(\frac{\partial^2 U}{\partial S\partial V}\right)^2}{\frac{\partial^2 U}{\partial S^2}} = \left(\frac{\partial^2 F}{\partial V^2}\right)_T \qquad (5.46)$$

$$\frac{\partial^2 H}{\partial S^2} - \frac{\left(\frac{\partial^2 H}{\partial S\partial p}\right)^2}{\frac{\partial^2 H}{\partial p^2}} = \left(\frac{\partial^2 U}{\partial S^2}\right)_V, \quad \frac{\partial^2 H}{\partial p^2} - \frac{\left(\frac{\partial^2 H}{\partial S\partial p}\right)^2}{\frac{\partial^2 H}{\partial S^2}} = \left(\frac{\partial^2 G}{\partial p^2}\right)_T \qquad (5.47)$$

$$\frac{\partial^2 F}{\partial T^2} - \frac{\left(\frac{\partial^2 F}{\partial T\partial V}\right)^2}{\frac{\partial^2 F}{\partial V^2}} = \left(\frac{\partial^2 G}{\partial T^2}\right)_p, \quad \frac{\partial^2 F}{\partial V^2} - \frac{\left(\frac{\partial^2 F}{\partial T\partial V}\right)^2}{\frac{\partial^2 F}{\partial T^2}} = \left(\frac{\partial^2 U}{\partial V^2}\right)_S \qquad (5.48)$$

$$\frac{\partial^2 G}{\partial T^2} - \frac{\left(\frac{\partial^2 G}{\partial T\partial p}\right)^2}{\frac{\partial^2 G}{\partial p^2}} = \left(\frac{\partial^2 F}{\partial T^2}\right)_V, \quad \frac{\partial^2 G}{\partial p^2} - \frac{\left(\frac{\partial^2 G}{\partial T\partial p}\right)^2}{\frac{\partial^2 G}{\partial T^2}} = \left(\frac{\partial^2 H}{\partial p^2}\right)_S \qquad (5.49)$$

証明 (5.45) 第 1 式は，(4.8) を使うと，

$$\frac{\partial^2 S}{\partial U^2}\frac{\partial^2 S}{\partial V^2} - \left(\frac{\partial^2 S}{\partial U \partial V}\right)^2 = \frac{\partial \beta}{\partial U}\frac{\partial \pi}{\partial V} - \frac{\partial \beta}{\partial V}\frac{\partial \pi}{\partial U} = \left|\frac{\partial(\beta,\pi)}{\partial(U,V)}\right|$$

に書き直せるから，エントロピーのルジャンドル変換 $\Lambda = S - \pi V$ を用いて

$$\left|\frac{\partial(\beta,\pi)}{\partial(U,V)}\right| = \left|\frac{\partial(\beta,\pi)}{\partial(U,\pi)}\frac{\partial(U,\pi)}{\partial(U,V)}\right| = \left(\frac{\partial \beta}{\partial U}\right)_\pi \left(\frac{\partial \pi}{\partial V}\right)_U = \left(\frac{\partial^2 \Lambda}{\partial U^2}\right)_\pi \left(\frac{\partial^2 S}{\partial V^2}\right)_U$$

が得られる．(5.45) 第 2 式は，マシュー関数 $\Psi = S - \beta U$ を用いて

$$\left|\frac{\partial(\beta,\pi)}{\partial(U,V)}\right| = \left|\frac{\partial(\beta,\pi)}{\partial(\beta,V)}\frac{\partial(\beta,V)}{\partial(U,V)}\right| = \left(\frac{\partial \pi}{\partial V}\right)_\beta \left(\frac{\partial \beta}{\partial U}\right)_V = \left(\frac{\partial^2 \Psi}{\partial V^2}\right)_\beta \left(\frac{\partial^2 S}{\partial U^2}\right)_V$$

とすればよい．(5.46) は

$$\frac{\partial^2 U}{\partial S^2}\frac{\partial^2 U}{\partial V^2} - \left(\frac{\partial^2 U}{\partial S \partial V}\right)^2 = -\left(\frac{\partial T}{\partial S}\right)_p \left(\frac{\partial p}{\partial V}\right)_S = -\left(\frac{\partial T}{\partial S}\right)_V \left(\frac{\partial p}{\partial V}\right)_T$$

において

$$\left(\frac{\partial T}{\partial S}\right)_p = \left(\frac{\partial^2 H}{\partial S^2}\right)_p, \qquad \left(\frac{\partial p}{\partial V}\right)_S = -\left(\frac{\partial^2 U}{\partial V^2}\right)_S$$

$$\left(\frac{\partial T}{\partial S}\right)_V = \left(\frac{\partial^2 U}{\partial S^2}\right)_V, \qquad \left(\frac{\partial p}{\partial V}\right)_T = -\left(\frac{\partial^2 F}{\partial V^2}\right)_T$$

を代入すればよい．同様にして，(5.47) は

$$\frac{\partial^2 H}{\partial S^2}\frac{\partial^2 H}{\partial p^2} - \left(\frac{\partial^2 H}{\partial S \partial p}\right)^2 = \left(\frac{\partial T}{\partial S}\right)_V \left(\frac{\partial V}{\partial p}\right)_S = \left(\frac{\partial T}{\partial S}\right)_p \left(\frac{\partial V}{\partial p}\right)_T$$

において

$$\left(\frac{\partial T}{\partial S}\right)_V = \left(\frac{\partial^2 U}{\partial S^2}\right)_V, \qquad \left(\frac{\partial V}{\partial p}\right)_S = \left(\frac{\partial^2 H}{\partial p^2}\right)_S$$

$$\left(\frac{\partial T}{\partial S}\right)_p = \left(\frac{\partial^2 H}{\partial S^2}\right)_p, \qquad \left(\frac{\partial V}{\partial p}\right)_T = \left(\frac{\partial^2 G}{\partial p^2}\right)_T$$

を代入すればよい．(5.48) は

$$\frac{\partial^2 F}{\partial T^2}\frac{\partial^2 F}{\partial V^2} - \left(\frac{\partial^2 F}{\partial T \partial V}\right)^2 = \left(\frac{\partial S}{\partial T}\right)_V \left(\frac{\partial p}{\partial V}\right)_S = \left(\frac{\partial S}{\partial T}\right)_p \left(\frac{\partial p}{\partial V}\right)_T$$

において

$$\left(\frac{\partial S}{\partial T}\right)_V = -\left(\frac{\partial^2 F}{\partial T^2}\right)_V, \qquad \left(\frac{\partial p}{\partial V}\right)_S = -\left(\frac{\partial^2 U}{\partial V^2}\right)_S$$

$$\left(\frac{\partial S}{\partial T}\right)_p = -\left(\frac{\partial^2 G}{\partial T^2}\right)_p, \qquad \left(\frac{\partial p}{\partial V}\right)_T = -\left(\frac{\partial^2 F}{\partial V^2}\right)_T$$

を代入すればよい. (5.49) は

$$\frac{\partial^2 G}{\partial T^2}\frac{\partial^2 G}{\partial p^2} - \left(\frac{\partial^2 G}{\partial T \partial p}\right)^2 = -\left(\frac{\partial S}{\partial T}\right)_V\left(\frac{\partial V}{\partial p}\right)_T = -\left(\frac{\partial S}{\partial T}\right)_p\left(\frac{\partial V}{\partial p}\right)_S$$

において

$$\left(\frac{\partial S}{\partial T}\right)_V = -\left(\frac{\partial^2 F}{\partial T^2}\right)_V, \qquad \left(\frac{\partial V}{\partial p}\right)_T = \left(\frac{\partial^2 G}{\partial p^2}\right)_T$$

$$\left(\frac{\partial S}{\partial T}\right)_p = -\left(\frac{\partial^2 G}{\partial T^2}\right)_p, \qquad \left(\frac{\partial V}{\partial p}\right)_S = \left(\frac{\partial^2 H}{\partial p^2}\right)_S$$

を代入すればよい. $\qquad\qquad\qquad\qquad\qquad\qquad\qquad\qquad\qquad\qquad\qquad$ □

演習 5.43 (5.45) で与えた第 2 式は

$$\frac{\partial^2 S}{\partial V^2} - \frac{\left(\frac{\partial^2 S}{\partial U \partial V}\right)^2}{\frac{\partial^2 S}{\partial U^2}} = \frac{\partial^2 \Psi}{\partial V^2} = -\frac{1}{T}\frac{\partial^2 F}{\partial V^2} \tag{5.50}$$

と書けることを示せ.

証明 (4.9) で与えた $\Psi = -\frac{F}{T}$ を使うと

$$\left(\frac{\partial^2 \Psi}{\partial V^2}\right)_\beta = -\frac{1}{T}\left(\frac{\partial^2 F}{\partial V^2}\right)_T$$

が得られる. また, (5.40) の証明で得た式

$$\frac{\partial^2 S}{\partial U^2}\frac{\partial^2 S}{\partial V^2} - \left(\frac{\partial^2 S}{\partial U \partial V}\right)^2 = -\frac{1}{T^3}\left(\frac{\partial T}{\partial U}\right)_V\left(\frac{\partial p}{\partial V}\right)_T$$

において

$$\left(\frac{\partial T}{\partial U}\right)_V = -T^2\left(\frac{\partial \frac{1}{T}}{\partial U}\right)_V = -T^2\left(\frac{\partial^2 S}{\partial U^2}\right)_V, \qquad \left(\frac{\partial p}{\partial V}\right)_T = -\left(\frac{\partial^2 F}{\partial V^2}\right)_T$$

を代入しても同じ結果である．(5.50) 左辺第 2 項は，(5.2) で与えた $\left(\frac{\partial^2 S}{\partial U^2}\right)_V < 0$ を考慮し正になるから，

$$\left(\frac{\partial^2 S}{\partial V^2}\right)_U < -\frac{1}{T}\left(\frac{\partial^2 F}{\partial V^2}\right)_T$$

が得られる．(5.9) で与えた $\left(\frac{\partial^2 F}{\partial V^2}\right)_T > 0$ によって

$$\left(\frac{\partial^2 S}{\partial V^2}\right)_U < 0$$

に帰着する． □

演習 5.44 ルシャトリエ－ブラウンの不等式，系 5.29 を証明するにあたって用いた恒等式 (5.28) および (5.29)

$$\left(\frac{\partial \beta}{\partial U}\right)_V = \left(\frac{\partial \beta}{\partial U}\right)_\pi + \frac{\left(\frac{\partial \beta}{\partial V}\right)_U^2}{\left(\frac{\partial \pi}{\partial V}\right)_U}, \qquad \left(\frac{\partial \pi}{\partial V}\right)_U = \left(\frac{\partial \pi}{\partial V}\right)_\beta + \frac{\left(\frac{\partial \pi}{\partial U}\right)_V^2}{\left(\frac{\partial \beta}{\partial U}\right)_V}$$

は連鎖法則によって証明したが，ヤコービ行列式を使っても証明できることを示せ．

証明 (5.41) で与えたように S のヘス行列式は

$$\frac{\partial^2 S}{\partial U^2}\frac{\partial^2 S}{\partial V^2} - \left(\frac{\partial^2 S}{\partial U \partial V}\right)^2 = \left(\frac{\partial \beta}{\partial U}\right)_V \left(\frac{\partial \pi}{\partial V}\right)_U - \left(\frac{\partial \pi}{\partial U}\right)_V \left(\frac{\partial \beta}{\partial V}\right)_U = \left|\frac{\partial(\beta, \pi)}{\partial(U, V)}\right|$$

のように書ける．したがってヤコービ行列式の性質を使って

$$\left|\frac{\partial(\beta, \pi)}{\partial(U, V)}\right| = \left(\frac{\partial \beta}{\partial U}\right)_\pi \left(\frac{\partial \pi}{\partial V}\right)_U = \left(\frac{\partial \pi}{\partial V}\right)_\beta \left(\frac{\partial \beta}{\partial U}\right)_V$$

が得られるから $\left(\frac{\partial \beta}{\partial U}\right)_V, \left(\frac{\partial \pi}{\partial V}\right)_U$ について解き

$$\begin{cases} \left(\frac{\partial \beta}{\partial U}\right)_V = \left(\frac{\partial \beta}{\partial U}\right)_\pi + \frac{\left(\frac{\partial \beta}{\partial V}\right)_U \left(\frac{\partial \pi}{\partial U}\right)_V}{\left(\frac{\partial \pi}{\partial V}\right)_U} = \left(\frac{\partial \beta}{\partial U}\right)_\pi + \frac{\left(\frac{\partial \beta}{\partial V}\right)_U^2}{\left(\frac{\partial \pi}{\partial V}\right)_U} \\ \left(\frac{\partial \pi}{\partial V}\right)_U = \left(\frac{\partial \pi}{\partial V}\right)_\beta + \frac{\left(\frac{\partial \pi}{\partial V}\right)_U \left(\frac{\partial \pi}{\partial U}\right)_V}{\left(\frac{\partial \beta}{\partial U}\right)_V} = \left(\frac{\partial \pi}{\partial V}\right)_\beta + \frac{\left(\frac{\partial \pi}{\partial U}\right)_V^2}{\left(\frac{\partial \beta}{\partial U}\right)_V} \end{cases}$$

になる．マクスウェルの関係式 $\left(\frac{\partial \beta}{\partial V}\right)_U = \left(\frac{\partial \pi}{\partial U}\right)_V$ を用いた．ルシャトリエ－ブラウンの不等式，定理 5.33 の証明で使った (5.32), (5.33) も $-U$ のヘス行列式

$$\left|\frac{\partial(T, p)}{\partial(S, V)}\right| = \left(\frac{\partial T}{\partial S}\right)_V \left(\frac{\partial p}{\partial V}\right)_T = \left(\frac{\partial T}{\partial S}\right)_p \left(\frac{\partial p}{\partial V}\right)_S$$

によって容易に証明できる． □

6

開いた系

Système ouvert

6.1 開いた系

　同じ物質からなる 2 つの体系が接触して平衡状態にあり，内部エネルギー，体積も可変で，分子の出入りも自由であるとする．このような系を開いた系と言う．それぞれの内部エネルギー，体積，分子数を $U_1, U_2, V_1, V_2, N_1, N_2$ とする．2 つの系を併せた全体は閉じているとすると，

$$U_1 + U_2 = U, \quad V_1 + V_2 = V, \quad N_1 + N_2 = N$$

が一定の下でエントロピー

$$S = S(U_1, V_1, N_1) + S(U_2, V_2, N_2)$$

が極大にならなければならない．すなわち

$$dU = dU_1 + dU_2 = 0, \quad dV = dV_1 + dV_2 = 0, \quad dN = dN_1 + dN_2 = 0$$

の条件の下で

$$dS = dS(U_1, V_1, N_1) + dS(U_2, V_2, N_2) = 0$$

にならなければならない．

$$
\begin{aligned}
dS &= \frac{\partial S}{\partial U_1}dU_1 + \frac{\partial S}{\partial U_2}dU_2 + \frac{\partial S}{\partial V_1}dV_1 + \frac{\partial S}{\partial V_2}dV_2 + \frac{\partial S}{\partial N_1}dN_1 + \frac{\partial S}{\partial N_2}dN_2 \\
&= \left(\frac{\partial S}{\partial U_1} - \frac{\partial S}{\partial U_2}\right)dU_1 + \left(\frac{\partial S}{\partial V_1} - \frac{\partial S}{\partial V_2}\right)dV_1 + \left(\frac{\partial S}{\partial N_1} - \frac{\partial S}{\partial N_2}\right)dN_1 = 0
\end{aligned}
$$

が成り立つのは各係数が 0, すなわち

$$\frac{\partial S}{\partial U_1} = \frac{\partial S}{\partial U_2}, \quad \frac{\partial S}{\partial V_1} = \frac{\partial S}{\partial V_2}, \quad \frac{\partial S}{\partial N_1} = \frac{\partial S}{\partial N_2}$$

を満たすときである. 第 1 の条件は

$$\frac{1}{T_1} = \frac{1}{T_2} \quad \text{すなわち} \quad T_1 = T_2$$

を与える. 平衡状態にある 2 つの系は温度が等しくなければならない. 第 2 の条件は, $T_1 = T_2$ の下で,

$$\frac{p_1}{T_1} = \frac{p_2}{T_2} \quad \text{すなわち} \quad p_1 = p_2$$

を意味する. 2 つの系は圧力が等しくなければならない.

定義 6.1（化学ポテンシャル） 化学ポテンシャルは

$$\mu = -T \left(\frac{\partial S}{\partial N} \right)_{U,V} = T \frac{\left(\frac{\partial U}{\partial N} \right)_{S,V}}{\left(\frac{\partial U}{\partial S} \right)_{N,V}} = \left(\frac{\partial U}{\partial N} \right)_{S,V}$$

によって定義する. ギブズは単にポテンシャルと呼んだ (1876, 1878).

各系の化学ポテンシャルを μ_1, μ_2 とすると第 3 の条件

$$-\frac{\mu_1}{T_1} = -\frac{\mu_2}{T_2} \quad \text{すなわち} \quad \mu_1 = \mu_2$$

は物質の出入りに関する平衡条件である.

6.2 エントロピー極大原理と内部エネルギー極小原理

平衡状態を決めるために, 前節では, エントロピーが極値を取る条件 $dS = 0$ を用いた. 平衡状態を決めるためには内部エネルギーが極値を取る条件 $dU = 0$ を用いても同じ結果が得られる. エネルギーが極値を取るには

$$dS = dS_1 + dS_2 = 0, \quad dV = dV_1 + dV_2 = 0, \quad dN = dN_1 + dN_2 = 0$$

の条件の下で

$$dU = dU(S_1, V_1, N_1) + dU(S_2, V_2, N_2) = 0$$

6.2 エントロピー極大原理と内部エネルギー極小原理 133

にならなければならない.

$$\mathrm{d}U = \left(\frac{\partial U}{\partial S_1} - \frac{\partial U}{\partial S_2}\right)\mathrm{d}S_1 + \left(\frac{\partial U}{\partial V_1} - \frac{\partial U}{\partial V_2}\right)\mathrm{d}V_1 + \left(\frac{\partial U}{\partial N_1} - \frac{\partial U}{\partial N_2}\right)\mathrm{d}N_1 = 0$$

が成り立つためには各係数が 0, すなわち

$$\frac{\partial U}{\partial S_1} = \frac{\partial U}{\partial S_2}, \quad \frac{\partial U}{\partial V_1} = \frac{\partial U}{\partial V_2}, \quad \frac{\partial U}{\partial N_1} = \frac{\partial U}{\partial N_2}$$

が得られる. これらは

$$T_1 = T_2, \qquad -p_1 = -p_2, \qquad \mu_1 = \mu_2$$

を与える. エントロピーが極値を取る条件と同じである.

エントロピー極大原理と内部エネルギー極小原理は同等である. エントロピー極大の状態が内部エネルギー極小の状態より ΔU だけ大きかったとしよう. 系からは余分の内部エネルギー ΔU を仕事として系の外に取り出すことができることになる. この内部エネルギーを熱量 $Q = T\Delta S$ として系に戻すと系の内部エネルギーはもとの値に戻り, エントロピーが ΔS だけ増大している. したがってエントロピーが極大となる状態では $\Delta S = 0$, すなわち $\Delta U = 0$ で, 内部エネルギーが極小の状態である.

演習 6.2 エントロピー $S(U_1, U_2, V_1, V_2, N_1, N_2)$ において U_1 のみを変数として, 他を固定すると ($U_2 = U - U_1$ とする), エントロピーは極大の条件

$$\left(\frac{\partial S}{\partial U_1}\right)_U = 0, \qquad \left(\frac{\partial^2 S}{\partial U_1^2}\right)_U < 0 \tag{6.1}$$

を満たしているものとする. 内部エネルギーが極小値を持つ, すなわち

$$\left(\frac{\partial U}{\partial S_1}\right)_S = 0, \qquad \left(\frac{\partial^2 U}{\partial S_1^2}\right)_S > 0 \tag{6.2}$$

が成り立つことを示せ. また V_1 あるいは N_1 を変数としても, エントロピーが極大になるとき内部エネルギーが極小になることを示せ.

証明 $U(S_1, S_2, V_1, V_2, N_1, N_2)$ を S_1 について微分すると

$$\left(\frac{\partial U}{\partial S_1}\right)_S = -\left(\frac{\partial U}{\partial S}\right)_{S_1}\left(\frac{\partial S}{\partial S_1}\right)_U$$

$$= -\left(\frac{\partial U}{\partial S}\right)_{S_1}\left(\frac{\partial U_1}{\partial S_1}\right)_U\left(\frac{\partial S}{\partial U_1}\right)_U = -TT_1\left(\frac{\partial S}{\partial U_1}\right)_U$$

になるから (6.1) 第 1 式により内部エネルギーが極値を持つ.すなわち (6.2) 第 1 式を得る(温度の平衡条件 $T_1 = T_2$ である).2 次微分係数は,TT_1 の微分が $\left(\frac{\partial S}{\partial U_1}\right)_U$ に比例し,平衡の条件 (6.1) によって消えることを使って

$$\left(\frac{\partial^2 U}{\partial S_1^2}\right)_S = -TT_1 \left(\frac{\partial}{\partial S_1}\left(\frac{\partial S}{\partial U_1}\right)_U\right)_S$$

になる.$\left(\frac{\partial S}{\partial U_1}\right)_U$ を U, U_1 の関数として微分した

$$\left(\frac{\partial^2 U}{\partial S_1^2}\right)_S = -TT_1 \left\{\left(\frac{\partial}{\partial U}\left(\frac{\partial S}{\partial U_1}\right)_U\right)_S \left(\frac{\partial U}{\partial S_1}\right)_S + T_1 \left(\frac{\partial^2 S}{\partial U_1^2}\right)_U\right\}$$

において,括弧内第 1 項を $\left(\frac{\partial U}{\partial S_1}\right)_S = 0$ によって落とすと (6.1) 第 2 式により

$$\left(\frac{\partial^2 U}{\partial S_1^2}\right)_S = -TT_1^2 \left(\frac{\partial^2 S}{\partial U_1^2}\right)_U > 0$$

に帰着する.

次に,S の変数は V_1 のみとして他を固定すると($V_2 = V - V_1$ とする),エントロピーは極大の条件

$$\left(\frac{\partial S}{\partial V_1}\right)_U = 0, \qquad \left(\frac{\partial^2 S}{\partial V_1^2}\right)_U < 0 \tag{6.3}$$

を満たしているものとする.$U(S_1, S_2, V_1, V_2, N_1, N_2)$ を V_1 について微分すると

$$\left(\frac{\partial U}{\partial V_1}\right)_S = -\left(\frac{\partial U}{\partial S}\right)_{V_1}\left(\frac{\partial S}{\partial V_1}\right)_U = -T\left(\frac{\partial S}{\partial V_1}\right)_U$$

になるから (6.3) 第 1 式により

$$\left(\frac{\partial U}{\partial V_1}\right)_S = 0$$

が成り立ち,内部エネルギーが極値を持つことがわかる(圧力の平衡条件 $p_1 = p_2$ である).2 次微分係数は,$\left(\frac{\partial S}{\partial V_1}\right)_U$ を U, V_1 の関数として微分すると

$$\left(\frac{\partial^2 U}{\partial V_1^2}\right)_S = -T\left\{\left(\frac{\partial}{\partial U}\left(\frac{\partial S}{\partial V_1}\right)_U\right)_S \left(\frac{\partial U}{\partial V_1}\right)_S + \left(\frac{\partial^2 S}{\partial V_1^2}\right)_U\right\}$$

になり,(6.3) 第 2 式により

$$\left(\frac{\partial^2 U}{\partial V_1^2}\right)_S = -T\left(\frac{\partial^2 S}{\partial V_1^2}\right)_U > 0$$

に帰着する。N_1 を変数にした場合も同様で，

$$\left(\frac{\partial U}{\partial N_1}\right)_S = -T\left(\frac{\partial S}{\partial N_1}\right)_U = 0, \qquad \left(\frac{\partial^2 U}{\partial N_1^2}\right)_S = -T\left(\frac{\partial^2 S}{\partial N_1^2}\right)_U > 0$$

が得られる。 □

6.3 化学ポテンシャル

開いた系のエントロピーの微分は

$$\begin{aligned}
\mathrm{d}S &= \left(\frac{\partial S}{\partial U}\right)_{V,N}\mathrm{d}U + \left(\frac{\partial S}{\partial V}\right)_{U,N}\mathrm{d}V + \left(\frac{\partial S}{\partial N}\right)_{U,V}\mathrm{d}N \\
&= \frac{1}{T}\mathrm{d}U + \frac{p}{T}\mathrm{d}V + \frac{\mu}{T}\mathrm{d}N
\end{aligned}$$

になる。熱力学第 1 法則は

$$Q = T\mathrm{d}S = \mathrm{d}U + p\mathrm{d}V - \mu\mathrm{d}N = \mathrm{d}U - W - A$$

である。$A = \mu\mathrm{d}N$ を質量的作用と言う。

法則 6.3（熱力学第 1 法則） 開いた系の熱力学第 1 法則は

$$\mathrm{d}U = Q + W + A$$

である。

内部エネルギー U，エンタルピー $H = U + pV$，ヘルムホルツ関数 $F = U - TS$，ギブズ関数 $G = H - TS$ の微分はそれぞれ

$$\left.\begin{aligned}
\mathrm{d}U &= T\mathrm{d}S - p\mathrm{d}V + \mu\mathrm{d}N \\
\mathrm{d}H &= T\mathrm{d}S + V\mathrm{d}p + \mu\mathrm{d}N \\
\mathrm{d}F &= -S\mathrm{d}T - p\mathrm{d}V + \mu\mathrm{d}N \\
\mathrm{d}G &= -S\mathrm{d}T + V\mathrm{d}p + \mu\mathrm{d}N
\end{aligned}\right\} \tag{6.4}$$

になる。直ちに

$$\mu = \left(\frac{\partial U}{\partial N}\right)_{S,V} = \left(\frac{\partial H}{\partial N}\right)_{S,p} = \left(\frac{\partial F}{\partial N}\right)_{T,V} = \left(\frac{\partial G}{\partial N}\right)_{T,p}$$

が得られる。

第6章　開いた系

定義 6.4（グランドポテンシャル）　ヘルムホルツ関数 $F(T, V, N)$ のかわり
に μ を自然な独立変数とする熱力学関数を定義できる。ルジャンドル変換に
よって

$$J = F - \mu N = F - G = -pV \tag{6.5}$$

を定義し，グランドポテンシャル（熱力学ポテンシャル）と呼ぶ。微分は

$$\mathrm{d}J = -S\mathrm{d}T - p\mathrm{d}V - N\mathrm{d}\mu \tag{6.6}$$

によって与えられる。

内部エネルギーの微分を $\mathrm{d}S$ について解くと，エントロピーの微分は

$$\mathrm{d}S = \beta\mathrm{d}U + \pi\mathrm{d}V - \xi\mathrm{d}N, \qquad \xi \equiv \frac{\mu}{T}$$

になる。エントロピーのルジャンドル変換の微分は

$$\begin{cases} \mathrm{d}\Psi = -U\mathrm{d}\beta + \pi\mathrm{d}V - \xi\mathrm{d}N \\ \mathrm{d}\Lambda = \beta\mathrm{d}U - V\mathrm{d}\pi - \xi\mathrm{d}N \\ \mathrm{d}\Phi = -U\mathrm{d}\beta - V\mathrm{d}\pi - \xi\mathrm{d}N \end{cases}$$

によって与えられる。ξ を変数にするルジャンドル変換はクラマース関数

$$q = \Psi + \xi N = -\frac{F}{T} + \frac{G}{T} = -\frac{J}{T}$$

で，その微分は

$$\mathrm{d}q = -U\mathrm{d}\beta + \pi\mathrm{d}V + N\mathrm{d}\xi$$

になる。ギブズ－ヘルムホルツ方程式は

$$U = -\left(\frac{\partial q}{\partial \beta}\right)_{V,\xi} = \left(\frac{\partial \beta J}{\partial \beta}\right)_{V,\xi} = J - T\left(\frac{\partial J}{\partial T}\right)_{V,\mu/T}$$

である。

6.3 化学ポテンシャル　　　137

演習 6.5　マクスウェルの関係式

$$\left(\tfrac{\partial T}{\partial V}\right)_{S,N} = -\left(\tfrac{\partial p}{\partial S}\right)_{V,N}, \quad \left(\tfrac{\partial T}{\partial N}\right)_{S,V} = \left(\tfrac{\partial \mu}{\partial S}\right)_{V,N}, \quad \left(\tfrac{\partial p}{\partial N}\right)_{S,V} = -\left(\tfrac{\partial \mu}{\partial V}\right)_{S,N}$$

$$\left(\tfrac{\partial T}{\partial p}\right)_{S,N} = \left(\tfrac{\partial V}{\partial S}\right)_{p,N}, \quad \left(\tfrac{\partial T}{\partial N}\right)_{S,p} = \left(\tfrac{\partial \mu}{\partial S}\right)_{p,N}, \quad \left(\tfrac{\partial V}{\partial N}\right)_{S,p} = \left(\tfrac{\partial \mu}{\partial p}\right)_{S,N}$$

$$\left(\tfrac{\partial S}{\partial V}\right)_{T,N} = \left(\tfrac{\partial p}{\partial T}\right)_{V,N}, \quad \left(\tfrac{\partial S}{\partial N}\right)_{T,V} = -\left(\tfrac{\partial \mu}{\partial T}\right)_{V,N}, \quad \left(\tfrac{\partial p}{\partial N}\right)_{T,V} = -\left(\tfrac{\partial \mu}{\partial V}\right)_{T,N}$$

$$\left(\tfrac{\partial S}{\partial N}\right)_{T,N} = -\left(\tfrac{\partial V}{\partial T}\right)_{p,N}, \quad \left(\tfrac{\partial S}{\partial N}\right)_{T,p} = -\left(\tfrac{\partial \mu}{\partial T}\right)_{p,N}, \quad \left(\tfrac{\partial V}{\partial N}\right)_{T,p} = \left(\tfrac{\partial \mu}{\partial p}\right)_{T,N}$$

$$\left(\tfrac{\partial S}{\partial V}\right)_{T,\mu} = \left(\tfrac{\partial p}{\partial T}\right)_{V,\mu}, \quad \left(\tfrac{\partial S}{\partial \mu}\right)_{T,V} = \left(\tfrac{\partial N}{\partial T}\right)_{V,\mu}, \quad \left(\tfrac{\partial p}{\partial \mu}\right)_{T,V} = \left(\tfrac{\partial N}{\partial V}\right)_{T,\mu}$$

を示せ.

演習 6.6　1分子あたりの体積，エントロピー，ヘルムホルツ，ギブズ関数

$$v = \frac{V}{N}, \quad s = \frac{S}{N}, \quad f = \frac{F}{N}, \quad g = \frac{G}{N}$$

を定義しよう．いずれも示強性の量である.

$$\mu = \frac{1}{N}(U - TS + pV) = f + pv \tag{6.7}$$

が恒等的に成り立つことを示せ.

証明　オイラーの定理 A15 を使う．ギブズ関数は任意の定数 λ に対し,

$$G(T, p, \lambda N) = \lambda G(T, p, N)$$

を満たさなければならない．両辺を λ について微分すると

$$N\left(\frac{\partial G}{\partial N}\right)_{T,p} = G$$

になるから $\lambda = 1$ と置いて

$$G = \mu N$$

が得られる．化学ポテンシャル μ は 1 分子あたりのギブズ関数 g にほかならない.　　　□

演習 6.7（**1 成分のギブズ–デュエームの式**）　1 成分系について成り立つ恒等式

$$N\mathrm{d}\mu = -S\mathrm{d}T + V\mathrm{d}p, \qquad \mathrm{d}\mu = -s\mathrm{d}T + v\mathrm{d}p \tag{6.8}$$

を示せ．後に (6.18) で与えるギブズ–デュエームの式である.

証明 G の微分

$$dG = d(N\mu) = Nd\mu + \mu dN$$

を $dG = -SdT + Vdp + \mu dN$ と比較し

$$d\mu = \frac{-SdT + Vdp}{N} = -sdT + vdp$$

が得られる. μ の自然な独立変数は T と p で

$$\left(\frac{\partial \mu}{\partial p}\right)_T = v, \qquad \left(\frac{\partial \mu}{\partial T}\right)_p = -s \tag{6.9}$$

が成り立つ. □

演習 6.8 (理想気体) 理想気体の化学ポテンシャルは

$$\mu = c_p T - kT \ln\left(k\frac{T^{c_p/k}}{p}\right) - s_0 T$$

によって与えられることを示せ. 1分子あたりの定積熱容量を $c_V = \frac{C_V}{N}$, 1分子あたりの定圧熱容量を $c_p = \frac{C_p}{N}$ とする. $s_0 = \frac{S_0}{N}$ は積分定数である.

証明 (2.5) で与えた内部エネルギーとエンタルピーは

$$U = Nc_V T, \qquad H = Nc_p T$$

だった. (4.40) で与えたエントロピーは

$$S = Nk\ln\left(T^{c_V/k}\frac{V}{N}\right) + S_0$$

になるから (4.41) および (4.42) で与えたヘルムホルツ関数とギブズ関数は

$$F = Nc_V T - NkT\ln\left(T^{c_V/k}\frac{V}{N}\right) - Ns_0 T$$

$$G = Nc_p T - NkT\ln\left(T^{c_V/k}\frac{V}{N}\right) - Ns_0 T$$

のように書き直せる. 化学ポテンシャルは, マイアーの関係式を考慮し,

$$\mu = \left(\frac{\partial F}{\partial N}\right)_{T,V} = c_V T - kT\ln\left(T^{c_V/k}\frac{V}{N}\right) + kT - s_0 T = \frac{G}{N}$$

である. μ の微分は, $\frac{V}{N} = \frac{kT}{p}$ によって書きかえると

$$d\mu = c_p dT - (s - s_0)dT - kT\left(\frac{c_V}{k} + 1\right)\frac{dT}{T} + kT\frac{dp}{p} - s_0 dT = -sdT + vdp$$

になっている. 変数 p では (4.43) に対応して

$$G = Nc_p T - NkT \ln\left(k\frac{T^{c_p/k}}{p}\right) - Ns_0 T$$

である. 化学ポテンシャルは

$$\mu = \left(\frac{\partial G}{\partial N}\right)_{T,p} = c_p T - kT \ln\left(k\frac{T^{c_p/k}}{p}\right) - s_0 T = \frac{G}{N}$$

になる. ☐

演習 6.9 (4.44) で与えた理想気体の基本関係式

$$U = Nc_V \left(\frac{N}{V}\right)^{k/c_V} e^{(S-S_0)/Nc_V} \tag{6.10}$$

を用いて μ を導き, (6.4) で与えた $dU = TdS - pdV + \mu dN$ を確かめよ.

証明 (6.10) から $U = Nc_V T$, ベルヌーリの定理 $pV = \frac{k}{c_V}U$ が得られることはすでに示した. S, V 一定の下に (6.10) を N について微分し ($\frac{S_0}{Nc_V} = \frac{s_0}{c_V}$ は定数であることに注意), $pV = \frac{k}{c_V}U$ および $U = Nc_V T$ を代入,

$$\mu = \left(\frac{\partial U}{\partial N}\right)_{S,V} = \frac{U}{N} + \frac{k}{c_V}\frac{U}{N} - \frac{S}{Nc_V}\frac{U}{N} = \frac{U + pV - TS}{N} = \frac{G}{N}$$

を得る. (6.10) の微分は

$$dU = \left(1 + \frac{k}{c_V} - \frac{S}{Nc_V}\right)\frac{U}{N}dN - \frac{k}{c_V}\frac{U}{V}dV + \frac{U}{Nc_V}dS$$
$$= \frac{U + pV - TS}{N}dN - pdV + TdS$$

になるから, (6.7) を代入して与式が得られる. ☐

演習 6.10 (ファン・デル・ワールス気体) ファン・デル・ワールス気体の化学ポテンシャルを計算せよ.

証明 (4.46) および (4.47) で与えたヘルムホルツ関数とギブズ関数は

$$F = Nc_V T - \frac{N^2 a}{V} - NkT \ln \left(T^{c_V/k} \frac{V - Nb}{N} \right) - Ns_0 T$$

$$G = N(c_V + k)T - \frac{2N^2 a}{V} + \frac{N^2 bkT}{V - Nb} - NkT \ln \left(T^{c_V/k} \frac{V - Nb}{N} \right) - Ns_0 T$$

のように書き直せる。化学ポテンシャルは

$$\mu = \left(\frac{\partial F}{\partial N} \right)_{T,V}$$

$$= c_V T - \frac{2Na}{V} - kT \ln \left(T^{c_V/k} \frac{V - Nb}{N} \right) + \frac{NbkT}{V - Nb} + kT - s_0 T = \frac{G}{N}$$

である。 □

演習 6.11 **(熱輻射の化学ポテンシャル)** 光子気体（熱輻射）の化学ポテンシャルは 0 であることを示せ.

証明 熱輻射は空洞に閉じ込められた光子気体で，理想気体とは異なり，光子数は保存量ではない．熱源 T に接して空洞の体積を変化させると，内部エネルギー密度 $u(T)$ は不変で，内部エネルギー $U = uV$ が変化する．その変化は光子が空洞の壁に吸収されたり，壁から放出されたりすることによってもたらされるから粒子数が変化する．光子の化学ポテンシャルを μ，光子数を N とすると，質量的作用を含めた熱力学第 1 法則

$$dU = TdS - pdV + \mu dN$$

になる．空洞の体積を固定し，平衡状態にあるとき，$dU = udV = 0$ なので，粒子数が変化しても平衡状態が保たれ，エントロピーの変化 $dS = -\frac{\mu}{T}dN$ が生じないためには $\mu = 0$ でなければならない．したがって熱輻射のギブズ関数は $G = N\mu = 0$ である．光子の流出入は，物質の流出入（質量的作用）ではなく，熱量 TdS の流出入である．光子気体の熱力学第 1 法則は

$$dU = TdS - pdV$$

である． □

6.4 相平衡

箱の中に液体を入れておくと，液体とその蒸気が共存する平衡状態になる．液体と蒸気のいずれも温度，圧力は一定で一様だが，密度は 2 領域にわかれている．両者の境界では密度が急激に変化している．このときそれぞれの領域を「相」と言う．気体，液体，固体の相をそれぞれ気相，液相，固相と呼ぶ．分子は相から相に移ることができるので相は開いた系である．

相 1 と 2 が平衡状態にあるとき，エントロピー

$$S = S_1(U_1, V_1, N_1) + S_2(U_2, V_2, N_2)$$

が極値を持つ．6.1 節と異なるのは各相のエントロピーが異なる関数 S_1, S_2 になることである．平衡条件は

$$\mathrm{d}S = \left(\frac{\partial S_1}{\partial U_1} - \frac{\partial S_2}{\partial U_2}\right)\mathrm{d}U_1 + \left(\frac{\partial S_1}{\partial V_1} - \frac{\partial S_2}{\partial V_2}\right)\mathrm{d}V_1 + \left(\frac{\partial S_1}{\partial N_1} - \frac{\partial S_2}{\partial N_2}\right)\mathrm{d}N_1 = 0$$

すなわち

$$\frac{\partial S_1}{\partial U_1} = \frac{\partial S_2}{\partial U_2}, \qquad \frac{\partial S_1}{\partial V_1} = \frac{\partial S_2}{\partial V_2}, \qquad \frac{\partial S_1}{\partial N_1} = \frac{\partial S_2}{\partial N_2}$$

が成り立つことである．これらの条件式は

$$\frac{1}{T_1} = \frac{1}{T_2}, \qquad \frac{p_1}{T_1} = \frac{p_2}{T_2}, \qquad -\frac{\mu_1}{T_1} = -\frac{\mu_2}{T_2}$$

を意味する．$T_1 = T_2 = T$, $p_1 = p_2 = p$ とすると相平衡の条件は

$$\mu_1(T, p) = \mu_2(T, p)$$

になる．ギブズ関数を使っても同じである．T, p 一定の下に

$$G = G_1 + G_2 = \mu_1(T, p)N_1 + \mu_2(T, p)N_2$$

が極値を取る条件は

$$\mathrm{d}G = (\mu_1 - \mu_2)\mathrm{d}N_1 = 0$$

である．

相平衡の条件式は T と p の間に関係を与える．すなわち

$$p = p_{\mathrm{eq}}(T)$$

を与える．T, p を座標に取りこの関数を描くと曲線になる．これを平衡曲線と言う．平衡曲線の一方の側が相 1，他方が相 2 を表わしている．このような図を相図と言う．気相と液相，液相と固相，固相と気相の平衡曲線をそれぞれ蒸気圧曲線，融解曲線，昇華曲線と言う．これら 3 本の曲線が交わる点が 3 重点で

$$\mu_1(T, p) = \mu_2(T, p) = \mu_3(T, p)$$

を満たす．水の 3 重点は $T = 273.16\,\mathrm{K}\,(0.01\,^{\circ}\mathrm{C})$, $p = 6.025 \times 10^{-3}\,\mathrm{atm}$ で，温度の基準点になっている．水の融解曲線は温度の減少関数で，3 重点で終わっている．すなわち

$$\frac{\mathrm{d}p}{\mathrm{d}T} < 0$$

である．氷は，圧力をかけられると解ける．他の物質とは異なる水特有の性質である．同じことだが，水の融点は圧力の減少関数である．ブリッジマンは超高圧実験を行い，融点が増加関数になる他の物質も，超高圧では減少関数に転じることを発見した．

相平衡　相 1 の分子数を N_1，1 分子あたりの体積を v_1，相 2 の分子数を N_2，1 分子あたりの体積を v_2 とすると，全体積は

$$V = N_1 v_1(T, p) + N_2 v_2(T, p)$$

である．温度と圧力が一定の下では v_1, v_2 は一定で，N_1 と N_2 が変化する．$v_2 > v_1$ とする（例えば相 1 が液相，相 2 が気相）．自明な不等式

$$(N_1 + N_2)v_1 < N_1 v_1 + N_2 v_2 < (N_1 + N_2)v_2$$

が成り立つから全分子数を $N = N_1 + N_2$ とすると

$$N v_1 < V < N v_2$$

である，両相が共存するのは体積が $N v_1$ から $N v_2$ までの範囲だけである．気体を圧縮すると体積が $N v_2$ で気体の一部が液化し，両相が共存したままさらに圧縮すると，体積が $N v_1$ で気体すべてが液化する．温度を上げていくと限界温度 T_c で相平衡がなくなる．水の臨界温度は $647.096\,\mathrm{K}\,(373.946^{\circ}\mathrm{C})$，臨界圧力は $217.7\,\mathrm{atm}$ である．

臨界点 ある一定の温度 T において，ファン・デル・ワールスの状態方程式

$$p(T, V) = \frac{NkT}{V - Nb} - \frac{N^2 a}{V^2}$$

により p を V の関数として図示すると，凹の部分は $-\frac{N^2 a}{V^2}$ 項の効果である．温度が上昇し，ある臨界点に達すると，この凹の部分がなくなる．このときの温度，圧力，体積を計算してみよう．臨界点は正の傾きが負の傾きに変わる変曲点に対応し，条件は1次と2次の微分係数が0になることである．すなわち

$$\left(\frac{\partial p}{\partial V}\right)_T = -\frac{NkT}{(V - Nb)^2} + \frac{2N^2 a}{V^3} = 0, \quad \left(\frac{\partial^2 p}{\partial V^2}\right)_T = \frac{2NkT}{(V - Nb)^3} - \frac{6N^2 a}{V^4} = 0$$

が同時に成り立つことである．これらを両立させると

$$p_c = \frac{a}{27 b^2}, \quad V_c = 3Nb, \quad kT_c = \frac{8a}{27 b}$$

が得られる．(4.45) で与えた逆転温度は $T_{\text{inv}} = \frac{4}{27} T_c$ になっている．

マクスウェルの等面積則 ファン・デル・ワールスの学位論文に感動したのがマクスウェルである．ファン・デル・ワールスの状態方程式が優れている点の1つは相変換を記述できることである．$V \to Nb$ で $p \to \frac{NkT}{V - Nb}$ となって液相を表わし，$V \to \infty$ で $p \to \frac{NkT}{V}$ となって気相を表わす．p は V の増加にしたがって，液相の A 点から減少を続け，D 点で極小に達した後は増加に転じ，F 点で極大値に達する．そこから減少を始めて最後に気相 K 点に達する．途中で液相から気相に

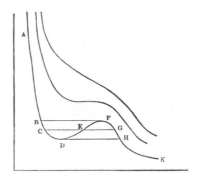

図 6.1 等面積則 (マクスウェル『熱の理論』より)

変化するときは相平衡にあり，温度一定の下では圧力も一定であるはずである．したがって，相平衡状態では V 軸に平行な直線にならなければならない．そこで液相側の C 点で V 軸に平行な直線を引き，E 点で曲線に交わり，再び G 点で曲線に交わるとする．これによって液相から気相への変化を記述できるが，直線をどこで引くかが問題になる．

第6章　開いた系

> **定理 6.12（マクスウェルの等面積則）**　閉曲線 CDEFGEC 上の 1 周積分
> を考えると
> $$\oint dV\, p(T, V) = 0$$
> となるように直線を引けばよい.

証明　C 点と G 点はともに平衡状態にあるからギブズ関数 $G = U - TS + pV$ は
等しい. すなわち

$$U_C - TS_C + pV_C = U_G - TS_G + pV_G$$

が成り立っていなければならない. 整理すると

$$-U_G + U_C + T(S_G - S_C) = p(V_G - V_C)$$

である. p は相平衡状態の圧力で, 温度一定では定数である. すでに与えた結果
を用いると

$$-U_G + U_C = \frac{N^2 a}{V_G} - \frac{N^2 a}{V_C}, \qquad S_G - S_C = Nk \ln\left(\frac{V_G - Nb}{V_C - Nb}\right)$$

になるから

$$-U_G + U_C + T(S_G - S_C) = \frac{N^2 a}{V_G} - \frac{N^2 a}{V_C} + NkT \ln\left(\frac{V_G - Nb}{V_C - Nb}\right)$$

が得られる. 右辺は

$$\int_C^G dV \left(-\frac{N^2 a}{V^2} + \frac{NkT}{V - Nb}\right) = \int_C^G dV p(T, V)$$

のように, ファン・デル・ワールス曲線上で C 点から G 点まで積分した結果に
なっている. すなわち

$$\int_C^G dV p(T, V) = p(V_G - V_C)$$

が成り立っている. これを書き直せば

$$p(V_E - V_C) - \int_C^E dV p(T, V) = \int_E^G dV p(T, V) - p(V_G - V_E)$$

となりマクスウェルの等面積則が得られる. □

6.5 クラペロンの式

温度 T，圧力 p が平衡曲線上にあるとすると，平衡条件

$$\mu_1(T, p) = \mu_2(T, p)$$

を満たしている．温度 $T + \mathrm{d}T$，圧力 $p + \mathrm{d}p$ も同じ平衡曲線上にあるとすると

$$\mu_1(T + \mathrm{d}T, p + \mathrm{d}p) = \mu_2(T + \mathrm{d}T, p + \mathrm{d}p)$$

が成り立たなければならない．

$$\begin{cases} \mu_1(T + \mathrm{d}T, p + \mathrm{d}p) = \mu_1(T, p) + \mathrm{d}\mu_1 \\ \mu_2(T + \mathrm{d}T, p + \mathrm{d}p) = \mu_2(T, p) + \mathrm{d}\mu_2 \end{cases}$$

とすると

$$\mathrm{d}\mu_1 = \mathrm{d}\mu_2$$

が得られる．すなわち，ギブズ－デュエームの式 (6.8) によって，

$$-s_1\mathrm{d}T + v_1\mathrm{d}p = -s_2\mathrm{d}T + v_2\mathrm{d}p$$

が成り立つ．これを解くと平衡曲線上で

$$\frac{\mathrm{d}p}{\mathrm{d}T} = \frac{s_2 - s_1}{v_2 - v_1}$$

が成り立つ．相 1 から相 2 への相転移のとき，1 分子あたりに吸収される熱量を

$$l = T(s_2 - s_1)$$

とすると 1 モルあたりに吸収される熱量は

$$L = N_\mathrm{A}l = N_\mathrm{A}T(s_2 - s_1)$$

になる．これを転移潜熱と言う．1 g あたりに吸収される転移潜熱も定義できるが以下では 1 分子あたりの転移潜熱 l を使う．

定理 6.13（クラペロンの式） 平衡曲線上で

$$\frac{\mathrm{d}p}{\mathrm{d}T} = \frac{l}{T(v_2 - v_1)}$$

が成り立つ．

クラペロンはカルノーの画期的な論文 (1824) を数式化した 1834 年の論文の中で
この公式を書いた. マクスウェルの友人テイトはこの式を

$$\frac{dp}{dT} = JCM, \quad C = \frac{1}{T}, \quad M = \frac{l}{v_2 - v_1}$$

と表わした. C はカルノー関数（定義 5.11）, M は膨張の潜熱で, トムソンが
$\frac{dp}{dT} = CM$ としていた公式にテイトが熱の仕事当量 J を加えた. マクスウェル
(James Clerk Maxwell) は友人たちへの署名に $\frac{dp}{dT}$ と記していた.

演習 6.14 微分形式を用いてクラペロンの式を導け.

証明 相 1 と相 2 が平衡状態にあるとき, T と N_2 を独立変数とし,

$$N = N_1 + N_2, \quad V = N_1 v_1 + N_2 v_2$$

を一定とする. 微分形式の基本方程式 (4.6) を用いると

$$dT \wedge dS = dp \wedge dV = \frac{dp}{dT} dT \wedge dV$$

になる. 右辺で, 平衡曲線上 p は T の関数であることを使った. この式に

$$dS = \left(\frac{\partial S}{\partial T}\right)_{N_2} dT + \left(\frac{\partial S}{\partial N_2}\right)_T dN_2$$

$$dV = \left(\frac{\partial V}{\partial T}\right)_{N_2} dT + \left(\frac{\partial V}{\partial N_2}\right)_T dN_2$$

を代入すると

$$\left(\frac{\partial S}{\partial N_2}\right)_T = \frac{dp}{dT}\left(\frac{\partial V}{\partial N_2}\right)_T$$

が成り立つ. ここで

$$\left(\frac{\partial V}{\partial N_2}\right)_T = \left(\frac{\partial(N_1 v_1 + N_2 v_2)}{\partial N_2}\right)_T = v_2 - v_1$$

$$\left(\frac{\partial S}{\partial N_2}\right)_T = \left(\frac{\partial(N_1 s_1 + N_2 s_2)}{\partial N_2}\right)_T = s_2 - s_1$$

を使えばクラペロンの式になる. □

演習 6.15 **（キルヒホフの公式）** 熱容量は定数であるとして転移潜熱が

$$l = l_0 + \Delta c_p T \tag{6.11}$$

になることを示せ. l_0 は定数, $\Delta c_p = c_{p2} - c_{p1}$ は定圧熱容量の差である. また, キルヒホフの蒸気圧方程式

$$\ln p = -\frac{l_0}{kT} + \frac{\Delta c_p}{k} \ln T + 定数$$

を示せ.

証明 平衡曲線に沿ってのエントロピー差 $\Delta s = s_2 - s_1$ の微分係数は

$$\frac{\mathrm{d}\Delta s}{\mathrm{d}T} = \left(\frac{\partial \Delta s}{\partial T}\right)_p + \left(\frac{\partial \Delta s}{\partial p}\right)_T \frac{\mathrm{d}p}{\mathrm{d}T} = \frac{\Delta c_p}{T} - \left(\frac{\partial \Delta v}{\partial T}\right)_p \frac{\mathrm{d}p}{\mathrm{d}T}$$

になる. 途中でマクスウェルの関係式 (4.2) を使った. $\Delta v = v_2 - v_1$ を意味する. $v_2 \gg v_1$ を考慮し, 理想気体の状態方程式を代入し, クラペロンの式を代入すると,

$$\frac{\mathrm{d}\frac{l}{T}}{\mathrm{d}T} = \frac{\Delta c_p}{T} - \frac{l}{T^2}$$

すなわち

$$\frac{\mathrm{d}l}{\mathrm{d}T} = \Delta c_p \tag{6.12}$$

が得られる. これを積分すると (6.11) になる. (6.11) を用いてクラペロンの式

$$\frac{\mathrm{d}p}{\mathrm{d}T} = \frac{l}{k}\frac{p}{T^2} = \frac{l_0 + \Delta c_p T}{k}\frac{p}{T^2}$$

を積分すればキルヒホフの公式が得られる. □

演習 6.16 (**飽和蒸気の熱容量**) 定圧熱容量 c_{p1} を持つ液体の飽和蒸気を, 飽和状態のまま熱したとき, 蒸気の熱容量は

$$c_{\mathrm{sat}} = c_{p1} + \frac{\mathrm{d}l}{\mathrm{d}T} - \frac{l}{T} = c_{p1} + T\frac{\mathrm{d}\frac{l}{T}}{\mathrm{d}T}$$

になることを示せ.

証明 1 分子あたりの熱力学第 1 法則は平衡曲線に沿って

$$Q = c_{p2}\mathrm{d}T - v_2\mathrm{d}p = c_{p2}\mathrm{d}T - v_2\frac{\mathrm{d}p}{\mathrm{d}T}\mathrm{d}T$$

になる. クラペロンの式を代入し, $v_2 \gg v_1$ とすると, 飽和蒸気の熱容量は

$$c_{\mathrm{sat}} = \frac{Q}{\mathrm{d}T} = c_{p2} - v_2\frac{l}{T(v_2 - v_1)} \cong c_{p2} - \frac{l}{T}$$

である. (6.12) を用いると

$$c_{p2} = c_{p1} + \Delta c_p = c_{p1} + \frac{\mathrm{d}l}{\mathrm{d}T}$$

になるから与式が得られる. □

演習 6.17 2 相が平衡状態にあるとき, 各相で,

$$\left(\frac{\partial p}{\partial V}\right)_S = -\frac{T}{c_p}\left(\frac{\mathrm{d}p}{\mathrm{d}T}\right)^2$$

が成り立つことを示せ.

証明 (A4) および (A2) を利用し, マクスウェルの関係式を使うと

$$\left(\frac{\partial p}{\partial V}\right)_S = -\frac{\left(\frac{\partial S}{\partial V}\right)_p}{\left(\frac{\partial S}{\partial p}\right)_V} = -\frac{\left(\frac{\partial p}{\partial T}\right)_S}{\left(\frac{\partial S}{\partial T}\right)_V\left(\frac{\partial T}{\partial p}\right)_V} = -\frac{T}{c_p}\left(\frac{\mathrm{d}p}{\mathrm{d}T}\right)^2$$

が得られる. □

6.6 表面張力の熱力学

2 つの相が平衡状態にあり, 2 つの相の境界面で作用するのが表面張力である. 表面張力に抗して外力がする仕事は, (1.2) で与えたように, $W = \gamma \mathrm{d}A$ だった. 2 つの相を相 1 と相 2 とすると熱力学第 1 法則は

$$\mathrm{d}U = T\mathrm{d}S - p_1\mathrm{d}V_1 - p_2\mathrm{d}V_2 + \gamma\mathrm{d}A + \mu_1\mathrm{d}N_1 + \mu_2\mathrm{d}N_2$$

である. ヘルムホルツ関数 $F = U - TS$ の微分は

$$\mathrm{d}F = -S\mathrm{d}T - p_1\mathrm{d}V_1 - p_2\mathrm{d}V_2 + \gamma\mathrm{d}A + \mu_1\mathrm{d}N_1 + \mu_2\mathrm{d}N_2 \tag{6.13}$$

になる. それぞれの相のヘルムホルツ関数を F_1 と F_2 とすると, F は $F_1 + F_2$ とは異なり,

$$F_\gamma = F - F_1 - F_2$$

が表面張力のヘルムホルツ関数を与える. 各相のヘルムホルツ関数の微分は

$$\mathrm{d}F_1 = -S_1\mathrm{d}T - p_1\mathrm{d}V_1 + \mu_1\mathrm{d}N_1, \quad \mathrm{d}F_2 = -S_2\mathrm{d}T - p_2\mathrm{d}V_2 + \mu_2\mathrm{d}N_2$$

になるから，

$$\mathrm{d}F_\gamma = -S_\gamma \mathrm{d}T + \gamma \mathrm{d}A$$

が得られる．$S_\gamma = S - S_1 - S_2$ は表面エントロピーで T と A が変数である．F_γ と A が示量性であるから，λ を任意の定数として，$F_\gamma(T, \lambda A) = \lambda F_\gamma(T, A)$ を満たす．オイラーの定理 A15によって，両辺を λ で微分して $\lambda = 1$ とすれば $A\left(\frac{\partial F_\gamma}{\partial A}\right)_T = F_\gamma$，すなわち

$$F_\gamma = \gamma A$$

が成り立つ．γ は単位面積あたりのヘルムホルツ関数で，温度だけの関数である．表面エントロピーは

$$S_\gamma = -\left(\frac{\partial F_\gamma}{\partial T}\right)_A = -A\frac{\mathrm{d}\gamma}{\mathrm{d}T}$$

によって与えられる．内部エネルギーは

$$U_\gamma = F_\gamma + TS_\gamma = \left(\gamma - T\frac{\mathrm{d}\gamma}{\mathrm{d}T}\right)A$$

になる．すなわち，単位面積あたりの表面エネルギーを与えるトムソンの方程式

$$\frac{U}{A} = \gamma - T\frac{\mathrm{d}\gamma}{\mathrm{d}T}$$

が得られる．エネルギーの方程式にほかならない．γ は温度の上昇とともに減少する．したがって温度を上げると熱を吸収して表面エントロピーと表面エネルギーが増加する．

演習 6.18（**ヤング–ラプラース方程式**）　境界が半径 a の球面の場合，内を 1，外を 2 として内外の圧力差が

$$p_1 - p_2 = \frac{2\gamma}{a}$$

で与えられることを示せ（ヤング 1805，ラプラース 1806）．

証明　全系の体積 $V_1 + V_2$ 一定，分子数 $N_1 + N_2$ 一定により $\mathrm{d}V_2 = -\mathrm{d}V_1$，$\mathrm{d}N_2 = -\mathrm{d}N_1$ であるから，温度一定における平衡の条件は，(6.13) より

$$\mathrm{d}F = -(p_1 - p_2)\mathrm{d}V_1 + (\mu_1 - \mu_2)\mathrm{d}N_1 + \gamma\mathrm{d}A = 0$$

すなわち

$$-(p_1 - p_2)\mathrm{d}V_1 + \gamma\mathrm{d}A = 0, \qquad \mu_1(T, p_1) = \mu_2(T, p_2)$$

である．第 1 式より，$V_1 = \frac{4\pi}{3}a^3$ および $A = 4\pi a^2$ によってヤング–ラプラース方程式が得られる．シャボン玉は境界面が 2 つあるので $p_1 - p_2 = \frac{4\gamma}{a}$ になる．　□

演習 6.19（ケルヴィン方程式）　前演習で 1 を球形液滴，2 を飽和蒸気とすると蒸気圧は

$$\ln\frac{p_2}{p^\infty} = \frac{2\gamma}{a}\frac{v_1}{kT}$$

で与えられることを示せ．p^∞ は $a = \infty$ すなわち境界が平面の場合の飽和蒸気圧である．

証明　各相でギブズ–デュエームの式を適用すると温度一定の下で $\mathrm{d}\mu = v_1\mathrm{d}p_1$ および $\mathrm{d}\mu = v_2\mathrm{d}p_2$ が成り立つ．蒸気を理想気体とすると後者は $\mathrm{d}\mu = \frac{kT}{p_2}\mathrm{d}p_2$ になる．そこで

$$v_1\mathrm{d}p_1 = kT\frac{\mathrm{d}p_2}{p_2} \tag{6.14}$$

が得られる．液体の体積は変化しないとして両辺を $a = \infty$ から液滴の半径まで積分すると

$$v_1(p_1 - p^\infty) = kT\ln\frac{p_2}{p^\infty}$$

である．ヤング–ラプラース方程式を代入して左辺を書き直すと

$$v_1(p_1 - p^\infty) = \frac{2\gamma}{a}v_1 + v_1(p_2 - p^\infty) \sim \frac{2\gamma}{a}v_1 + v_1 p^\infty\ln\frac{p_2}{p^\infty} = \frac{2\gamma}{a}v_1 + \frac{v_1}{v_2}kT\ln\frac{p_2}{p^\infty}$$

になる．途中で x が 1 に近いときの近似式 $\ln x \sim x - 1$ を使った．右辺第 2 項は (6.14) 右辺と比較し $\frac{v_1}{v_2} \ll 1$ によって無視できるから与式が得られる．　□

6.7　2 次相転移

エントロピーと体積はギブズ関数によって

$$S = -\left(\frac{\partial G}{\partial T}\right)_p, \quad V = \left(\frac{\partial G}{\partial p}\right)_T$$

と表わすことができた．クラペロンの式を導くにあたって，平衡曲線上で化学ポテンシャルが連続であるが，エントロピーと体積は不連続であることを使った．

6.7 2次相転移 151

このような相転移を1次相転移と言う．それに対して，化学ポテンシャルが連続であるばかりでなく，エントロピーと体積が連続である相転移を2次相転移と言う．C_p, κ_T, β はギブズ関数の2次偏微分係数になっている．すなわち

$$C_p = -T \left(\frac{\partial^2 G}{\partial T^2} \right)_p, \quad \kappa_T = -\frac{1}{V} \left(\frac{\partial^2 G}{\partial p^2} \right)_T, \quad \beta = \frac{1}{V} \left(\frac{\partial}{\partial T} \left(\frac{\partial G}{\partial p} \right)_T \right)_p$$

である．一般に，μ の $n-1$ 次までの偏微分係数がすべて連続で，n 次に不連続性が現れる場合，n 次の相転移と言う．

演習 6.20 (エーレンフェスト方程式) 2次相転移の平衡曲線上でエントロピーと体積が連続の場合にエーレンフェスト方程式 (1933)

$$\frac{\mathrm{d}p}{\mathrm{d}T} = \frac{\Delta C_p}{TV\Delta\beta}, \qquad \frac{\mathrm{d}p}{\mathrm{d}T} = \frac{\Delta\beta}{\Delta\kappa_T}, \qquad \Delta C_p = \frac{TV(\Delta\beta)^2}{\Delta\kappa_T}$$

を導け．ここで

$$\Delta C_p = C_{p2} - C_{p1}, \qquad \Delta\beta = \beta_2 - \beta_1 = \frac{1}{V} \left\{ \left(\frac{\partial V_2}{\partial T} \right)_p - \left(\frac{\partial V_1}{\partial T} \right)_p \right\}$$

$$\Delta\kappa_T = \kappa_{T2} - \kappa_{T1} = -\frac{1}{V} \left\{ \left(\frac{\partial V_2}{\partial p} \right)_T - \left(\frac{\partial V_1}{\partial p} \right)_T \right\}$$

を定義した．2相間の定圧熱容量，体膨張率，等温圧縮率の差である．

証明 2次相転移の平衡曲線上で $S_1(T,p) = S_2(T,p)$，$V_1(T,p) = V_2(T,p)$ が成り立つとする．平衡曲線上で T を $\mathrm{d}T$ だけ，p を $\mathrm{d}p$ だけ変化させると，第1式から

$$\left(\frac{\partial S_1}{\partial T} \right)_p \mathrm{d}T + \left(\frac{\partial S_1}{\partial p} \right)_T \mathrm{d}p = \left(\frac{\partial S_2}{\partial T} \right)_p \mathrm{d}T + \left(\frac{\partial S_2}{\partial p} \right)_T \mathrm{d}p$$

が得られる．これを熱容量とマクスウェルの関係式 $\left(\frac{\partial S}{\partial p} \right)_T = -\left(\frac{\partial V}{\partial T} \right)_p = -V\beta$ によって書き直せば

$$\frac{C_{p1}}{T} \mathrm{d}T - V\beta_1 \mathrm{d}p = \frac{C_{p2}}{T} \mathrm{d}T - V\beta_2 \mathrm{d}p$$

になるから整理すると，

$$\frac{\Delta C_p}{T} \mathrm{d}T - V\Delta\beta \mathrm{d}p = 0$$

になる．同様にして体積の連続性から

$$\left(\frac{\partial V_1}{\partial T}\right)_p dT + \left(\frac{\partial V_1}{\partial p}\right)_T dp = \left(\frac{\partial V_2}{\partial T}\right)_p dT + \left(\frac{\partial V_2}{\partial p}\right)_T dp$$

が成り立つ．体膨張率と $\left(\frac{\partial V}{\partial p}\right)_T = -V\kappa_T$ を使って

$$V\beta_1 dT - V\kappa_{T1} dp = V\beta_2 dT - V\kappa_{T2} dp$$

のように書き直せば

$$V\Delta\beta dT - V\Delta\kappa_T dp = 0$$

となり，定理第2式が得られる．dT と dp についての2式が解を持つための条件

$$\begin{vmatrix} \dfrac{\Delta C_p}{T} & -V\Delta\beta \\ -V\Delta\beta & V\Delta\kappa_T \end{vmatrix} = \frac{\Delta C_p}{T} V\Delta\kappa_T - V^2(\Delta\beta)^2 = 0$$

が定理第3式である．第1式と第2式を等値して得られる． □

演習 6.21（**エーレンフェスト方程式**）　2次相転移の平衡曲線上でエントロピーと圧力が連続の場合に

$$\frac{dV}{dT} = -\frac{\Delta C_V}{T\Delta\alpha}, \qquad \frac{dV}{dT} = \frac{V\Delta\alpha}{\Delta\frac{1}{\kappa_T}}, \qquad \Delta C_V = -\frac{TV(\Delta\alpha)^2}{\Delta\frac{1}{\kappa_T}}$$

が成り立つことを示せ．ここで

$$\Delta C_V = C_{V,2} - C_{V,1}, \qquad \Delta\alpha = \alpha_2 - \alpha_1 = \left(\frac{\partial p_2}{\partial T}\right)_V - \left(\frac{\partial p_1}{\partial T}\right)_V$$

$$\Delta\frac{1}{\kappa_T} = \frac{1}{\kappa_{T2}} - \frac{1}{\kappa_{T1}} = -\frac{1}{V}\left\{\left(\frac{\partial V_2}{\partial p}\right)_T - \left(\frac{\partial V_1}{\partial p}\right)_T\right\}$$

を定義した．2相間の定圧熱容量，体膨張率，等温圧縮率の逆数の差である．

証明　2次相転移の平衡曲線上で $S_1(T,V) = S_2(T,V)$, $p_1(T,V) = p_2(T,V)$ が成り立つとする．平衡曲線上で T を dT だけ，V を dV だけ変化させると，第1式から

$$\left(\frac{\partial S_1}{\partial T}\right)_V dT + \left(\frac{\partial S_1}{\partial V}\right)_T dV = \left(\frac{\partial S_2}{\partial T}\right)_V dT + \left(\frac{\partial S_2}{\partial V}\right)_T dV$$

が得られる．これを熱容量とマクスウェルの関係式 $\left(\frac{\partial S}{\partial V}\right)_T = \left(\frac{\partial p}{\partial T}\right)_V = \alpha$ によって書き直せば

$$\frac{C_{V1}}{T}\mathrm{d}T + \alpha_1\mathrm{d}V = \frac{C_{V2}}{T}\mathrm{d}T + \alpha_2\mathrm{d}V$$

になるから整理すると，

$$\frac{\Delta C_V}{T}\mathrm{d}T + \Delta\alpha\mathrm{d}V = 0$$

である．同様にして圧力の連続性から

$$\left(\frac{\partial p_1}{\partial T}\right)_V\mathrm{d}T + \left(\frac{\partial p_1}{\partial V}\right)_T\mathrm{d}V = \left(\frac{\partial p_2}{\partial T}\right)_V\mathrm{d}T + \left(\frac{\partial p_2}{\partial V}\right)_T\mathrm{d}V$$

が成り立つ．これを

$$\alpha_1\mathrm{d}T - \frac{1}{V\kappa_{T1}}\mathrm{d}V = \alpha_2\mathrm{d}T - \frac{1}{V\kappa_{T2}}\mathrm{d}V$$

と書き直せば

$$\Delta\alpha\mathrm{d}T - \frac{1}{V}\Delta\frac{1}{\kappa_T}\mathrm{d}V = 0$$

となり，定理第2式が得られる．$\mathrm{d}T$ と $\mathrm{d}V$ についての2式が解を持つための条件

$$\begin{vmatrix} \frac{\Delta C_V}{T} & \Delta\alpha \\ \Delta\alpha & -\frac{1}{V}\Delta\frac{1}{\kappa_T} \end{vmatrix} = -\frac{\Delta C_V}{TV}\Delta\frac{1}{\kappa_T} - (\Delta\alpha)^2 = 0$$

が定理第3式である．第1式と第2式を等値して得られる． □

6.8 多成分系

粒子数 N_1, N_2, $\cdots$, N_n の n 種類の構成粒子からなる体系を考えよう．ギブズ関数 $G(T, p, N_1, N_2, \cdots, N_n)$ の微分は

$$\begin{aligned} \mathrm{d}G &= \left(\frac{\partial G}{\partial T}\right)_{p,N_1,\cdots,N_n}\mathrm{d}T + \left(\frac{\partial G}{\partial p}\right)_{p,N_1,\cdots,N_n}\mathrm{d}p \\ &+ \left(\frac{\partial G}{\partial N_1}\right)_{T,p,\hat{N}_1}\mathrm{d}N_1 + \left(\frac{\partial G}{\partial N_2}\right)_{T,p,\hat{N}_2}\mathrm{d}N_2 + \cdots + \left(\frac{\partial G}{\partial N_n}\right)_{T,p,\hat{N}_n}\mathrm{d}N_n \end{aligned}$$

になる．$\hat{N}_i$ は N_i 以外のすべて，N_1, N_2, $\cdots$, N_{i-1}, N_{i+1}, $\cdots$, N_n を意味する．そこで粒子数を一定にする微分では従来通り，

$$\left(\frac{\partial G}{\partial T}\right)_{p,N_1,\cdots,N_n} = -S, \quad \left(\frac{\partial G}{\partial p}\right)_{p,N_1,\cdots,N_n} = V$$

とし，化学ポテンシャルを

$$\left(\frac{\partial G}{\partial N_1}\right)_{T,p,\hat{N}_1} = \mu_1, \quad \left(\frac{\partial G}{\partial N_2}\right)_{T,p,\hat{N}_2} = \mu_2, \quad \cdots, \quad \left(\frac{\partial G}{\partial N_n}\right)_{T,p,\hat{N}_n} = \mu_n$$

によって定義すれば

$$\mathrm{d}G = -S\mathrm{d}T + V\mathrm{d}p + \mu_1\mathrm{d}N_1 + \mu_2\mathrm{d}N_2 + \cdots + \mu_n\mathrm{d}N_n$$

が得られる．これを

$$\mathrm{d}G = -S\mathrm{d}T + V\mathrm{d}p + \sum \mu_i\mathrm{d}N_i$$

と書くことにしよう．ルジャンドル変換によって

$$\begin{cases} \mathrm{d}U = T\mathrm{d}S - p\mathrm{d}V + \sum \mu_i\mathrm{d}N_i \\ \mathrm{d}H = T\mathrm{d}S + V\mathrm{d}p + \sum \mu_i\mathrm{d}N_i \\ \mathrm{d}F = -S\mathrm{d}T - p\mathrm{d}V + \sum \mu_i\mathrm{d}N_i \\ \mathrm{d}J = -S\mathrm{d}T - p\mathrm{d}V - \sum N_i\mathrm{d}\mu_i \end{cases}$$

が得られる．内部エネルギーの微分を $\mathrm{d}S$ について解くと，エントロピーの微分は

$$\mathrm{d}S = \beta\mathrm{d}U + \pi\mathrm{d}V - \sum \xi_i\mathrm{d}N_i$$

になる．$\xi_i = \frac{\mu_i}{T}$ を定義した．エントロピーのルジャンドル変換の微分は

$$\left.\begin{array}{l} \mathrm{d}\Psi = -U\mathrm{d}\beta + \pi\mathrm{d}V - \sum \xi_i\mathrm{d}N_i \\ \mathrm{d}\Lambda = \beta\mathrm{d}U - V\mathrm{d}\pi - \sum \xi_i\mathrm{d}N_i \\ \mathrm{d}\Phi = -U\mathrm{d}\beta - V\mathrm{d}\pi - \sum \xi_i\mathrm{d}N_i \\ \mathrm{d}q = -U\mathrm{d}\beta + \pi\mathrm{d}V + \sum N_i\mathrm{d}\xi_i \end{array}\right\} \tag{6.15}$$

によって与えられる．

演習 6.22 オイラーの定理 A15を内部エネルギーに適用して

$$U = TS - pV - \sum \mu_i N_i$$

ギブズ関数に適用して

$$G = U - TS + pV = \sum \mu_i N_i$$

を証明せよ．

証明 内部エネルギーは任意の定数 λ に対し,

$$U(\lambda S, \lambda V, \lambda N_1, \lambda N_2, \cdots, \lambda N_n) = \lambda U(S, V, N_1, N_2, \cdots, N_n)$$

を満たす. 両辺を λ について微分すると

$$\left(\frac{\partial U}{\partial(\lambda S)}\right)_{V,N} S + \left(\frac{\partial U}{\partial(\lambda V)}\right)_{S,N} V + \left(\frac{\partial U}{\partial(\lambda N_1)}\right)_{S,V,\hat{N}_1} N_1$$
$$+ \left(\frac{\partial U}{\partial(\lambda N_2)}\right)_{S,V,\hat{N}_2} N_2 + \cdots + \left(\frac{\partial U}{\partial(\lambda N_n)}\right)_{S,V,\hat{N}_n} N_n = U$$

になるから $\lambda = 1$ と置いて

$$TS - pV + \sum \mu_i N_i = U$$

が得られる. エントロピー表示では

$$S = \beta U + \pi V - \sum \xi_i N_i$$

になる.

ギブズ関数は任意の定数 λ に対し,

$$G(T, p, \lambda N_1, \lambda N_2, \cdots, \lambda N_n) = \lambda G(T, p, N_1, N_2, \cdots, N_n)$$

でなければならない. 両辺を λ について微分すると

$$N_1 \left(\frac{\partial G}{\partial N_1}\right)_{T,p,\hat{N}_1} + N_2 \left(\frac{\partial G}{\partial N_2}\right)_{T,p,\hat{N}_2} + \cdots + N_n \left(\frac{\partial G}{\partial N_n}\right)_{T,p,\hat{N}_n} = G$$

になるから $\lambda = 1$ と置いて

$$G = \mu_1 N_1 + \mu_2 N_2 + \cdots + \mu_n N_n = \sum \mu_i N_i \tag{6.16}$$

が得られる. □

演習 6.23 (ギブズ–デュエームの式) 変数 $T, p, N_1, N_2, \cdots, N_n$ は独立ではなく, ギブズ–デュエームの式

$$-S\mathrm{d}T + V\mathrm{d}p = \sum N_i \mathrm{d}\mu_i \tag{6.17}$$

による拘束条件があることを示せ.

証明 (6.16) の両辺を微分すると

$$dG = -SdT + Vdp + \sum \mu_i dN_i = \sum \mu_i dN_i + \sum N_i d\mu_i$$

になるからギブズ–デュエームの式 (6.17) が得られる．1 成分の系では (6.8) で与えた

$$-SdT + Vdp = Nd\mu, \qquad -sdT + vdp = d\mu \tag{6.18}$$

に帰着する． □

演習 6.24 (**エントロピー表示におけるギブズ–デュエームの式**) エントロピー表示ではギブズ–デュエームの式は

$$Ud\beta + Vd\pi - \sum N_i d\xi_i = 0$$

になることを示せ．

証明 (4.11) で定義したプランク関数

$$\Phi = -\frac{G}{T} = -\sum N_i \xi_i$$

の微分は

$$d\Phi = -\sum N_i d\xi_i - \sum \xi_i dN_i$$

になる．一方 (6.15) によって

$$d\Phi = -Ud\beta - Vd\pi - \sum \xi_i dN_i$$

になるから両式を等値して与式が得られる． □

6.9 ギブズの相律とデュエームの定理

水には気体，液体，固体の 3 相がある．n 種類の構成粒子からなる混合物質で f 個の相が平衡状態にあるとき，f はいくつになるのだろうか．それに答えるのがギブズの相律である．

6.9 ギブズの相律とデュエームの定理 157

定理 6.25（ギブズの相律） n 種類の構成粒子からなる混合物質で f 個の相が平衡状態にあるとき,

$$f \leq n + 2$$

が成り立つ (1876, 1878).

証明 各構成粒子の全粒子数を $N_1, N_2, \cdots, N_n$ とする. 系が f 個の相に共存, 平衡状態にあるとする. 構成粒子数 N_i のうち相 1, 相 2, $\cdots$, 相 f にそれぞれ $N_i^{(1)}, N_i^{(2)}, \cdots, N_i^{(f)}$ 個分配され,

$$N_i = N_i^{(1)} + N_i^{(2)} + \cdots + N_i^{(f)} = \sum_{r=1}^{f} N_i^{(r)} = 定数 \tag{6.19}$$

である. ギブズ関数は各相に $G^{(1)}, G^{(2)}, \cdots, G^{(f)}$ だけ分配され,

$$G = G^{(1)} + G^{(2)} + \cdots + G^{(f)} = \sum_{r=1}^{f} G^{(r)}$$

になっている. $G^{(1)}, G^{(2)}, \cdots, G^{(f)}$ はそれぞれ

$$G^{(r)} = \sum_{i=1}^{n} \mu_i^{(r)} N_i^{(r)}$$

によって与えられる. ギブズ関数

$$G = \sum_{r=1}^{f} \sum_{i=1}^{n} \mu_i^{(r)} N_i^{(r)}$$

の極値によって平衡状態を決めるのだが, 変えることができるのは $N_i^{(r)}$ である. 分子数分率

$$x_i^{(r)} = \frac{N_i^{(r)}}{N_i}$$

を定義すると $x_i^{(r)}$ は

$$\sum_{r=1}^{f} x_i^{(r)} = 1 \tag{6.20}$$

を満たす示強性変数である. $x_i^{(r)}$ を $\mathrm{d}x_i^{(r)}$ だけ変化させたとき, ギブズ関数は

$$\mathrm{d}G = \sum_{i=1}^{n} N_i \sum_{r=1}^{f} \mu_i^{(r)} \mathrm{d}x_i^{(r)}$$

だけ変更を受ける. (6.19) のために $x_i^{(r)}$ は

$$\sum_{r=1}^{f} \mathrm{d}x_i^{(r)} = 0 \tag{6.21}$$

という条件を満たしながら変分しなければならない. このようなときラグランジュの未定係数法 (1788), 定理 A16 が役に立つ. (6.21) は n 個あるので n 個の未定係数が必要である. それらを $\lambda_1, \cdots, \lambda_n$ とすると

$$\mathrm{d}G' = \mathrm{d}G - \sum_{i=1}^{n} N_i \lambda_i \sum_{r=1}^{f} \mathrm{d}x_i^{(r)} = \sum_{i=1}^{n} N_i \sum_{r=1}^{f} (\mu_i^{(r)} - \lambda_i) \mathrm{d}x_i^{(r)} = 0$$

とすればよい. $\mathrm{d}x_i^{(r)}$ を勝手に動かしてよいので, 各 i ごとに

$$\mu_i^{(1)} = \mu_i^{(2)} = \cdots = \mu_i^{(f)} \tag{6.22}$$

とし, それを λ_i に選べばよい. 各 i に対して $f-1$ 個の条件式があるから全部で方程式の数は $n(f-1)$ である. 一方, 示強性変数は T, p と条件 (6.20) の下での $x_i^{(r)}$ であるから $2+f(n-1)$ 個ある. 独立に選べる示強性変数の数は

$$\phi = 2 + f(n-1) - n(f-1) = n - f + 2$$

である. $\phi < 0$ では方程式が多すぎて値が定まらない. $\phi = 0$, すなわち, 関係式の数が変数の数と同じであれば T, p を含めてすべての変数は決まってしまう. 自由度があるためにはギブズの相律が成り立たなければならない.

ギブズの相律は次のように考えてもよい. n 個の独立成分からなる系が f 個の相に共存しているとする. この系には $n+2$ 個の示強性変数 $T, p, \mu_1, \mu_2, \cdots, \mu_n$ がある. 各相には1個のギブズ–デュエームの式があるから全部で f 個の拘束条件が付随する. したがって, 独立に選べる示強性変数の数はギブズの相律で与えられるのである.

$n = 1$ の場合は $f \leq 3$ になるので共存する相は最大3である. $f = 3$ の場合は $\phi = 0$ ですべてが決まる点, 3重点である. 2相平衡の場合は $\phi = 1$ となって自由度が1である. 平衡曲線上では p が T のみの関数となるのはこのためである. 相が1の場合は2自由度があり p と T を変数にすることができる. $n = 2$ の場合は $f \leq 4$ になるので共存する相は最大4である. $f = 4$ の場合は $\phi = 0$ ですべて

が決まる点，4 重点である．2 相平衡の場合は $\phi = 2$ となって自由度が 2 である．平衡曲線上で p と T が独立変数になりうる． $\square$

定理 6.26（デュエームの定理） 構成分子 i の分子数 N_i が与えられたとき，閉じた系の平衡状態は 2 個の独立変数によって決まる．

証明 n 種類の構成分子が f 個の相に分配されているとき，$N_i^{(r)}$ の総数は nf である．温度 T と圧力 p を加えて，変数の総数は $nf + 2$ である．各構成分子数 N_i は一定であるから n 個の拘束条件がある．また，平衡状態では (6.22) が成り立つから $n(f-1)$ 個の拘束条件がある．したがって独立変数の総数は

$$nf + 2 - n - n(f-1) = 2$$

である． $\square$

ギブズの相律が示強性独立変数の数を与えるのに対して，デュエームの定理は示強性，示量性に関係なく，閉じた系の独立変数総数を与える．ギブズの相律によって $\phi = 2$ となった場合は 2 変数すべてが示強性，$\phi = 1$ の場合は 1 個の変数が示量性である．$\phi = 0$ の場合は 2 変数すべてが示量性である．

1 成分系で，気相 1，液相 2，固相 3 が平衡状態にあるとき（3 重点），ギブズの相律によって $\phi = 0$ で示強性独立変数の自由度はない．固定された $N_1 = N_1^{(1)} + N_1^{(2)} + N_1^{(3)}$ のうちで，示量性変数 $N_1^{(1)}$, $N_1^{(2)}$ を独立変数にすれば平衡状態が決まる．

2 成分系で，2 つの液相 1, 2 と混合気体の気相 3 が平衡状態にあるとき，ギブズの相律によって示強性変数の数は $\phi = 2 - 3 + 2 = 1$ になる．したがってデュエームの定理により，平衡状態を決めるにはもう 1 個の示量性変数が必要である．固定された $N_1 = N_1^{(1)} + N_1^{(3)}$ と $N_2 = N_2^{(2)} + N_2^{(3)}$ のうちで示量性変数 $N_1^{(1)}$ を独立変数にすれば平衡状態が決まる．

7

熱力学第3法則

Troisième principe de la thermodynamique

7.1 ネルンストープランクの法則

1 から 2 への反応の前後でエンタルピーが H_1 から H_2 へ，エントロピーが S_1 から S_2 へ変化したとする．すなわちエンタルピーは $\Delta H = H_2 - H_1$，エントロピーは $\Delta S = S_2 - S_1$ だけ増加したとする．$T\Delta S$ は反応の潜熱と呼ばれている．

$$\mathrm{d}H = T\mathrm{d}S + V\mathrm{d}p$$

により

$$\left(\frac{\partial \Delta H}{\partial T}\right)_p = T\left(\frac{\partial \Delta S}{\partial T}\right)_p$$

の関係がある．これを積分すると

$$\Delta S = \int_0^T \mathrm{d}T' \frac{1}{T'}\frac{\partial \Delta H}{\partial T'} + [\Delta S]_0$$

になるが，積分定数 $[\Delta S]_0$（絶対温度零度における ΔS の値）はこれ以上定まらない．リチャーズは 1902 年に絶対零度に近づくと反応の潜熱

$$T\Delta S = \Delta H - \Delta G$$

が 0 に近づくことを発見した．ネルンストは 1906 年に $T\Delta S$ の絶対値だけでなく，温度についての微分係数が 0 に近づくことを発見した．

$$\frac{\mathrm{d}}{\mathrm{d}T}(T\Delta S) = T\frac{\mathrm{d}\Delta S}{\mathrm{d}T} + \Delta S$$

において，右辺第 1 項は 0 に近づくから

$$[\Delta S]_0 = 0$$

を意味する．これをネルンストの熱定理と言う．

$\Delta S \to 0$ は，エントロピー S が，物質の状態によらず，一定値を持つことを意味する．すなわち $[S]_0$ はすべてに共通の値であることを意味する．さらにプランクは 1910 年の熱力学講義で「温度が限りなく低くなるとともに，有限密度の，化学的に一様な物体のエントロピーは限りなくゼロに近づいていく」と書いている．

法則 7.1（熱力学第 3 法則） エントロピーは絶対零度に近づくと 0 に近づく．ネルンスト–プランクの法則とも言う．

7.2 絶対零度における熱容量，圧力計数，体膨張率

演習 7.2 温度が絶対零度に近づくと，熱容量が 0 に近づくことを示せ．

証明 絶対零度のエントロピーは，任意の量 x を一定にして得られる

$$[S]_0 = \lim_{T \to 0} \frac{TS}{T} = \lim_{T \to 0} \frac{1}{T} \left\{ [TS]_0 + T \left(\frac{\partial (TS)}{\partial T} \right)_x + \cdots \right\}$$

において $[TS]_0 = 0$ を考慮すると

$$[S]_0 = \lim_{T \to 0} \left(\frac{\partial (TS)}{\partial T} \right)_x = \lim_{T \to 0} \left\{ S + T \left(\frac{\partial S}{\partial T} \right)_x \right\} = [S]_0 + [C_x]_0$$

になるから，

$$[C_x]_0 = 0$$

が得られる．また

$$S = [S]_0 + \int_0^T \mathrm{d}T' \left(\frac{\partial S}{\partial T'} \right)_x = [S]_0 + \int_0^T \mathrm{d}T' \frac{C_x}{T'}$$

である．熱力学第 3 法則 $[S]_0 = 0$ によって

$$S = \int_0^T \mathrm{d}T' \frac{C_x}{T'} \tag{7.1}$$

162　　　　　　　　　　第 7 章　熱力学第 3 法則

になる．積分が有限であるためには $T = 0$ において $C_x = 0$ でなければならない．したがって定積熱容量も定圧熱容量も 0 になる．

　アインシュタインは 1907 年の論文で固体の熱容量が絶対零度で 0 になることを見つけていた．それはネルンストの熱定理が正しいことを意味する．ネルンストはアインシュタインの論文に感銘し，1910 年にチューリヒのアインシュタインを訪ねた．ネルンストとプランクは 1913 年にチューリヒを訪ね，アインシュタインをベルリンに招聘した．　　　　　　　　　　　　　　　　　　　　　　　　□

演習 7.3　(1.23) で定義した定積圧力係数 α と定圧体膨張率 β は，温度が絶対零度に近づくと，0 に近づくことを示せ．

証明　(1.22) で与えた定積圧力係数 α は，(7.1) を使うと

$$\alpha = \left(\frac{\partial p}{\partial T}\right)_V = \left(\frac{\partial S}{\partial V}\right)_T = \int_0^T \frac{\mathrm{d}T'}{T'}\left(\frac{\partial C_V}{\partial V}\right)_{T'} \tag{7.2}$$

になるから，(4.18) で与えた恒等式によって

$$\alpha = \int_0^T \mathrm{d}T'\left(\frac{\partial^2 p}{\partial T'^2}\right)_V = \left(\frac{\partial p}{\partial T}\right)_V - \left[\left(\frac{\partial p}{\partial T}\right)_V\right]_0 = \alpha - [\alpha]_0$$

になり $[\alpha]_0 = 0$ が得られる．

　定圧体膨張率 β は，(7.1) を使うと

$$\beta = \frac{1}{V}\left(\frac{\partial V}{\partial T}\right)_p = -\frac{1}{V}\left(\frac{\partial S}{\partial p}\right)_T = -\frac{1}{V}\int_0^T \frac{\mathrm{d}T'}{T'}\left(\frac{\partial C_p}{\partial p}\right)_{T'}$$

である．(4.18) で与えた恒等式によって

$$\beta = \frac{1}{V}\int_0^T \mathrm{d}T'\left(\frac{\partial^2 V}{\partial T'^2}\right)_p = \frac{1}{V}\left(\frac{\partial V}{\partial T}\right)_p - \left[\frac{1}{V}\left(\frac{\partial V}{\partial T}\right)_p\right]_0 = \beta - [\beta]_0$$

になるから $[\beta]_0 = 0$ が得られる．　　　　　　　　　　　　　　　　　　　　□

例題 7.4　デバイの 1912 年の論文は，アインシュタインの固体の熱容量の計算を正したもので，(4.57) で与えたように，絶対零度付近で

$$C_V = aT^3$$

になる. a は V の関数である. $T \to 0$ で

$$\frac{V\beta}{C_p} = \text{有限の定数}$$

となることを示し, 絶対零度が実現不可能であることを示せ.

証明 (7.2) によって

$$\alpha = \int_0^T \mathrm{d}T' \frac{1}{T'} \left(\frac{\partial C_V}{\partial V}\right)_{T'} = \frac{1}{3}\frac{\mathrm{d}a}{\mathrm{d}V}T^3$$

になるから

$$\frac{\alpha}{C_V} = \frac{1}{3a}\frac{\mathrm{d}a}{\mathrm{d}V} = \text{有限の定数}$$

である. グリューンアイゼン定数を用いると

$$\alpha = \frac{\beta}{\kappa_T} = \frac{C_V \gamma_G}{V}$$

になるので, 絶対零度で $\frac{\alpha}{C_V}$ が定数になることは γ_G が定数になることを意味する. κ_T も絶対零度で定数になるので, b を定数として,

$$\beta = bT^3$$

になる. また (4.21) で与えた一般化マイアーの関係式

$$C_p = C_V + TV\alpha\beta = C_V + \frac{TV\beta^2}{\kappa_T}$$

によって C_p と C_V の差は T^7 に比例する微小量なので, $C_p = aT^3$ になる. したがって $\frac{V\beta}{C_p}$ は絶対零度で定数になる. $T\mathrm{d}S$ 第 2 方程式 (4.37) により, 断熱変化で圧力を変化させ温度を変化させるとき,

$$\mathrm{d}T = \frac{V\beta}{C_p}T\mathrm{d}p$$

が成り立たなければならない. $T \to 0$ で有限の温度変化 $\mathrm{d}T$ を得るためには, 無限の圧力変化が必要になる. すなわち系は絶対零度に冷却できないことを表わしている. □

8 統計力学

Mécanique statistique

8.1 マクスウェルの速度分布

　ベルヌーリは分子の速度を一定値であると仮定したが，実際は分子はさまざまな速度を持って運動している．マクスウェルは初めて確率の概念を導入し，統計力学への道を開いた．1個の分子の速度が v_x, v_y, v_z から $v_x+\mathrm{d}v_x$, $v_y+\mathrm{d}v_y$, $v_z+\mathrm{d}v_z$ にある確率を $F(v_x, v_y, v_z)\mathrm{d}v_x\mathrm{d}v_y\mathrm{d}v_z$，分子数を

$$NF(v_x, v_y, v_z)\mathrm{d}v_x\mathrm{d}v_y\mathrm{d}v_z$$

とする．もちろん確率は規格化条件

$$\int \mathrm{d}v_x\mathrm{d}v_y\mathrm{d}v_z\, F(v_x, v_y, v_z) = 1 \tag{8.1}$$

を満たさなければならない．

　x 軸に垂直な壁に面積 A を考えよう．時間 $\mathrm{d}t$ の間にこの面積にぶつかることができるのは，壁の手前 $v_x\mathrm{d}t$ にある面積 A を壁の面積 A に向って動かしたときにできる柱体の中にある分子だけである．全体の体積 V のうち，この体積中にある分子数は

$$\frac{Av_x\mathrm{d}t}{V}NF(v_x, v_y, v_z)\mathrm{d}v_x\mathrm{d}v_y\mathrm{d}v_z \tag{8.2}$$

である．したがってこれら分子が壁に与える力積は

$$pA\mathrm{d}t = 2p_x \cdot \frac{Av_x\mathrm{d}t}{V}NF(v_x, v_y, v_z)\mathrm{d}v_x\mathrm{d}v_y\mathrm{d}v_z$$

を積分した

$$p = \frac{N}{V} \int_0^\infty \mathrm{d}v_x \int_{-\infty}^\infty \mathrm{d}v_y \int_{-\infty}^\infty \mathrm{d}v_z \, 2p_x v_x F(v_x, v_y, v_z)$$

である．衝突が起るためには，v_x の積分は $v_x \geq 0$ の範囲でなければならない．被積分関数は偶関数であることに注意し

$$p = \frac{N}{V} \int_{-\infty}^\infty \mathrm{d}v_x \int_{-\infty}^\infty \mathrm{d}v_y \int_{-\infty}^\infty \mathrm{d}v_z \, p_x v_x F(v_x, v_y, v_z)$$

のように書き直すことができる．この確率関数による任意の物理量 $\mathcal{A}$ の平均値を

$$\langle \mathcal{A} \rangle = \int_{-\infty}^\infty \mathrm{d}v_x \int_{-\infty}^\infty \mathrm{d}v_y \int_{-\infty}^\infty \mathrm{d}v_z \, \mathcal{A} F(v_x, v_y, v_z)$$

によって表わすと

$$p = \frac{N}{V} \langle p_x v_x \rangle$$

が得られる．壁に垂直に入射する分子の運動量，速度をそれぞれ p_n, v_n として，$p_x = p_\mathrm{n} \cos\theta$, $v_x = v_\mathrm{n} \cos\theta$ を代入し θ について平均すると

$$p = \frac{N}{V} \langle p_x v_x \rangle = \frac{N}{V} \langle p_\mathrm{n} v_\mathrm{n} \cos^2\theta \rangle = \frac{1}{3} \frac{N}{V} \langle p_\mathrm{n} v_\mathrm{n} \rangle \tag{8.3}$$

になる．(2.1) で与えたベルヌーリの公式に対応している．

演習 8.1 （ベルヌーリの定理） 速度分布を持った気体のベルヌーリの定理

$$p = \frac{2U}{3V}$$

を示せ．ここで $U = N \left\langle \frac{1}{2} m v^2 \right\rangle$ は気体の内部エネルギーである．

証明 $p_x = m v_x$ の場合は

$$p = \frac{N}{V} m \langle v_x^2 \rangle$$

になる．x, y, z を区別する理由はないから

$$\langle v_x^2 \rangle = \langle v_y^2 \rangle = \langle v_z^2 \rangle = \frac{1}{3} \langle v^2 \rangle$$

になり，ベルヌーリの定理

$$p = \frac{N}{3V} m \langle v^2 \rangle = \frac{2N}{3V} \left\langle \frac{1}{2} m v^2 \right\rangle = \frac{2U}{3V}$$

が得られる． □

$F(v_x, v_y, v_z)$ は $v_x,\ v_y,\ v_z$ について独立であり，またそれぞれについて偶関数になっているはずなので

$$F(v_x, v_y, v_z) = F(v^2) = Af(v_x^2) \cdot Af(v_y^2) \cdot Af(v_z^2)$$

の形を取る．A は任意定数で，$f(0) = 1$ とする．

$$F(v_x^2) = A^3 f(v_x^2), \quad F(v_y^2) = A^3 f(v_y^2), \quad F(v_z^2) = A^3 f(v_z^2)$$

になるから

$$F(v^2) = A^{-6} F(v_x^2) F(v_y^2) F(v_z^2)$$

が得られる．$F = A^3 f$ に注意すれば

$$f(v^2) = f(v_x^2) f(v_y^2) f(v_z^2)$$

を満たす．

演習 8.2　関数 $f(x)$ が

$$f(x + y + z) = f(x)f(y)f(z)$$

を満たすとき，f は指数関数になることを示せ．

証明　$f(x + y + z) = f(x)f(y)f(z)$ の両辺を x について微分すると

$$f'(x + y + z) = f'(x)f(y)f(z)$$

すなわち

$$\frac{f'(x + y + z)}{f(x + y + z)} = \frac{f'(x)}{f(x)}$$

になる．同様にして y, z について微分すると

$$\frac{f'(x + y + z)}{f(x + y + z)} = \frac{f'(y)}{f(y)}, \qquad \frac{f'(x + y + z)}{f(x + y + z)} = \frac{f'(z)}{f(z)}$$

になる．これらが両立するためには

$$\frac{f'(x)}{f(x)} = \frac{f'(y)}{f(y)} = \frac{f'(z)}{f(z)} = 定数$$

になるしかない. そこでこの定数を $-\alpha$ と置くと

$$f'(x) = \frac{\mathrm{d}f}{\mathrm{d}x} = -\alpha f$$

になるからその解は指数関数で, $f(0) = 1$ に注意し,

$$f(x) = f(0)\mathrm{e}^{-\alpha x} = \mathrm{e}^{-\alpha x}$$

が得られる. □

法則 8.3 (マクスウェルの速度分布関数) マクスウェルの速度分布関数は

$$F(v_x, v_y, v_z) = \left(\frac{m}{2kT}\right)^{3/2} \mathrm{e}^{-\frac{m}{2kT}(v_x^2 + v_y^2 + v_z^2)}$$

によって与えられる.

証明 演習 8.2 の結果を使うと

$$F(v_x, v_y, v_z) = A^3 f(v_x^2) f(v_y^2) f(v_z^2) = A^3 \mathrm{e}^{-\alpha(v_x^2 + v_y^2 + v_z^2)}$$

が得られる. F が確率であるためには $\alpha > 0$ でなければならない. 規格化因子は規格化条件 (8.1) によって決まる.

$$\int \mathrm{d}v_x \mathrm{d}v_y \mathrm{d}v_z \, F(v_x, v_y, v_z) = A^3 \left(\int_{-\infty}^{\infty} \mathrm{d}x \, \mathrm{e}^{-\alpha x^2}\right)^3 = A^3 \left(\sqrt{\frac{\pi}{\alpha}}\right)^3 = 1$$

より

$$A = \sqrt{\frac{\alpha}{\pi}}$$

が得られる. ここでガウス積分 (A13) を使った.

α は $U = N\left\langle \frac{1}{2}mv^2 \right\rangle$ によって決める.

$$\begin{aligned}
U &= N \int_{-\infty}^{\infty} \mathrm{d}v_x \int_{-\infty}^{\infty} \mathrm{d}v_y \int_{-\infty}^{\infty} \mathrm{d}v_z \, \frac{1}{2}m(v_x^2 + v_y^2 + v_z^2) A^3 \mathrm{e}^{-\alpha(v_x^2 + v_y^2 + v_z^2)} \\
&= \frac{3}{2}mNA^3 \left(\int_{-\infty}^{\infty} \mathrm{d}v_x \, v_x^2 \mathrm{e}^{-\alpha v_x^2}\right) \left(\int_{-\infty}^{\infty} \mathrm{d}v_y \, \mathrm{e}^{-\alpha v_x^2}\right) \left(\int_{-\infty}^{\infty} \mathrm{d}v_z \, \mathrm{e}^{-\alpha v_z^2}\right) \\
&= \frac{3}{2}mNA^3 \cdot \frac{1}{2\alpha}\sqrt{\frac{\pi}{\alpha}} \cdot \left(\sqrt{\frac{\pi}{\alpha}}\right)^2 = \frac{3mN}{4\alpha}
\end{aligned}$$

ここでもガウス積分 (A13) と (A14) を使った. $U = \frac{3}{2}NkT$ と比較し

$$\alpha = \frac{m}{2kT}$$

が得られる. □

マクスウェルの速度分布関数は, 1つの分子のエネルギーを $\varepsilon = \frac{1}{2}mv^2$ とすると $e^{-\varepsilon/kT}$ の形をしている. 分子1がエネルギー ε_1 を持つ確率を $f(\varepsilon_1)$, 分子2がエネルギー ε_2 を持つ確率を $f(\varepsilon_2)$ とすると, 分子1と2がエネルギー $\varepsilon_1 + \varepsilon_2$ を持つ確率は

$$f(\varepsilon_1 + \varepsilon_2) = f(\varepsilon_1)f(\varepsilon_2)$$

になる. 演習8.2の証明によって f は指数関数になる.

演習 8.4 (速度成分の分布関数) マクスウェルの速度分布関数は

$$F(v_x, v_y, v_z) = Af(v_x^2) \cdot Af(v_y^2) \cdot Af(v_z^2)$$

の形をしていた.

$$g(v_x^2) = Af(v_x^2), \quad g(v_y^2) = Af(v_y^2), \quad g(v_z^2) = Af(v_z^2)$$

は速度の各成分の分布関数であることを示せ.

証明 v_x の分布関数は $F(v_x, v_y, v_z)$ を v_y, v_z について積分して得られる.

$$g(v_x^2)\mathrm{d}v_x = Af(v_x^2)\mathrm{d}v_x \int_{-\infty}^{\infty} \mathrm{d}v_y\, Af(v_y^2) \int_{-\infty}^{\infty} \mathrm{d}v_z\, Af(v_y^2)$$

から明らかだ. □

例題 8.5 (クヌーセンの拡散係数) 容器に開けた面積 A の小さな孔から単位時間に吹き出す気体の質量は

$$q_m = \frac{pA}{\sqrt{2\pi}}\sqrt{\frac{m}{kT}}$$

で与えられることを示せ. クヌーセン (1908) はこの公式によってマクスウェル分布を実験的に検証した.

8.1 マクスウェルの速度分布

証明 (8.2) で与えたように，時間 $\mathrm{d}t$ の間に，x 軸に垂直な壁上の面積 A にぶつかることができるのは，壁の手前 $v_x\mathrm{d}t$ にある面積 A を壁の面積 A に向って動かしたときにできる柱体の中にある分子だけである．全体の体積 V のうち，この体積中にある分子数は単位時間あたり

$$\frac{NA}{V}v_x F(v_x, v_y, v_z)\mathrm{d}v_x\mathrm{d}v_y\mathrm{d}v_z$$

であった．したがって単位時間に孔から飛び出すことができる分子数はマクスウェルの分布関数によって

$$\mathrm{d}\nu = \frac{NA}{V}v_x \left(\frac{m}{2\pi kT}\right)^{3/2} \mathrm{e}^{-\frac{m}{2kT}(v_x^2+v_y^2+v_z^2)}\mathrm{d}v_x\mathrm{d}v_y\mathrm{d}v_z$$

になる．これを積分すると

$$\nu = \frac{NA}{V}\left(\frac{m}{2\pi kT}\right)^{3/2}\int_0^\infty \mathrm{d}v_x\, v_x \mathrm{e}^{-\frac{mv_x^2}{2kT}}\int_{-\infty}^\infty \mathrm{d}v_y\, \mathrm{e}^{-\frac{mv_y^2}{2kT}}\int_{-\infty}^\infty \mathrm{d}v_z\, \mathrm{e}^{-\frac{mv_z^2}{2kT}}$$

$$= \frac{NA}{V}\left(\frac{m}{2\pi kT}\right)^{3/2}\frac{kT}{m}\left(\sqrt{\frac{2\pi kT}{m}}\right)^2 = \frac{NA}{V}\frac{1}{\sqrt{2\pi}}\sqrt{\frac{kT}{m}}$$

が得られる．ここで理想気体の状態方程式を代入すると

$$\nu = \frac{pA}{\sqrt{2\pi mkT}}$$

になるから孔を飛び出る質量は

$$q_m = \nu m = \frac{pA}{\sqrt{2\pi}}\sqrt{\frac{m}{kT}}$$

によって与えられる．容器を仕切り板で分割し，圧力をそれぞれ p_1 と p_2 にすると1から2へ噴出する気体の質量は

$$q_m = \frac{1}{\sqrt{2\pi}}\sqrt{\frac{m}{kT}}(p_1 - p_2)A$$

である．　□

演習 8.6 気体分子の速さ $v = |\mathbf{v}|$ の分布は

$$f(v)\mathrm{d}v = \left(\frac{m}{2\pi kT}\right)^{3/2}\mathrm{e}^{-\frac{mv^2}{2kT}}4\pi v^2\mathrm{d}v$$

170 第 8 章 統計力学

によって与えられる. 速さのゆらぎは

$$\langle \Delta v^2 \rangle = \langle v^2 \rangle - \langle v \rangle^2 = \frac{3kT}{m}\left(1 - \frac{8}{3\pi}\right)$$

になることを示せ.

証明 平均の速さは

$$\langle v \rangle = 4\pi \left(\frac{m}{2\pi kT}\right)^{3/2} \int_0^\infty \mathrm{d}v\, v^3 \mathrm{e}^{-\frac{mv^2}{2kT}}$$

を計算すればよい. 積分公式 (A14) によって

$$\langle v \rangle = 4\pi \left(\frac{m}{2\pi kT}\right)^{3/2} \frac{2(kT)^2}{m^2} = \frac{2}{\sqrt{\pi}}\sqrt{\frac{2kT}{m}}$$

である. 同じようにして 2 乗平均

$$\langle v^2 \rangle = 4\pi \left(\frac{m}{2\pi kT}\right)^{3/2} \int_0^\infty \mathrm{d}v\, v^4 \mathrm{e}^{-\frac{mv^2}{2kT}}$$

はガウス積分 (A14) によって

$$\langle v^2 \rangle = 4\pi \left(\frac{m}{2\pi kT}\right)^{3/2} \frac{3\sqrt{\pi}}{8}\left(\frac{2kT}{m}\right)^{5/2} = \frac{3kT}{m}$$

が得られるから速さのゆらぎは与式になる. □

例題 8.7 分子のエネルギーのゆらぎが

$$\langle \Delta \varepsilon^2 \rangle = \langle \varepsilon^2 \rangle - \langle \varepsilon \rangle^2 = \frac{3}{2}(kT)^2$$

で与えられることを示せ.

証明 分子のエネルギーが ε と $\varepsilon + \mathrm{d}\varepsilon$ の間にある確率は

$$f(v)\mathrm{d}v = f(\varepsilon)\mathrm{d}\varepsilon = 2\pi \left(\frac{1}{\pi kT}\right)^{3/2} \mathrm{e}^{-\frac{\varepsilon}{kT}}\sqrt{\varepsilon}\mathrm{d}\varepsilon$$

である. これによって分子の平均エネルギーは

$$\langle \varepsilon \rangle = 2\pi \left(\frac{1}{\pi kT}\right)^{3/2} \int_0^\infty \mathrm{d}\varepsilon\, \mathrm{e}^{-\frac{\varepsilon}{kT}}\varepsilon^{3/2} = \frac{3}{2}kT$$

となり等分配の法則を表わしている．もちろん $\frac{1}{2}m\langle v^2\rangle$ と同じである．ε^2 の平均は

$$\langle \varepsilon^2 \rangle = 2\pi \left(\frac{1}{\pi kT} \right)^{3/2} \int_0^\infty \mathrm{d}\varepsilon\, \mathrm{e}^{-\frac{\varepsilon}{kT}} \varepsilon^{5/2} = \frac{15}{4}(kT)^2$$

になるので与式が得られる． □

8.2 統計力学の基本原理

分子の運動を支配する力学は確立している．そこで気体の内部に閉じ込められた分子すべてに運動方程式を立て，それらを連立して積分すれば時々刻々のすべての分子の運動状態がわかるはずである．ある時刻にすべての分子の位置と運動量がわかったとする．このときそれを微視状態と呼ぶ．次の瞬間には次の微視状態に移っている．そこで微視状態に番号を付け，ある一定の時間 t の間に微視状態 1 が実現した時間 t_1，微視状態 2 が実現した時間 t_2，というふうにすれば各微視状態の実現確率を $p_1 = \frac{t_1}{t}$，$p_2 = \frac{t_2}{t}$，のように決めることができるだろう．このようにして与えられた $p_1, p_2, \cdots$ を時間的母集団と言う．ある物理量の平均値はこの母集団を用いて定義できる．これを時間平均と言う．だが，このような計算は実行不可能であるし，またそのような膨大な計算結果をどうしていいかわからない．

これに対して，力学的に可能なすべての微視状態に確率 $p_1, p_2, \cdots$ を割り当てるとき，これを位相的母集団と呼ぶ．またこの母集団による平均値を位相平均と呼ぶ．統計力学の基本的仮定は次の 2 つである．

定理 8.8（統計力学の基本原理） 統計力学は次の 2 つを仮定する．

1. 時間平均は位相平均に等しい．エルゴード定理と言う．
2. エネルギー一定の条件の下で，すべての微視状態はまったく同じ実現確率を持つ．これを等確率の原理と言う．

エルゴード定理はまだ完全には証明されていない．等確率の原理が成り立つ統計母集団をボルツマン (1884) はエルゴード，ギブズ (1902) はミクロカノニカル集団と呼んだ．

8.3 ボルツマンの原理

内部エネルギー U_1 を持つ系 1 と内部エネルギー U_2 を持つ系 2 とが全体で閉じた系になっているとする．全内部エネルギー $U = U_1 + U_2$ は定数である．系 1 の微視状態数を $W_1(U_1)$，系 2 の微視状態数を $W_2(U_2)$ とすると系全体の微視状態数は

$$W_1(U_1)W_2(U_2)$$

である．また $U = U_1 + U_2$ 一定の下で，U_1, U_2 のあらゆる可能な値を取った和

$$W_{12}(U) = \sum_{U = U_1 + U_2} W_1(U_1)W_2(U_2)$$

は内部エネルギー U の下で可能なすべての微視状態数である．系 1 が内部エネルギー U_1 を持つ確率は

$$P(U_1) = \frac{W_1(U_1)W_2(U - U_1)}{W_{12}(U)}$$

である．$P(U_1)$ を最大にするとき実現確率が最大になる．そこで $P(U_1)$ を U_1 について微分し 0 と置くと

$$\frac{\partial W_1(U_1)}{\partial U_1}W_2(U - U_1) + W_1(U_1)\frac{\partial W_2(U - U_1)}{\partial U_1} = \frac{\partial W_1}{\partial U_1}W_2 - W_1\frac{\partial W_2}{\partial U_2} = 0$$

が得られる．すなわち

$$\frac{1}{W_1}\frac{\partial W_1}{\partial U_1} = \frac{1}{W_2}\frac{\partial W_2}{\partial U_2}, \qquad \frac{\partial \ln W_1}{\partial U_1} = \frac{\partial \ln W_2}{\partial U_2}$$

が成り立つ．熱力学では

$$S(U) = S_1(U_1) + S_2(U_2)$$

が極大の状態が実現されるが，統計力学では

$$\ln W_1(U_1) + \ln W_2(U_2)$$

が極大の状態が実現される．そこで S と $\ln W$ は比例する量であると考えられる．

8.3 ボルツマンの原理

定理 8.9（ボルツマンの原理） エントロピーと微視状態数は

$$S = k \ln W \tag{8.4}$$

によって結ばれている．ここで k はボルツマン定数である．ボルツマンの原理と命名したのはアインシュタインである．

この表式はプランクに由来する．ボルツマンの墓碑に刻まれた公式だが，ボルツマンは k を用いなかった．ボルツマンは S の逆符号の量を H と表わし，

$$H = -\ln W$$

と書いて H 定理と呼んでいた．もっとも，ボルツマンは当初は H ではなく E を使っていたが，バーベリーは，1890 年の論文で，記号を E から H に変えてしまった．ドイツ文字を読み間違ったと思われる．ボルツマンは，1892 年の論文でも E を使っているが，1895 年の『自然』に寄稿した論文では，バーベリーに気をつかってなのか，記号 H を使った．

演習 8.10 エントロピー S は微視状態数 W の関数である．エントロピーは示量性の状態変数なので 2 つの系 1 と 2 の全エントロピーは

$$S = S_1 + S_2$$

を満たす．2 つの系の全状態数は

$$W = W_1 W_2$$

で与えられる．これらからボルツマンの原理 (8.4) を導け．

証明 エントロピーは微視状態数の関数 $S = f(W)$ で，エントロピーの性質

$$f(W_1 W_2) = f(W_1) + f(W_2)$$

を満たさなければならない．両辺を W_1 で微分し，次いで W_2 で微分すると

$$f'(W) + W f''(W) = 0, \qquad \frac{\mathrm{d}f'}{f'} = -\frac{\mathrm{d}W}{W}$$

174 第 8 章 統計力学

が得られる．積分すると，積分定数を $\ln k$ として，

$$\ln f' = -\ln W + \ln k, \qquad f'(W) = \frac{k}{W}$$

になるからこれを積分して

$$S = f = k \ln W + 定数$$

が得られる．積分定数 k をボルツマン定数に選べばボルツマンの原理である．　□

補題 8.11（ギブズの公式）　内部エネルギー 0 から U までの全微視状態数を $\Omega_0(U)$, U から $U + \Delta U$ までの全微視状態数を W, 状態密度を

$$\Omega = \frac{\partial \Omega_0}{\partial U}$$

とするとボルツマンの原理は

$$S = k \ln W = k \ln \Omega = k \ln \Omega_0 \tag{8.5}$$

のいずれでも同じ値を与える．ギブズに由来する公式である．

証明　内部エネルギー U から $U + \Delta U$ までの間にある微視状態数は

$$W = \Omega_0(U + \Delta U) - \Omega_0(U) = \frac{\partial \Omega_0}{\partial U} \Delta U = \Omega \Delta U$$

である．したがってボルツマンの原理は

$$S = k \ln \Omega + k \ln \Delta U$$

になる．S は幅 ΔU の選び方に依存しない．異なる幅 $\Delta U'$ によって計算したエントロピーを S' とすると

$$S' = S + k \ln \frac{\Delta U'}{\Delta U}$$

になる．S も S' も kN の程度の量であるのに対し，たとえ幅の比を N の程度の巨大な数に選んだとしても，右辺第 2 項は $k \ln N$ の程度である．巨大な数 N に対して $N \gg \ln N$ が成り立つから幅の取り方は物理量に影響を与えない．また微

視状態数 $\Omega_0(U)$ は，U とともに急激に増加する関数なので，U での値で決まってしまい，

$$\Omega_0(U) = \int_0^U dU' \, \Omega(U') = \Omega(U)\Delta U$$

によって与えられるから $W = \Omega\Delta U = \Omega_0$ である。 □

演習 8.12 ある微視状態 i の実現確率を f_i とする。かならずしも等確率ではないとき，エントロピーは $-k \ln f_i$ を確率分布で平均した

$$S = -k \sum_i f_i \ln f_i$$

によって与えられる。こうして定義したエントロピーが最大になるのはすべての f_i が等しくなる等確率のときであることを示せ。

証明 このエントロピーは f_i の情報が得られるほど小さくなる量である。すべての情報が得られ，ある f_i が 1 で他は 0 とわかれば $S = 0$ である。f_i は確率なので

$$\sum_i f_i = 1$$

を満たさなければならない。条件付きの変分にはラグランジュ未定係数法 A16 が使える。S のかわりに未定係数 λ を導入して

$$S' = S - k\lambda \left(\sum_i f_i - 1 \right)$$

の極値を求めよう。

$$\frac{\partial S'}{\partial f_i} = -k(\ln f_i + 1) - k\lambda = 0$$

より

$$f_i = e^{-1-\lambda} = 定数$$

になるから等確率が得られる。これを用いて

$$1 = \sum_i f_i = W \cdot f_i, \qquad f_i = \frac{1}{W}$$

とすれば S が条件付きの変分で極値を得たことになる。そのとき S は

$$S = -k \sum_i f_i \ln f_i = -kW \cdot \frac{1}{W} \ln \frac{1}{W} = k \ln W$$

になりボルツマンの原理になる．微視状態は知ることができないし，知る必要もない．なるべく無知でありたい．それには S を最大にすればよいのである．エネルギー U を持つ微視状態についてまったく知識がないのですべての状態が等しい確率で関与するのである．　□

定理 8.13（H 定理）　ある微視状態の実現確率を f_i として

$$H = \langle \ln f_i \rangle = \sum_i f_i \ln f_i$$

を定義すると
$$\frac{\mathrm{d}H}{\mathrm{d}t} \le 0$$

が成り立つ．

証明　i とは異なる任意の状態 j への遷移確率を w_{ij}，j から i への遷移確率を w_{ji} とすると，f_i の時間変化は，対称性 $w_{ij} = w_{ji}$ を考慮して

$$\frac{\mathrm{d}f_i}{\mathrm{d}t} = \sum_j (w_{ij} f_j - w_{ji} f_i) = \sum_j w_{ij}(f_j - f_i)$$

になる．H の時間変化は

$$\frac{\mathrm{d}H}{\mathrm{d}t} = \sum_i \frac{\mathrm{d}f_i}{\mathrm{d}t}(\ln f_i + 1) = \sum_{i,j} w_{ij}(f_j - f_i)(\ln f_i + 1)$$

である．ダミー添字を入れかえて

$$\frac{\mathrm{d}H}{\mathrm{d}t} = \sum_{j,i} w_{ji}(f_i - f_j)(\ln f_j + 1)$$

が得られるから，ふたたび対称性 $w_{ij} = w_{ji}$ を考慮すると，

$$\frac{\mathrm{d}H}{\mathrm{d}t} = -\frac{1}{2}\sum_{i,j} w_{ij}(f_i - f_j)\ln \frac{f_i}{f_j}$$

になる．$f_i > f_j$ のとき $\ln \frac{f_i}{f_j} > 0$，$f_i < f_j$ のとき $\ln \frac{f_i}{f_j} < 0$ によって

$$(f_i - f_j)\ln \frac{f_i}{f_j} \ge 0$$

である．したがって題意が得られる．　□

8.3 ボルツマンの原理　　177

> **定理 8.14**　気体が力学系と接触し，力学系のエネルギー $\varepsilon(x)$ は力学変数 x のみの関数であるとする．このとき気体に加わる力は
>
> $$X = \frac{\mathrm{d}\varepsilon(x)}{\mathrm{d}x} = -\left(\frac{\partial U}{\partial x}\right)_S$$
>
> になる．

証明　気体の内部エネルギー U と力学系のエネルギー $\varepsilon(x)$ の和 $E = U + \varepsilon(x)$ が保存量である．気体の微視状態数 $W(E - \varepsilon(x), x)$ が極値になるのは

$$-\frac{\mathrm{d}\varepsilon(x)}{\mathrm{d}x}\left(\frac{\partial \ln W}{\partial U}\right)_x + \left(\frac{\partial \ln W}{\partial x}\right)_U = 0$$

が成り立つときである．したがって

$$\frac{\mathrm{d}\varepsilon(x)}{\mathrm{d}x} = \frac{\left(\frac{\partial \ln W}{\partial x}\right)_U}{\left(\frac{\partial \ln W}{\partial U}\right)_x} = \frac{\left(\frac{\partial S}{\partial x}\right)_U}{\left(\frac{\partial S}{\partial U}\right)_x} = -\left(\frac{\partial U}{\partial x}\right)_S$$

が得られる．　　　　　　　　　　　　　　　　　　　　　　　　□

例題 8.15　質量 m の弁でふたをした容器に気体が閉じ込められているとする．気体の圧力は

$$p = -\left(\frac{\partial U}{\partial V}\right)_S$$

で与えられることを示せ．

証明　鉛直方向の容器の底から測った弁の高さを z とする．弁の位置エネルギーは mgz である．容器の断面積を A とすると容器の体積は $V = Az$ である．気体の内部エネルギーを U とすると全系のエネルギーは $E = U + mgz$ である．もっとも確からしい z は，気体の微視状態数 $W(E - mgz, Az)$ を極値にすることによって求められる．すなわち

$$-mg\left(\frac{\partial \ln W}{\partial U}\right)_V + A\left(\frac{\partial \ln W}{\partial V}\right)_U = 0$$

が成り立つ．$S = k \ln W$ を代入すると

$$-\frac{mg}{A}\left(\frac{\partial S}{\partial U}\right)_V + \left(\frac{\partial S}{\partial V}\right)_U = 0$$

である．弁に働く力の釣り合いは $mg = pA$ であるから

$$p = \frac{mg}{A} = \frac{\left(\frac{\partial S}{\partial V}\right)_U}{\left(\frac{\partial S}{\partial U}\right)_V} = -\left(\frac{\partial U}{\partial V}\right)_S$$

が得られる． □

8.4 熱力学との関係

微視的状態と巨視的状態を結ぶ $S = k \ln W$ は熱力学に対応しているだろうか．W は U と V の関数で，こうして定義した S が状態量であることは間違いない．温度と圧力は

$$\frac{1}{T} \equiv \left(\frac{\partial S}{\partial U}\right)_V, \qquad p \equiv -\left(\frac{\partial U}{\partial V}\right)_S$$

によって定義すればよい．後者は，

$$p = -\left(\frac{\partial U}{\partial V}\right)_S = \frac{\left(\frac{\partial S}{\partial V}\right)_U}{\left(\frac{\partial S}{\partial U}\right)_V} = T\left(\frac{\partial S}{\partial V}\right)_U$$

になる．こうして

$$\mathrm{d}S = \left(\frac{\partial S}{\partial U}\right)_V \mathrm{d}U + \left(\frac{\partial S}{\partial V}\right)_U \mathrm{d}V = \frac{1}{T}\mathrm{d}U + \frac{p}{T}\mathrm{d}V$$

が導かれる．$Q = T\mathrm{d}S$ によってクラウジウスの式

$$\mathrm{d}S = \frac{Q}{T}$$

になる．

非可逆過程におけるエントロピーの増大をまず簡単な例で考えてみよう．体積 V の箱の中に N 個の分子が詰まっている状態を 2 とする．箱全体を微小体積 ΔV に分割すると微小体積の総数は $M_2 = \frac{V}{\Delta V}$ である．1 個の分子をいずれかの微小体積に入れる方法は M_2 通りある．したがって N の分子をいずれかの微小体積に入れる方法は M_2^N 通りある．微視状態数は

$$W_2 = (M_2)^N = \left(\frac{V}{\Delta V}\right)^N$$

である．

体積 V の真ん中に仕切りがあり，最初は $\frac{V}{2}$ の中に気体が詰まっている状態を 1 としよう．微小体積の総数は $M_1 = \frac{V}{2\Delta V}$ である．微視状態数は

$$W_1 = (M_1)^N = \left(\frac{V}{2\Delta V}\right)^N$$

である．仕切りがないときの 1 個の微視状態の実現確率は $\frac{1}{W_2}$ である．したがって仕切りを除いた後も分子が半分の体積中にとどまる確率は

$$P = W_1 \cdot \frac{1}{W_2} = \left(\frac{1}{2}\right)^N$$

になる．1 分子がもとのまま残っている確率は $\frac{1}{2}$ なので N 個の粒子すべてがもとのまま残っている確率は $\left(\frac{1}{2}\right)^N$ というわけだ．N としてアヴォガドロ数を取るとすべての分子が半分の体積に残っている確率は $\left(\frac{1}{2}\right)^N = 10^{-1.8\times10^{23}}$ というとてつもなく小さな数で，限りなく 0 である．

このことは一般に言えることである．状態 1 の微視状態数を W_1，状態 2 の微視状態数を W_2 とすると，それらはエントロピーを使って

$$W_1 = \mathrm{e}^{S_1/k}, \qquad W_2 = \mathrm{e}^{S_2/k}$$

と書ける．そこで（状態 1 のままである確率）＝（状態 1 の微視状態数）×（状態 2 での 1 微視状態実現確率）である．すなわち

$$P = W_1 \cdot \frac{1}{W_2} = \mathrm{e}^{-(S_2 - S_1)/k} = \mathrm{e}^{-\Delta S/k}$$

になる．エントロピーは示量性で，$\Delta S/k$ は N に比例する量である．非可逆過程の後にもとのままの状態にある確率はほとんど 0 である．覆水は盆に返らない．非可逆過程はほとんどもとに戻らない変化で，エントロピーは増大する．

$T \to 0$ でエントロピーが 0 になるとする熱力学第 3 法則は統計力学からは自明である．絶対零度ではエネルギーは分子間で分配することができず，微視状態数は，1 個の分子がエネルギーを独占する状態が 1 個あるのみである．したがってエントロピーは 0 である．

8.5 理想気体のエントロピー

理想気体の微視状態はすべての分子の位置と運動量が決まった値を持つ状態のことである．N 個の分子の位置座標 $3N$ 個，運動量 $3N$ 個を座標軸とする $6N$ 次

元空間を位相空間と言う．等確率の原理は，位相空間のどの微小体積でも同じ確率で分子が存在するというものである．容器の体積 V を微小体積 $\Delta V = (\Delta x)^3$ に分割したとき，1 個の分子が微小体積のいずれかに入る方法の数は $\frac{V}{\Delta V}$ であるから，N 個の分子を分配する方法の総数，すなわち微視状態数は

$$\left(\frac{V}{\Delta V}\right)^N = \left(\frac{V}{(\Delta x)^3}\right)^N$$

である．V^N は $3N$ 次元座標空間の体積である．同様にして内部エネルギー U を N 個の分子に分配する方法の総数は $3N$ 次元運動量空間の体積を運動量空間の微小体積 $(\Delta p)^3$ の N 乗で割ってやればよい．気体の内部エネルギーが

$$U = \frac{1}{2m}(p_{1x}^2 + p_{1y}^2 + p_{1z}^2 + \cdots + p_{Nx}^2 + p_{Ny}^2 + p_{Nz}^2)$$

となる条件を満たす $3N$ 次元運動量空間の体積は半径 $\sqrt{2mU}$ の球体積なので (A15) を用いて

$$\frac{(2\pi mU)^{3N/2}}{\Gamma(\frac{3N}{2} + 1)}$$

である．したがって内部エネルギー U を N 個の分子に分配する方法の総数は

$$\frac{1}{(\Delta p)^{3N}} \frac{(2\pi mU)^{3N/2}}{\Gamma(\frac{3N}{2} + 1)}$$

なので $6N$ 次元位相空間における微小体積 $(\Delta x \Delta p)^3$ の総数は

$$\Omega_0(U) = \frac{1}{N!} \left(\frac{V}{(\Delta x)^3}\right)^N \frac{1}{(\Delta p)^{3N}} \frac{(2\pi mU)^{3N/2}}{\Gamma(\frac{3N}{2} + 1)}$$

で与えられる．右辺に挿入した因子 $\frac{1}{N!}$ は古典力学では説明できないもので，粒子が区別できないことに由来する．1912 年にザクールとテトローデが初めて指摘した．量子力学では原理的に分子を区別できないので，N 個の粒子を入れかえても別の微視状態とは考えないから入れかえの総数 $N!$ で割っておくのである．また，位相空間を分割する微小体積 $(\Delta x \Delta p)^3$ は，古典物理学では任意だったが，量子力学では不確定性原理のため下限があり，

$$(\Delta x \Delta p)^3 = h^3$$

としなければならない．体積 h^3 の中にある状態は状態数として数えてはならないことを表わしている．スターリングの公式 (A17) によって

$$\Gamma\left(\frac{3N}{2}+1\right) = \left(\frac{3N/2}{e}\right)^{3N/2}, \qquad N! = \left(\frac{N}{e}\right)^N$$

とすると

$$\Omega_0(U) = \left(\frac{V}{h^3}\right)^N (2\pi mU)^{3N/2} \left(\frac{e}{3N/2}\right)^{3N/2} \left(\frac{e}{N}\right)^N$$

が得られる．エントロピーは，ギブズの公式 (8.5) を用いて，

$$S = k\ln\Omega_0(U) = Nk\ln\left(\frac{V}{Nh^3}\left(\frac{4\pi mU}{3N}\right)^{3/2}\right) + \frac{5}{2}Nk$$

によって与えられる．これによって

$$\left.\begin{array}{l}
\left(\dfrac{\partial S}{\partial U}\right)_{V,N} = \dfrac{1}{T} = \dfrac{3}{2}\dfrac{Nk}{U} \\[2mm]
\left(\dfrac{\partial S}{\partial V}\right)_{U,N} = \dfrac{p}{T} = \dfrac{Nk}{V} \\[2mm]
\left(\dfrac{\partial S}{\partial N}\right)_{U,V} = -\dfrac{\mu}{T} = k\ln\left(\dfrac{V}{Nh^3}\left(\dfrac{4\pi mU}{3N}\right)^{3/2}\right)
\end{array}\right\} \tag{8.6}$$

が得られる．第 1 式より内部エネルギーが

$$U = \frac{3}{2}NkT$$

になるから

定理 8.16（ザクール–テトローデの公式） 理想気体のエントロピーは

$$S = Nk\ln\left(\frac{V}{N}\left(\frac{2\pi mkT}{h^2}\right)^{3/2}\right) + \frac{5}{2}Nk \tag{8.7}$$

によって与えられる（ザクール，テトローデ 1912）．

ザクールの右辺最終項は $\frac{3}{2}Nk$ だった．$\frac{5}{2}Nk$ はスターリングの公式のもっとも粗い近似 $\Gamma\left(\frac{3N}{2}+1\right) = \left(\frac{3N}{2}\right)^{3N/2}$，$N! = N^N$ では現れない．ザクール–テトローデの公式を書き直し，現象論で与えた (4.40) と比較すると積分定数項

$$S_0 = \left(\frac{5}{2}+i\right)Nk, \qquad i \equiv \ln\left(\frac{2\pi mk}{h^2}\right)^{3/2}$$

182   第 8 章 統計力学

が決まる．質量に依存する i を化学定数と呼ぶ．(8.6) 第 2 式よりボイル－シャルルの法則

$$pV = NkT$$

が得られる．また (8.6) 第 3 式より化学ポテンシャル

$$\mu = -kT \ln \left(\frac{V}{N} \left(\frac{2\pi mkT}{h^2} \right)^{3/2} \right)$$

が得られる．ギブズ関数とヘルムホルツ関数は

$$G = N\mu = -NkT \ln \left(\frac{V}{N} \left(\frac{2\pi mkT}{h^2} \right)^{3/2} \right)$$

$$F = G - pV = -NkT - NkT \ln \left(\frac{V}{N} \left(\frac{2\pi mkT}{h^2} \right)^{3/2} \right)$$

である．

8.6 ギブズの逆説

分子数 N_1 と N_2 の理想気体がそれぞれ壁を隔てた体積 V_1 と V_2 の箱に入っているとする．壁を取り去ると両気体は拡散し混合して平衡状態に達する．(4.40) を用いて混合の前後でエントロピーの変化を計算すると

$$\Delta S = N_1 k \ln \frac{V_1 + V_2}{N_1} + N_2 k \ln \frac{V_1 + V_2}{N_2} - N_1 k \ln \frac{V_1}{N_1} - N_2 k \ln \frac{V_2}{N_2}$$
$$= N_1 k \ln \frac{V_1 + V_2}{V_1} + N_2 k \ln \frac{V_1 + V_2}{V_2}$$

である．状態方程式 $pV_1 = N_1 kT$ および $pV_2 = N_2 kT$ を代入し，混合のエントロピー

$$\Delta S = N_1 k \ln \frac{N_1 + N_2}{N_1} + N_2 k \ln \frac{N_1 + N_2}{N_2}$$

が得られる．$N_1 = N_2$ のときは

$$\Delta S = (N_1 + N_2) k \ln 2$$

になる．異種粒子を混合したときは，混合前の状態に戻すことはできず，非可逆過程なので，正しいエントロピー増加を与えている．ところが，2 種の同じ気体を混合

した場合，粒子に区別はないから，終状態はもとの状態と同じ状態である．終状態で壁を入れると始状態に戻る．エントロピーは状態量なので，両者のエントロピーは同じで，$\Delta S = 0$ のはずである．この矛盾をギブズの逆説と言う (1876, 1878).

(4.40) において V を $\frac{V}{N}$ とした理由は粒子が区別できないことである．区別できない粒子を混合するときは終状態の粒子は $N_1 + N_2$ 個すべてが区別できない．その結果，混合のエントロピーは

$$
\begin{aligned}
\Delta S &= (N_1 + N_2)k \ln \frac{V_1 + V_2}{N_1 + N_2} - N_1 k \ln \frac{V_1}{N_1} - N_2 k \ln \frac{V_2}{N_2} \\
&= N_1 k \ln \frac{V_1 + V_2}{V_1} \frac{N_1}{N_1 + N_2} - N_2 k \ln \frac{V_1 + V_2}{V_2} \frac{N_2}{N_1 + N_2} = 0
\end{aligned}
$$

になり矛盾がなくなる．

8.7 カノニカル分布

注目する体系を 1 とし，内部エネルギーを U_1 とする．体系 2 は自由度が多く，エネルギーが大きい系であるとする．このように体系 1 の存在によってほとんど影響を受けない系が熱源，あるいは熱浴である．系 1 が内部エネルギー U_1 を持つ確率は

$$
W_1(U_1)W_2(U - U_1) = W_1(U_1)\mathrm{e}^{\ln W_2(U - U_1)}
$$

である．U_1 が U に比べて小さいとして線形近似をすると

$$
\begin{aligned}
\ln W_2(U - U_1) &= \ln W_2(U) - U_1 \left(\frac{\partial \ln W_2(U)}{\partial U} \right)_V \\
&= \ln W_2(U) - \frac{U_1}{k} \left(\frac{\partial S_2}{\partial U} \right)_V \\
&= \ln W_2(U) - \frac{U_1}{kT}
\end{aligned}
$$

になる．S_2 は熱源のエントロピー，T は熱源の温度である．

定理 8.17 温度 T の熱源に接する系 1 が内部エネルギー U_1 を持つ確率は

$$
W_1(U_1)W_2(U - U_1) \propto W_1(U_1)\mathrm{e}^{-U_1/kT}
$$

によって与えられる．ボルツマン (1884) はホロード，ギブズ (1902) はカノニカル分布と名づけた．

温度 T の熱源に接する系 1 が内部エネルギー U_1 を持つ確率は，[内部エネルギー U_1 を持つ微視状態数 $W_1(U_1)$]×[内部エネルギー U_1 を持つ 1 つの微視状態実現確率 $\mathrm{e}^{-U_1/kT}$] になっている．後者をボルツマン因子と言う．

さらに $W_1(U_1) = \mathrm{e}^{S_1/k}$ を用いると

$$W_1(U_1)W_2(U - U_1) \propto \mathrm{e}^{S_1/k}\mathrm{e}^{-U_1/kT} = \mathrm{e}^{\Psi_1/k}$$

が得られる．$\Psi_1 = S_1 - \dfrac{U_1}{kT}$ は (4.9) で定義したマシュー関数である．またヘルムホルツ関数を用いて

$$\mathrm{e}^{\Psi_1/k} = \mathrm{e}^{-(U_1-TS_1)/kT} = \mathrm{e}^{-F_1/kT}$$

のように書くこともできる．W_1 は U_1 とともに急激に増大する関数であるのに対し，ボルツマン因子 $\mathrm{e}^{-U_1/kT}$ は U_1 とともに急激に減少する関数である．この 2 つの因子の競争の結果として実現されるのはヘルムホルツ関数 $F_1 = U_1 - TS_1$ が最小になる U_1 である．熱源に接する系（温度一定の系）でヘルムホルツ関数が最小に向うのはこのためである．

定理 8.18（カノニカル分布）　温度 T の熱源に接する系が内部エネルギー U を持つ確率は

$$\frac{\mathrm{e}^{-U/kT}W(U,V,N)}{Z(T,V,N)} = \frac{\mathrm{e}^{-U/kT}\Omega(U,V,N)\mathrm{d}U}{Z(T,V,N)}$$

$$Z(T,V,N) = \int_0^\infty \mathrm{d}U\,\Omega(U,V,N)\mathrm{e}^{-U/kT}$$

によって与えられる．$Z(T,V,N)$ を分配関数と言う．またドイツ語に由来する状態和とも呼ばれている．Z はドイツ語の Zustandssumme の頭文字である．

定理 8.19　ヘルムホルツ関数は

$$F = -kT \ln Z(T,V,N)$$

によって与えられる．

証明 U, p の平均値は

$$\langle U \rangle = \frac{1}{Z} \int_0^\infty \mathrm{d}U \, U \mathrm{e}^{-U/kT} \Omega = kT^2 \frac{1}{Z} \frac{\partial Z}{\partial T} = kT^2 \frac{\partial \ln Z}{\partial T}$$

$$p = \frac{kT}{Z} \int_0^\infty \mathrm{d}U \, \frac{\partial \ln \Omega}{\partial V} \mathrm{e}^{-U/kT} \Omega = kT \frac{\partial \ln Z}{\partial V}$$

である．これらを $\ln Z$ の微分

$$\mathrm{d} \ln Z = \frac{\partial \ln Z}{\partial T} \mathrm{d}T + \frac{\partial \ln Z}{\partial V} \mathrm{d}V$$

に代入し，$\mathrm{d}F = -S\mathrm{d}T - p\mathrm{d}V$ および $F = \langle U \rangle - TS$ を用いると

$$\mathrm{d} \ln Z = \frac{1}{kT^2} \langle U \rangle \mathrm{d}T + \frac{1}{kT} p \mathrm{d}V = -\frac{1}{kT} \left(\mathrm{d}F - \frac{F}{T} \mathrm{d}T \right) = -\mathrm{d} \left(\frac{F}{kT} \right)$$

によって題意を得る．マシュー関数 $\Psi = k \ln Z(T, V, N)$ も得られる． $\square$

演習 8.20 カノニカル分布によって理想気体の状態方程式を導け．

証明 分配関数は

$$Z(T, V, N) = \frac{1}{N!} \left(\int \frac{\mathrm{d}x\mathrm{d}y\mathrm{d}z\mathrm{d}p_x\mathrm{d}p_y\mathrm{d}p_z}{h^3} \mathrm{e}^{-\frac{1}{2mkT}(p_x^2 + p_y^2 + p_z^2)} \right)^N$$

$$= \frac{V^N}{N!} \left(\int_{-\infty}^\infty \frac{\mathrm{d}p_x}{h} \mathrm{e}^{-\frac{p_x^2}{2mkT}} \right)^{3N} = \frac{V^N}{N!} \left(\frac{2\pi mkT}{h^2} \right)^{3N/2} \tag{8.8}$$

である．スターリングの公式を用いてヘルムホルツ関数

$$F = -kT \ln Z = -NkT - NkT \ln \left(\frac{V}{N} \left(\frac{2\pi mkT}{h^2} \right)^{3/2} \right)$$

を得る．

$$\begin{cases} S = -\left(\frac{\partial F}{\partial T} \right)_{V,N} = Nk \ln \left(\frac{V}{N} \left(\frac{2\pi mkT}{h^2} \right)^{3/2} \right) + \frac{5}{2} Nk \\ p = -\left(\frac{\partial F}{\partial V} \right)_{T,N} = \frac{NkT}{V} \\ \mu = \left(\frac{\partial F}{\partial N} \right)_{T,V} = -kT \ln \left(\frac{V}{N} \left(\frac{2\pi mkT}{h^2} \right)^{3/2} \right) \end{cases}$$

よりエントロピーはザクール－テトローデの式 (8.7)，内部エネルギーは

$$U = F + TS = \frac{3}{2} NkT$$

になり理想気体の状態方程式 $pV = NkT$ も得られる. ギブズ関数は

$$G = F + pV = -NkT \ln\left(\frac{V}{N}\left(\frac{2\pi mkT}{h^2}\right)^{3/2}\right) = N\mu$$

によって与えられる. いずれもミクロカノニカル分布と同じ結果である. □

演習 8.21 **(ボルツマンの気圧計公式)** (2.13) で与えたボルツマンの気圧計公式

$$p = p_0 e^{-\frac{mgz}{kT}}$$

をカノニカル分布によって導け.

証明 1個の分子が高さ z, 速度 v_x, v_y, v_z を持つときのエネルギーは

$$\varepsilon = \frac{1}{2}m(v_x^2 + v_y^2 + v_z^2) + mgz$$

なのでボルツマン因子は

$$e^{-\frac{\varepsilon}{kT}} = e^{-\frac{1}{kT}\left\{\frac{1}{2}m(v_x^2 + v_y^2 + v_z^2) + mgz\right\}}$$

である. 例題 2.14 で与えたように, 垂直に dz, 断面積 A の柱体中にある分子数は, 分子数密度を $n(z)$ として

$$n(z)A dz = \frac{Ne^{-\frac{mgz}{kT}} dz}{\int_0^\infty dz\, e^{-\frac{mgz}{kT}}}$$

になる. $N = A\int_0^\infty dz\, n(z)$ は $z = 0$ から $z = \infty$ までの柱体中に含まれる全分子数である. 静水圧平衡の式より得られる (2.12) を用いて

$$dp = -g\varrho(z)dz = -mgn(z)dz$$

であるからこれを積分して

$$p = -\frac{mgN}{A}\frac{\int_0^z dz\, e^{-\frac{mgz}{kT}}}{\int_0^\infty dz\, e^{-\frac{mgz}{kT}}} + p_0 = -\frac{mgN}{A}\frac{-\frac{kT}{mg}e^{-\frac{mgz}{kT}} + \frac{kT}{mg}}{\frac{kT}{mg}} + p_0$$

が得られる. $z = 0$ における静水圧平衡により $p_0 = \frac{mgN}{A}$ が成り立つから気圧計公式

$$p = \frac{mgN}{A}\left(e^{-\frac{mgz}{kT}} - 1\right) + p_0 = p_0 e^{-\frac{mgz}{kT}}$$

に帰着する. □

8.8 グランドカノニカル分布

> **定理 8.22 (グランドカノニカル分布)** 熱源 T, 粒子源 μ に接する系が内部
> エネルギー U, 粒子数 N を持つ確率は
>
> $$\frac{\mathrm{e}^{-(U-\mu N)/kT}W(U,V,N)}{\Xi(T,V,N)} = \frac{\mathrm{e}^{-(U-\mu N)/kT}\Omega(U,V,N)\mathrm{d}U}{\Xi(T,V,N)}$$
>
> $$\Xi(T,V,\mu) = \sum_{N=0}^{\infty} \mathrm{e}^{\mu N/kT} Z(T,V,N)$$
>
> によって与えられる. $\Xi(T,V,\mu)$ をグランド分配関数と言う. $Z(T,V,N)$ か
> ら $\Xi(T,V,\mu)$ への変換は F から J へのルジャンドル変換に対応している. グ
> ランドカノニカル分布と名づけたのはギブズである.

証明 体系 1 の内部エネルギーを U_1, 粒子数を N_1 とする. 体系 2 は体系 1 の存
在によってほとんど影響を受けない, 内部エネルギーと粒子数が大きい熱源, 粒
子源であるとする. 体系 1 が内部エネルギー U_1, 粒子数 N_1 を持つ確率は

$$W_1(U_1,N_1)W_2(U-U_1,N-N_1) = W_1(U_1,N_1)\mathrm{e}^{\ln W_2(U-U_1,N-N_1)}$$

である. U_1 が U に, N_1 が N に比べて小さいとして線形近似をすると

$$
\begin{aligned}
\ln W_2&(U - U_1, N - N_1) \\
&= \ln W_2 - U_1\left(\frac{\partial \ln W_2}{\partial U}\right)_{V,N_1} - N_1\left(\frac{\partial \ln W_2}{\partial N}\right)_{U,V} \\
&= \ln W_2 - \frac{U_1}{k}\left(\frac{\partial S_2}{\partial U}\right)_{V,N_1} - \frac{N_1}{k}\left(\frac{\partial S_2}{\partial N}\right)_{U,V} \\
&= \ln W_2 - \frac{U_1}{kT} + \frac{\mu N_1}{kT}
\end{aligned}
$$

になる. S_2 は熱源のエントロピー, T は熱源の温度である. 熱源 T, 粒子源 μ に
接する体系 1 が内部エネルギー U_1, 粒子数 N_1 を持つ確率は

$$W_1(U_1,N_1)W_2(U-U_1,N-N_1) \propto W_1(U_1,N_1)\mathrm{e}^{-(U_1-\mu N_1)/kT}$$

である. $W_1(U_1,N_1) = \mathrm{e}^{S_1/k}$ を用いると

$$W_1(U_1,N_1)W_2(U-U_1,N-N_1) \propto \mathrm{e}^{S_1/k}\mathrm{e}^{-(U_1-\mu N_1)/kT} = \mathrm{e}^{-J_1/kT}$$

が得られる. $J_1 = F_1 - \mu N_1$ は (6.5) で定義したグランドポテンシャルである. $\square$

188　　　　　　　　　　第 8 章　統計力学

演習 8.23　グランドポテンシャル J, グランド分配関数 Ξ は

$$J = -kT \ln \Xi(T, V, \mu), \qquad \frac{pV}{kT} = \ln \Xi(T, V, \mu)$$

を満たすことを示せ.

証明　U, p, N の平均値を

$$\left.\begin{aligned}
\langle U \rangle &= \frac{1}{\Xi} \sum_{N=0}^{\infty} \int_0^{\infty} \mathrm{d}U\, U \mathrm{e}^{-(U-\mu N)/kT} \Omega = kT^2 \frac{\partial \ln \Xi}{\partial T} + \mu \langle N \rangle \\
p &= \frac{kT}{\Xi} \sum_{N=0}^{\infty} \int_0^{\infty} \mathrm{d}U\, \frac{\partial \ln \Omega}{\partial V} \mathrm{e}^{-(U-\mu N)/kT} \Omega = kT \frac{\partial \ln \Xi}{\partial V} \\
\langle N \rangle &= \frac{1}{\Xi} \sum_{N=0}^{\infty} N \int_0^{\infty} \mathrm{d}U\, \mathrm{e}^{-(U-\mu N)/kT} \Omega = kT \frac{\partial \ln \Xi}{\partial \mu}
\end{aligned}\right\} \tag{8.9}$$

として $\ln \Xi$ の微分

$$\mathrm{d} \ln \Xi = \frac{\partial \ln \Xi}{\partial T} \mathrm{d}T + \frac{\partial \ln \Xi}{\partial V} \mathrm{d}V + \frac{\partial \ln \Xi}{\partial \mu} \mathrm{d}\mu$$

に代入し, (6.6) で与えた微分 $\mathrm{d}J = -S\mathrm{d}T - p\mathrm{d}V - \langle N \rangle \mathrm{d}\mu$ を用いると

$$\mathrm{d} \ln \Xi = \frac{\langle U \rangle - \mu \langle N \rangle}{kT^2} \mathrm{d}T + \frac{p}{kT} \mathrm{d}V + \frac{\langle N \rangle}{kT} \mathrm{d}\mu = \frac{J}{kT^2} \mathrm{d}T - \frac{1}{kT} \mathrm{d}J = -\mathrm{d}\left(\frac{J}{kT}\right)$$

によって題意を得る. クラマース関数は $q = k \ln \Xi(T, V, \mu)$ になる. 　　□

演習 8.24　グランドカノニカル分布を用いて理想気体の状態方程式を導け.

証明　(8.8) で求めた $Z(T, V, N)$ を使うとグランド分配関数は

$$\Xi = \sum_{N=0}^{\infty} \mathrm{e}^{\mu N/kT} Z(T, V, N) = \sum_{N=0}^{\infty} \mathrm{e}^{\mu N/kT} \frac{V^N}{N!} \left(\frac{2\pi mkT}{h^2}\right)^{3N/2}$$

すなわち

$$\ln \Xi = \mathrm{e}^{\mu/kT} V \left(\frac{2\pi mkT}{h^2}\right)^{3/2}$$

である. グランドポテンシャル

$$J = -kT \ln \Xi = -kT\mathrm{e}^{\mu/kT} V \left(\frac{2\pi mkT}{h^2}\right)^{3/2}$$

を用いると

$$
\left.
\begin{aligned}
S &= -\left(\frac{\partial J}{\partial T}\right)_{V,\mu} = k\mathrm{e}^{\mu/kT}V\left(\frac{2\pi mkT}{h^2}\right)^{3/2}\left(\frac{5}{2}-\frac{\mu}{kT}\right) \\
p &= -\left(\frac{\partial J}{\partial V}\right)_{T,\mu} = kT\mathrm{e}^{\mu/kT}\left(\frac{2\pi mkT}{h^2}\right)^{3/2} \\
\langle N\rangle &= -\left(\frac{\partial J}{\partial \mu}\right)_{T,V} = \mathrm{e}^{\mu/kT}V\left(\frac{2\pi mkT}{h^2}\right)^{3/2}
\end{aligned}
\right\}
$$

が得られるから第3式を第1式および第2式に代入するとザクール－テトローデの公式 (8.7) と状態方程式

$$
S = \langle N\rangle k\ln\frac{V}{\langle N\rangle}\left(\frac{2\pi mkT}{h^2}\right)^{3/2} + \frac{5}{2}\langle N\rangle k, \qquad p = \frac{\langle N\rangle kT}{V}
$$

に帰着する．状態方程式は，(8.9) によって $\langle N\rangle = \ln\Xi$ になり

$$
\ln\Xi = \frac{pV}{kT} = \langle N\rangle
$$

から直ちに得られる．また，(8.9) によって内部エネルギーを計算すると

$$
\langle U\rangle = kT^2\left(-\frac{\mu}{kT^2}\ln\Xi + \frac{3}{2}\ln\Xi\right) + \mu\langle N\rangle = \frac{3}{2}\langle N\rangle kT
$$

が得られる． $\qquad\qquad\qquad\qquad\qquad\qquad\qquad\qquad\qquad\qquad\square$

8.9　等温定圧分布

定理 8.25（等温定圧分布）　熱源 T，圧力源 p に接する系が体積 V を持つ確率は

$$
\frac{\mathrm{e}^{-pV/kT}Z(T,V,N)\mathrm{d}V}{Y(T,p,N)} \tag{8.10}
$$

$$
Y(T,p,N) = \int_0^\infty \mathrm{d}V\,\mathrm{e}^{-pV/kT}Z(T,V,N) \tag{8.11}
$$

によって与えられる．$Z(T,V,N)$ から $Y(T,p,N)$ への変換は F から G へのルジャンドル変換に対応している．

証明 体系 1 の内部エネルギーを U_1，体積を V_1 とする．体系 2 は体系 1 の存在によってほとんど影響を受けない，内部エネルギーと体積が大きい熱源，圧力源であるとする．体系 1 が内部エネルギー U_1，体積 V_1 を持つ確率は

$$W_1(U_1, V_1)W_2(U - U_1, V - V_1) = W_1(U_1, V_1)e^{\ln W_2(U - U_1, V - V_1)}$$

である．U_1 が U に，V_1 が N に比べて小さいとして線形近似をすると

$$
\begin{aligned}
\ln &W_2(U - U_1, V - V_1) \\
&= \ln W_2 - U_1\left(\frac{\partial \ln W_2}{\partial U}\right)_{V,N_1} - V_1\left(\frac{\partial \ln W_2}{\partial V}\right)_{U,N_1} \\
&= \ln W_2 - \frac{U_1}{k}\left(\frac{\partial S_2}{\partial U}\right)_{V,N_1} - \frac{V_1}{k}\left(\frac{\partial S_2}{\partial V}\right)_{V,N_1} \\
&= \ln W_2 - \frac{U_1}{kT} - \frac{V_1 p}{kT}
\end{aligned}
$$

になる．S_2 は熱源のエントロピー，T は熱源の温度，p は圧力源の圧力である．$W_1(U_1, V_1) = e^{S_1/k}$ を用いると

$$W_1(U_1, V_1)W_2(U - U_1, V - V_1) \propto e^{S_1/k}e^{-U_1/kT - pV_1/kT} = e^{-G_1/kT}$$

が得られる．$G_1 = F_1 + pV_1$ はギブズ関数である．

熱源 T，圧力源 p に接する体系が内部エネルギー U，体積 V を持つ確率は

$$e^{-U/kT - pV/kT}\Omega(U, V, N)dUdV$$

に比例する．規格化因子は (8.11) で与えた $Y(T, p, N)$ で，

$$\frac{e^{-U/kT - pV/kT}W(U, V, N)dV}{Y(T, p, N)} = \frac{e^{-U/kT - pV/kT}\Omega(U, V, N)dUdV}{Y(T, p, N)}$$

になる．体積 V を持つ確率は U について積分し (8.10) によって与えられる． $\square$

演習 8.26 ギブズ関数は

$$G(T, p, N) = -kT \ln Y(T, p, N)$$

によって与えられることを示せ．

8.9 等温定圧分布 191

証明 F, V, μ の平均値は

$$F = -\frac{kT}{Y}\int_0^\infty dV\, e^{-pV/kT}\ln Z = \frac{kT^2}{Y}\frac{\partial}{\partial T}\int_0^\infty dV\, e^{-pV/kT}Z - p\langle V\rangle - TS$$

$$\langle V\rangle = \frac{1}{Y}\int_0^\infty dV\, V e^{-pV/kT}Z = -kT\frac{\partial \ln Y}{\partial p}$$

$$\mu = -\frac{kT}{Y}\int_0^\infty dV\, \frac{\partial Z}{\partial N}e^{-pV/kT}Z = -kT\frac{\partial \ln Y}{\partial N}$$

である. これらを $\ln Y(T, V, N)$ の微分

$$d\ln Y = \frac{\partial \ln Y}{\partial T}dT + \frac{\partial \ln Y}{\partial p}dp + \frac{\partial \ln Y}{\partial N}dN$$

に代入すると

$$d\ln Y = \frac{F + p\langle V\rangle + TS}{kT^2}dT - \frac{\langle V\rangle}{kT}dp - \frac{\mu}{kT}dN = \frac{G}{kT^2}dT - \frac{1}{kT}dG = -d\left(\frac{G}{kT}\right)$$

となり題意を得る. プランク関数は $\Phi(T, V, N) = k\ln Y(T, V, N)$ になる. □

演習 8.27 等温定圧分布を用いて理想気体の状態方程式を導け.

証明 (8.8) で与えた $Z(T, V, N)$ を使うと等温定圧分配関数は

$$Y = \frac{1}{N!}\left(\frac{2\pi mkT}{h^2}\right)^{3N/2}\int_0^\infty dV\, e^{-pV/kT}V^N = \left(\frac{2\pi mkT}{h^2}\right)^{3N/2}\left(\frac{kT}{p}\right)^{N+1}$$

になる. 途中で V についての積分が $\Gamma(N+1) = N!$ に比例することを使った.
ギブズ関数は

$$G = -kT\ln Y = -NkT\ln\left(\frac{2\pi mkT}{h^2}\right)^{3/2} - (N+1)kT\ln\frac{kT}{p}$$

である. これにより得られる

$$S = -\left(\frac{\partial G}{\partial T}\right)_{p,N} = Nk\ln\left(\frac{2\pi mkT}{h^2}\right)^{3/2} + (N+1)k\ln\frac{kT}{p} + \left(\frac{5}{2}N+1\right)k$$

$$\langle V\rangle = \left(\frac{\partial G}{\partial p}\right)_{T,N} = (N+1)\frac{kT}{p}$$

$$\mu = \left(\frac{\partial G}{\partial N}\right)_{T,p} = -kT\ln\left(\frac{2\pi mkT}{h^2}\right)^{3/2} - kT\ln\frac{kT}{p}$$

の中で第2式から状態方程式 $p\langle V \rangle = (N+1)kT$ が得られる．これを第1式に代入すると $N \gg 1$ でザクール–テトローデの公式 (8.7) になる．内部エネルギーは

$$U = G + TS - p\langle V \rangle = \frac{3}{2}NkT$$

である．ヘルムホルツ関数

$$F = G - p\langle V \rangle = -(N+1)kT - NkT\ln\left(\frac{2\pi mkT}{h^2}\right)^{3/2} - (N+1)kT\ln\frac{kT}{p}$$

は $N \gg 1$ でこれまでのすべての分布の結果に一致する． $\square$

8.10 ゆらぎ

熱平衡状態は確率最大の条件によって決まった．もちろん確率最大はその状態のみが実現されるのではなく，極大の近くにも実現確率が分布しているはずである．これをゆらぎと言う．

定理8.28 温度，体積，エントロピー，圧力のゆらぎは

$$\langle \Delta T^2 \rangle = \frac{kT^2}{C_V}, \quad \langle \Delta V^2 \rangle = kT\kappa_T V, \quad \langle \Delta S^2 \rangle = kC_p, \quad \langle \Delta p^2 \rangle = \frac{kT}{\kappa_S V}$$

によって与えられる．

証明 内部エネルギー U_1 と U_2，体積 V_1 と V_2 を持つ系が接触しているとする．系1が U_1, V_1，系2が U_2, V_2 を持つ確率は

$$e^{S(U_1,V_1)/k + S(U_2,V_2)/k}$$

に比例していた．確率が最大になる平衡点からのずれを $\Delta S_1, \Delta S_2$ とすると

$$\Delta S = \Delta S_1 + \Delta S_2 = \Delta S_1 - \frac{\Delta U_1 + p\Delta V_1}{T} = -\frac{\Delta U_1 + p\Delta V_1}{T}$$

と書くことができる．系2は熱源で，平衡点では温度と圧力は系1，2で共通とする．すなわち $T_1 = T_2 = T$，$p_1 = p_2 = p$ とする．以下では添字1を省略する．平衡点の近傍でテイラー展開し，平衡点での値を $[\cdots]_0$ で表わすと，

$$\Delta U = \left[\frac{\partial U}{\partial S}\right]_0 \Delta S + \left[\frac{\partial U}{\partial V}\right]_0 \Delta V$$

$$+ \frac{1}{2} \left(\left[\frac{\partial^2 U}{\partial S^2} \right]_0 \Delta S^2 + 2 \left[\frac{\partial^2 U}{\partial S \partial V} \right]_0 \Delta S \Delta V + \left[\frac{\partial^2 U}{\partial V^2} \right]_0 \Delta V^2 \right) + \cdots$$

$$= T \Delta S - p \Delta V + \frac{1}{2} \left(\Delta T \Delta S - \Delta p \Delta V \right) + \cdots$$

になる．したがって確率は

$$\mathrm{e}^{-(\Delta T \Delta S - \Delta p \Delta V)/2kT}$$

に比例する．そこで ΔT と ΔV を独立変数に選ぶと

$$\Delta S = \left(\frac{\partial S}{\partial T} \right)_V \Delta T + \left(\frac{\partial S}{\partial V} \right)_T \Delta V = \frac{C_V}{T} \Delta T + \left(\frac{\partial p}{\partial T} \right)_V \Delta V$$

$$\Delta p = \left(\frac{\partial p}{\partial T} \right)_V \Delta T + \left(\frac{\partial p}{\partial V} \right)_T \Delta V = \left(\frac{\partial p}{\partial T} \right)_V \Delta T - \frac{1}{V \kappa_T} \Delta V$$

になるから確率は正規分布

$$\mathrm{e}^{- \frac{C_V}{2kT^2} \Delta T^2 - \frac{1}{2kT \kappa_T V} \Delta V^2}$$

によって与えられる．正規分布を

$$F(x) = A \mathrm{e}^{-\alpha x^2}, \qquad A = \sqrt{\frac{\alpha}{\pi}}$$

とする．A は規格化因子である．2乗偏差は積分公式 (A14) を使うと

$$\langle x^2 \rangle = \int_{-\infty}^{\infty} \mathrm{d}x \, x^2 F(x) = \frac{1}{2\alpha}$$

によって求められる．温度と体積のゆらぎは

$$\langle \Delta T^2 \rangle = \frac{kT^2}{C_V}, \qquad \langle \Delta V^2 \rangle = kT \kappa_T V$$

になる．同様にして ΔS と Δp を独立変数に選ぶと確率は

$$\mathrm{e}^{- \frac{1}{2kC_p} \Delta S^2 - \frac{\kappa_S V}{2kT} \Delta p^2}$$

に比例するから S と p のゆらぎは

$$\langle \Delta S^2 \rangle = kC_p, \qquad \langle \Delta p^2 \rangle = \frac{kT}{\kappa_S V}$$

になる． $\qquad\qquad\qquad\qquad\qquad\qquad\qquad\qquad\qquad\qquad\qquad\quad \square$

第8章 統計力学

> **定理 8.29（内部エネルギーのゆらぎ）** 内部エネルギー U のゆらぎは
>
> $$\langle \Delta U^2 \rangle = \langle (U - \langle U \rangle)^2 \rangle = \langle U^2 \rangle - \langle U \rangle^2 = kT^2 C_V$$
>
> で与えられる.

証明 内部エネルギーの平均値は, $\beta = \frac{1}{kT}$ を用いて,

$$\langle U \rangle = \frac{1}{Z(T,V,N)} \int_0^\infty dU\, U \Omega(U,V,N) e^{-U/kT} = -\frac{1}{Z} \frac{\partial Z}{\partial \beta}$$

になる. 定積熱容量は

$$C_V = \frac{\partial \langle U \rangle}{\partial T} = \frac{1}{kT^2} \frac{\partial}{\partial \beta} \left(\frac{1}{Z} \frac{\partial Z}{\partial \beta} \right) = \frac{1}{kT^2} \left(\frac{1}{Z} \frac{\partial^2 Z}{\partial \beta^2} - \frac{1}{Z^2} \left(\frac{\partial Z}{\partial \beta} \right)^2 \right)$$

$$= \frac{1}{kT^2} \left(\langle U^2 \rangle - \langle U \rangle^2 \right) = \frac{1}{kT^2} \langle \Delta U^2 \rangle$$

になり内部エネルギーのゆらぎを与えている. □

分子数 N の単原子分子理想気体における内部エネルギーゆらぎは, 定積熱容量 $C_V = \frac{3}{2} Nk$ を用いて

$$\frac{\langle \Delta U \rangle}{\langle U \rangle} = \frac{\sqrt{kT^2 \cdot \frac{3}{2} Nk}}{\frac{3}{2} NkT} = \sqrt{\frac{2}{3N}}$$

になる. N として N_A を取ると 10^{-12} 程度の量できわめて小さい.

粒子源と接触している系では粒子数もゆらぐ.

> **定理 8.30（粒子数のゆらぎ）** 粒子数のゆらぎは
>
> $$\langle \Delta N^2 \rangle = \langle N^2 \rangle - \langle N \rangle^2 = kT \frac{\kappa_T}{V} \langle N \rangle^2$$
>
> で与えられる.

証明 グランドカノニカル分布を使って粒子数のゆらぎを計算しよう.

$$\langle \Delta N^2 \rangle = \frac{1}{\Xi} \sum_{N=0}^\infty N^2 e^{\mu N/kT} Z(T,V,N) - \left(\frac{1}{\Xi} \sum_{N=0}^\infty N e^{\mu N/kT} Z(T,V,N) \right)^2$$

$$= (kT)^2 \left(\frac{\partial^2 \ln \Xi(T,V,\mu)}{\partial \mu^2} \right)_{T,V} = kT \left(\frac{\partial \langle N \rangle}{\partial \mu} \right)_{T,V}$$

を計算すればよい.

$$\left(\frac{\partial\langle N\rangle}{\partial\mu}\right)_{T,V} = -\left(\frac{\partial\langle N\rangle}{\partial V}\right)_{T,\mu}\left(\frac{\partial V}{\partial\mu}\right)_{T,\langle N\rangle}$$

$$= -\left(\frac{\partial\langle N\rangle}{\partial V}\right)_{T,\mu}\left(\frac{\partial V}{\partial p}\right)_{T,\langle N\rangle}\left(\frac{\partial p}{\partial\mu}\right)_{T,\langle N\rangle}$$

のように変形し,演習 6.5 で与えたマクスウェルの関係式(最終式)によって

$$\left(\frac{\partial\langle N\rangle}{\partial V}\right)_{T,\mu} = \left(\frac{\partial p}{\partial\mu}\right)_{T,V} = \left(\frac{\partial p}{\partial\mu}\right)_{T,\langle N\rangle}$$

が成り立つ.右辺は,公式 (A1) を使うと,

$$\left(\frac{\partial p}{\partial\mu}\right)_{T,V} = \left(\frac{\partial p}{\partial\mu}\right)_{T,\langle N\rangle} + \left(\frac{\partial p}{\partial V}\right)_{T,\mu}\left(\frac{\partial V}{\partial\mu}\right)_{T,\langle N\rangle}$$

になるが,$p = p(T,\mu)$ によって $\left(\frac{\partial p}{\partial V}\right)_{T,\mu} = 0$ で $\left(\frac{\partial p}{\partial\mu}\right)_{T,V} = \left(\frac{\partial p}{\partial\mu}\right)_{T,\langle N\rangle}$ である.
また (6.9) 第 1 式により

$$\left(\frac{\partial\mu}{\partial p}\right)_{T,\langle N\rangle} = \frac{V}{\langle N\rangle}$$

が成立する.こうして

$$\left(\frac{\partial\langle N\rangle}{\partial\mu}\right)_{T,V} = -\left(\frac{\partial V}{\partial p}\right)_{T,\langle N\rangle}\left(\frac{\partial p}{\partial\mu}\right)_{T,\langle N\rangle}^2 = \kappa_T V \cdot \frac{\langle N\rangle^2}{V^2} = \frac{\kappa_T}{V}\langle N\rangle^2$$

が得られる.　　　　　　　　　　　　　　　　　　　　　　　　　　　　□

理想気体の等温圧縮率は (2.14),$\kappa_T = \frac{1}{p}$ になるので粒子数のゆらぎ

$$\langle\Delta N^2\rangle = kT\frac{\kappa_T}{V}\langle N\rangle^2 = kT\frac{1}{pV}\langle N\rangle^2 = \langle N\rangle \tag{8.12}$$

が得られる.

8.11　酔歩蹣跚とゴムの弾性

　太宰治の戯曲『春の枯葉』にこんなト書きがある.「国民学校教師,野中弥一,酔歩蹣跚の姿で,下手より,庭へ登場.右手に一升瓶,すでに半分飲んで,残りの半分を持参という形.左手には,大きい平目二まい縄でくくってぶらさげている.」酔っぱらいの次の 1 歩は右に行くか左に行くかわからない.酔っぱらいの行

196   第 8 章　統計力学

動を観察して，ある距離進む確率はどうか，というのがランダムウォーク，酔歩，乱歩の問題である．

　酔っぱらいが全部で N 回ふらつくとする．そのうち右へ n_+ 回，左に n_- 回ふらつくとする．1 回にふらつく距離を a とすると進んだ距離は

$$x = n_+ a - n_- a = na, \qquad n = n_+ - n_-, \qquad N = n_+ + n_-$$

である．酔っぱらいが x に到達する歩き方の種類（微視状態）の数は，N のうち n_+ を取り出す方法の数で，2 項係数

$$W(n) = \binom{N}{n_+} = \frac{N!}{n_+! \, n_-!}$$

によって与えられる．$n_\pm = \frac{1}{2}(N \pm n)$ とし，ここでスターリングの公式 (A17)，$N! \cong \sqrt{2\pi N} N^N \mathrm{e}^{-N}$ を使うと

$$W(n) \cong \sqrt{\frac{2}{\pi N}} 2^N \mathrm{e}^{-\frac{n^2}{2N}}$$

が得られる．歩き方の総数は

$$W = \sum_n W(n) = \sqrt{\frac{2}{\pi N}} 2^N \sum_n \mathrm{e}^{-\frac{n^2}{2N}}$$

で，n は $-N$ から N まで 2 ずつ取る．和を積分で近似すると

$$W \cong \sqrt{\frac{2}{\pi N}} 2^N \frac{1}{2} \int_{-\infty}^{\infty} \mathrm{d}n \, \mathrm{e}^{-\frac{n^2}{2N}} = 2^N$$

である．ここでガウス積分 (A13) を使った．近似計算ながら正しい総数を与えている．そこで酔っぱらいが $x = na$ にいる確率は

$$P(x)\mathrm{d}x = \frac{W(n)}{W} \frac{1}{2} \mathrm{d}n = \frac{1}{\sqrt{2\pi N}} \mathrm{e}^{-\frac{n^2}{2N}} \mathrm{d}n = \frac{1}{a\sqrt{2\pi N}} \mathrm{e}^{-\frac{x^2}{2Na^2}} \mathrm{d}x$$

すなわち

$$P(x) = \frac{1}{a\sqrt{2\pi N}} \mathrm{e}^{-\frac{x^2}{2Na^2}}$$

である．酔っぱらいは出発点にいる確率が最大で，x について正規分布をしている．酔っぱらいの進んだ距離 $x = na$ の平均は

$$\langle x \rangle = \langle na \rangle = 0$$

であるのに対し，2乗平均は

$$\langle x^2 \rangle = \langle n^2 a^2 \rangle = Na^2$$

になる．酔っぱらいが1歩進むに要する時間を Δt とすると経過時間は $t = N\Delta t$ である．

$$D = \frac{a^2}{2\Delta t} = \frac{Na^2}{2t}$$

を定義すると確率分布は

$$P(x) = \frac{1}{\sqrt{4\pi Dt}} \mathrm{e}^{-\frac{x^2}{4Dt}} \tag{8.13}$$

になる．(8.16) で与える拡散方程式の解である．(8.15) に一致する

$$\langle x^2 \rangle = 2Dt$$

が得られる．酔歩の問題は拡散の問題と同じである．

演習 8.31　ゴムひもは長い高分子が鎖状につながった構造を持っている．簡単な模型として，分子の長さを a，ゴムひもの長さを $L = na$ としたとき張力は

$$\tau = -\frac{kT}{Na^2} L$$

になることを示せ．

証明　ゴムひものエントロピーは

$$S = k\ln W(n) = k\ln\left(W(0)\mathrm{e}^{-\frac{L^2}{2Na^2}}\right) = -\frac{kL^2}{2Na^2} + k\ln W(0)$$

によって与えられる．これからヘルムホルツ関数は

$$F = U - TS = \frac{kTL^2}{2Na^2} + U - kT\ln W(0)$$

になる．鎖はエネルギーを要しないで折れ曲がるので内部エネルギーは L に依存しない．

$$\tau = \left(\frac{\partial F}{\partial L}\right)_T = -T\left(\frac{\partial S}{\partial L}\right)_T = \frac{kT}{Na^2} L$$

となり，フックの法則に従う力が得られる．　　　　　　　　　　□

8.12 ブラウン運動

相対論，光粒子説とならんでアインシュタインが「奇跡の年」1905 年に発表したもう 1 編の論文はブラウン運動についてである．1827 年に植物学者ブラウンが発見した現象で，水に浮かんだ花粉から出る微小粒子がジグザグ運動をする．ボルツマンの苦闘にもかかわらず原子論を疑問視する科学者が大勢を占める中で，アインシュタインは原子論の正しさに確信を持っていた．スモルコフスキー (1906) も独立に同じ結果に達していた．ブラウン運動は水分子の熱運動によって微粒子が受ける不規則なゆらぎ力が原因だった．

ランジュヴァン方程式 ここではランジュヴァン (1907) に従ってアインシュタイン－スモルコフスキーの拡散係数を導く．水の粘性係数を η，微粒子の半径を a とすると，微粒子にはストウクスが与えた粘性力

$$F = -\gamma \frac{\mathrm{d}x}{\mathrm{d}t}, \qquad \gamma \equiv 6\pi\eta a$$

と不規則な力 X が働く．運動方程式はランジュヴァン方程式

$$m \frac{\mathrm{d}^2 x}{\mathrm{d}t^2} = -\gamma \frac{\mathrm{d}x}{\mathrm{d}t} + X$$

である．両辺に x を掛ければ

$$mx \frac{\mathrm{d}^2 x}{\mathrm{d}t^2} = -\frac{\gamma}{2} \frac{\mathrm{d}x^2}{\mathrm{d}t} + xX$$

になる．すなわち

$$\frac{m}{2} \frac{\mathrm{d}}{\mathrm{d}t} \frac{\mathrm{d}x^2}{\mathrm{d}t} + \frac{\gamma}{2} \frac{\mathrm{d}x^2}{\mathrm{d}t} = m \left(\frac{\mathrm{d}x}{\mathrm{d}t} \right)^2 + xX$$

が得られる．両辺の平均値を取ると，X が不規則な力なので，$\langle xX \rangle = 0$ である．また右辺第 1 項は，エネルギー等分配則により kT である．したがって

$$\frac{m}{2} \frac{\mathrm{d}}{\mathrm{d}t} \frac{\mathrm{d}\langle x^2 \rangle}{\mathrm{d}t} + \frac{\gamma}{2} \frac{\mathrm{d}\langle x^2 \rangle}{\mathrm{d}t} = kT$$

が成り立つ．この方程式は，$\frac{\mathrm{d}\langle x^2 \rangle}{\mathrm{d}t}$ に対する 1 次の微分方程式として見ると，特殊解

$$\frac{\mathrm{d}\langle x^2 \rangle}{\mathrm{d}t} = \frac{2kT}{\gamma} = 2D$$

を持っている.

$$D = \frac{kT}{\gamma}$$

はアインシュタイン－スモルコフスキーの拡散係数である．したがって一般解は，積分定数を C として

$$\frac{\mathrm{d}\langle x^2 \rangle}{\mathrm{d}t} = C\mathrm{e}^{-\frac{t}{\tau}} + 2D$$

によって与えられる.

$$\tau = \frac{m}{\gamma}$$

は緩和時間である．$t = 0$ で $\frac{\mathrm{d}\langle x^2 \rangle}{\mathrm{d}t} = 0$ になるように積分定数を選ぶと

$$\frac{\mathrm{d}\langle x^2 \rangle}{\mathrm{d}t} = 2D\left(1 - \mathrm{e}^{-\frac{t}{\tau}}\right)$$

である．さらにこれを積分するとオルンシュタイン－ヒュルトの公式

$$\langle x^2 \rangle = 2D\tau\left(\frac{t}{\tau} - \left(1 - \mathrm{e}^{-\frac{t}{\tau}}\right)\right) \tag{8.14}$$

が得られる（オルンシュタイン 1918，ヒュルト 1920）．$t \ll \tau$ では

$$\langle x^2 \rangle \cong D\frac{t^2}{\tau} = \frac{kT}{m}t^2 = \langle v^2 \rangle t^2$$

となり $x = vt$ の運動を反映している．一方，$t \gg \tau$ では定常状態になり，

$$\langle x^2 \rangle = 2Dt \tag{8.15}$$

が得られる.

拡散方程式　流体粒子の数密度を $n(x,t)$，流束密度を $j_x(x,t) = n(x,t)v_x(x,t)$ とする（x 方向のみを考える）．フィックの法則によって

$$j_x = -D\frac{\partial n}{\partial x}$$

が成り立つ．これを連続の方程式

$$\frac{\partial n}{\partial t} + \frac{\partial j_x}{\partial x} = 0$$

に代入すると拡散方程式

$$\frac{\partial n}{\partial t} = D\frac{\partial^2 n}{\partial x^2}$$

が得られる. 拡散方程式は解

$$n(x,t) = \frac{1}{\sqrt{4\pi Dt}}\mathrm{e}^{-\frac{x^2}{4Dt}} \tag{8.16}$$

を持っている. これは酔歩の解 (8.13) と同じである. 拡散係数を測定すれば k が決まり, $k = \frac{R}{N_{\mathrm{A}}}$ によってアヴォガードロ係数 N_{A} が決まる. ペランはブラウン運動の測定によって N_{A} を得, 反原子論者への最後の一撃を加えた.

速度の相関関数　速度を $v = \frac{\mathrm{d}x}{\mathrm{d}t}$ で表わすとランジュヴァン方程式は

$$m\frac{\mathrm{d}v}{\mathrm{d}t} = -\gamma v + X$$

になる. 不規則な力は異なる時刻では統計的に独立であるとすると母集団平均

$$\langle X(t)\rangle = 0, \qquad \langle X(t)X(t')\rangle = 2A\delta(t - t')$$

が成り立つ. デルタ関数 (A9 節) は $t = t'$ でのみ無限大の値を持つ. ゆらぎの大きさを表わす定数 A は後で決める. ランジュヴァン方程式の解は, 斉次方程式の一般解と非斉次方程式の特殊解を加えた

$$v(t) = v(t_0)\mathrm{e}^{-\frac{t-t_0}{\tau}} + \frac{1}{m}\int_{t_0}^{t}\mathrm{d}s\,\mathrm{e}^{-\frac{t-s}{\tau}}X(s)$$

である. これを平均すると $\langle X(t)\rangle = 0$ によって $\langle v(t)\rangle = v(t_0)\mathrm{e}^{-\frac{t-t_0}{\tau}}$ となるので, $\langle v(t)\rangle = 0$ と両立するためには $t_0 \to -\infty$ とすればよい. ランジュヴァン方程式の解は

$$v(t) = \frac{1}{m}\int_{-\infty}^{t}\mathrm{d}s\,\mathrm{e}^{-\frac{t-s}{\tau}}X(s) = \frac{1}{m}\int_{0}^{\infty}\mathrm{d}\sigma\,\mathrm{e}^{-\frac{\sigma}{\tau}}X(t-\sigma)$$

である. 右辺で変数変換 $\sigma = t - s$ を行った. 速度相関関数は

$$\begin{aligned}
\langle v(t)v(t')\rangle &= \frac{1}{m^2}\int_{0}^{t}\mathrm{d}\sigma\,\mathrm{e}^{-\frac{\sigma}{\tau}}\int_{0}^{t'}\mathrm{d}\sigma'\,\mathrm{e}^{-\frac{\sigma'}{\tau}}\langle X(t-\sigma)X(t'-\sigma')\rangle \\
&= \frac{2A}{m^2}\int_{0}^{t}\mathrm{d}\sigma\,\mathrm{e}^{-\frac{\sigma}{\tau}}\int_{0}^{t'}\mathrm{d}\sigma'\,\mathrm{e}^{-\frac{\sigma'}{\tau}}\delta(t-\sigma-t'+\sigma')
\end{aligned}$$

を計算すればよい．デルタ関数は $\sigma' = \sigma - t + t'$ にのみ値を持つので，σ' に関する積分において，$t > t'$ のときは $\sigma > t - t'$ でなければならない．したがって

$$\langle v(t)v(t') \rangle = \frac{2A}{m^2} \mathrm{e}^{\frac{t-t'}{\tau}} \begin{cases} \int_0^\infty \mathrm{d}\sigma \, \mathrm{e}^{-\frac{2\sigma}{\tau}} & (t < t') \\ \int_{t-t'}^\infty \mathrm{d}\sigma \, \mathrm{e}^{-\frac{2\sigma}{\tau}} & (t > t') \end{cases} = \frac{A\tau}{m^2} \mathrm{e}^{-\frac{|t-t'|}{\tau}} \tag{8.17}$$

が得られる．同時刻相関

$$\langle v^2(t) \rangle = \frac{A\tau}{m^2}$$

が等分配の法則と一致するためには

$$A = kT\gamma = \gamma^2 D$$

でなければならない．D はアインシュタイン－スモルコフスキーの拡散係数である．不規則なゆらぎ力の大きさを表わす A と拡散係数の間の関係を与えるゆらぎ－散逸定理である．ゆらぎとそれをさまたげる摩擦の平衡の上に熱平衡が成立することを表わしている．

変位 $x(t) = \int_0^t \mathrm{d}s \, v(s)$ の2乗平均は

$$\langle x^2(t) \rangle = \int_0^t \mathrm{d}s \int_0^t \mathrm{d}s' \, \langle v(s)v(s') \rangle \tag{8.18}$$

を計算すればよい．(8.17) によって，ss' 平面における $s > s'$ の領域の積分と $s < s'$ の領域の積分は同値であるから

$$\langle x^2(t) \rangle = 2 \int_0^t \mathrm{d}s \int_0^s \mathrm{d}s' \, \langle v(s)v(s') \rangle = \frac{2A\tau}{m^2} \int_0^t \mathrm{d}s \int_0^s \mathrm{d}s' \, \mathrm{e}^{-\frac{s-s'}{\tau}}$$

を計算すればよい．積分は容易で

$$\langle x^2(t) \rangle = \frac{2A\tau}{m^2} \tau \left(t + \tau \left(\mathrm{e}^{-\frac{t}{\tau}} - 1 \right) \right) = 2D \left(t + \tau \left(\mathrm{e}^{-\frac{t}{\tau}} - 1 \right) \right)$$

になりオルンシュタイン－ヒュルトの公式 (8.14) が再現される．(8.18) を時間微分すると

$$\frac{\partial \langle x^2(t) \rangle}{\partial t} = 2 \int_0^t \mathrm{d}s \, \langle v(t)v(s) \rangle = 2 \int_0^t \mathrm{d}s \, \langle v(0)v(s) \rangle$$

になる．右辺で相関関数は時間の原点に依存しないことを使った．時間が十分経てば左辺は $2D$ になるから D を相関関数で表わす

$$D = \int_0^\infty \mathrm{d}t \, \langle v(0)v(t) \rangle$$

が得られる．

9

光子気体

Gaz de photons

9.1 振動子の熱力学

ボルツマンの原理 (8.4) を用いて N 個の振動子のエントロピー

$$S = k \ln W$$

を計算してみよう．W は一定のエネルギーを N 個の振動子系に分配する方法の数である．古典理論のエネルギーは連続値を取るから，ボルツマンが 1872 年以来行っていたように，エネルギーを微小な幅 ε_0 に分割し，最後にその幅を無限小にすることによって W を計算しよう（1891 年の学会で，オストヴァルトとプランクを向こうに回したボルツマンは，「エネルギー自体が原子的に分割されていないなどという理由がどこにあるのだ」と言い放った，とオストヴァルトが回想している）．すなわち，1 つの振動子のエネルギーを最小単位 ε_0 の整数倍であるとして，振動子 1 に $n_1 \varepsilon_0$，振動子 2 に $n_2 \varepsilon_0$，のようにエネルギーを分配する．N 個の振動子からなる系の全エネルギー

$$U = M \varepsilon_0, \qquad M \equiv n_1 + n_2 + \cdots + n_N$$

を分配する方法の数（微視状態数）W を計算するのである．

白の碁石を，ε_0 に見立てて，振動子 1 に対して n_1 個並べよう．振動子 2 と区別するために黒の碁石を 1 個置き，続いて振動子 2 に対して白の碁石を n_2 個並べて黒の碁石を 1 個置く．M 個の白石と $N-1$ 個の黒石を並べた 1 列が 1 つの微視状態を表す．M 個の白石の並べ方は $M!$ 通りあるが，量子力学では本質的に

粒子は区別できないので，白石を $M!$ 通り並べ替えても新しい微視状態とはみなさない．$N-1$ 個の黒石も $(N-1)!$ 通りの並べ替えで微視状態は同じである．白黒 $M+N-1$ 個の碁石を並べる方法の数は $(M+N-1)!$ 通りだが微視状態数としては $M!(N-1)!$ だけ数えすぎている．すなわち

$$(M+N-1)! = M!(N-1)!W(M)$$

となり，次式が得られる．

定理 9.1　振動子系の全エネルギー U の分配の仕方の数は，$n_1, n_2, \ldots, n_N$ のすべての可能な組み合わせの数で，2 項係数

$$W(M) = \frac{(M+N-1)!}{M!(N-1)!} = \begin{pmatrix} M+N-1 \\ M \end{pmatrix}$$

である．プランクが導き，エーレンフェストが修正を加えた．

　振動子系のエントロピーは，$M \gg 1$，$N \gg 1$ として，スターリングの公式 $\ln N! \cong N \ln N - N$ を使うと，

$$\begin{aligned} S &= k\{(M+N-1)\ln(M+N-1) - (M+N-1) - M\ln M + M \\ &\quad -(N-1)\ln(N-1) + (N-1)\} \\ &= k\{(M+N)\ln(M+N) - M\ln M - N\ln N\} \end{aligned}$$

になる．温度を

$$\frac{1}{T} = \frac{\mathrm{d}S}{\mathrm{d}U} = \frac{k}{\varepsilon_0}\ln\frac{M+N}{M} = \frac{k}{\varepsilon_0}\ln\frac{U+N\varepsilon_0}{U}$$

によって定義すると

$$U = \frac{N\varepsilon_0}{\mathrm{e}^{\frac{\varepsilon_0}{kT}} - 1}$$

が得られる．振動子 1 個の平均エネルギーは

$$\frac{U}{N} = \langle\varepsilon\rangle = \frac{\varepsilon_0}{\mathrm{e}^{\frac{\varepsilon_0}{kT}} - 1} \tag{9.1}$$

である．$kT \gg \varepsilon_0$ となる高温では

$$\langle\varepsilon\rangle \sim kT \tag{9.2}$$

となり振動子へのエネルギー等分配則が成り立っている. $kT \ll \varepsilon_0$ となる低温では,

$$\langle \varepsilon \rangle \sim \varepsilon_0 e^{-\frac{\varepsilon_0}{kT}} \tag{9.3}$$

によって 0 に近づく. 振動子系エントロピーの 2 次微分係数は

$$\frac{\mathrm{d}^2 S}{\mathrm{d}U^2} = \frac{\mathrm{d}\frac{1}{T}}{\mathrm{d}U} = -\frac{k}{N\langle \varepsilon \rangle(\langle \varepsilon \rangle + \varepsilon_0)} \tag{9.4}$$

によって与えられる.

9.2　エネルギー量子

プランクの発見はきわめて重要なので, プランクが辿った思考を振り返りたい. プランクの出発点はヴィーンの輻射式で, 振動子の平均エネルギーとして

$$\langle \varepsilon \rangle = h\nu e^{-h\nu/kT}$$

を取ることに相当する (ヴィーンの輻射式に現れる定数は $a = \frac{h}{k}, b = h$ で, プランク定数 h もボルツマン定数 k もプランクが導入した). これを解くと温度は

$$\frac{1}{T} = -\frac{k}{h\nu} \ln \frac{\langle \varepsilon \rangle}{h\nu}$$

になる. エントロピーの 2 次微分係数は

$$\frac{\mathrm{d}^2 S}{\mathrm{d}U^2} = \frac{\mathrm{d}\frac{1}{T}}{\mathrm{d}U} = \frac{1}{N}\frac{\mathrm{d}\frac{1}{T}}{\mathrm{d}\langle \varepsilon \rangle} = -\frac{k}{Nh\nu\langle \varepsilon \rangle}$$

である. ところが 1900 年にルーベンスとクルルバウムは, ヴィーンの輻射式が長波長領域で実験値と著しく違うことを見つけた. プランクはルーベンスから, 高温ではヴィーンの式は実験と矛盾し, 振動子の平均エネルギーは温度の指数関数ではなく, 温度に比例することを知らされる. そのときは

$$\frac{\mathrm{d}^2 S}{\mathrm{d}U^2} \propto \frac{1}{\langle \varepsilon \rangle^2}$$

が成り立つ. そこでプランクはヴィーンの輻射式が波長の長い領域においても実験値に合うように 2 領域を内挿する式として

$$\frac{\mathrm{d}^2 S}{\mathrm{d}U^2} = -\frac{k}{N\langle \varepsilon \rangle(\langle \varepsilon \rangle + h\nu)} \tag{9.5}$$

を考えた. これは振動子系エントロピーの2次微分係数 (9.4) と同じ形をしている.

プランクは, 自分の内挿式から得られるエントロピーが $X \ln X = \ln X^X$ の形を持ち, ボルツマンの論文に頻繁に組み合わせ数が現れることから, ボルツマンの原理を採用することを思い立ったのである. ボルツマンは 1897 年の論文で, プランクに向けて,「気体理論と同じ原理を用いて輻射についてエントロピー定理に類似した定理を導くことが可能である」と指摘していた. ε_0 は, エネルギーを離散化するためボルツマンが導入した便宜上の量で, 最後には $\varepsilon_0 \to 0$ とするはずだったが, プランクの内挿式 (9.5) は振動子系の (9.4) と比較すると

$$\varepsilon_0 = h\nu$$

である. $\varepsilon_0 \to 0$ の極限を取ることは許されず, 振動数 ν の振動子のエネルギーは h を定数として $h\nu$ の整数倍しか取ることができないとプランクは結論した. プランクはエネルギーと時間の積, すなわち作用の次元を持つ h を作用量子と呼んだ. だが輻射自体が不連続的であると考えたわけではない. アインシュタインの光量子仮説をなかなか受け入れようとしなかった.

9.3 アインシュタインの光量子仮説

電磁波は互いに相互作用しないので, 唯一の相互作用は壁との間で生じる. プランクは壁を調和振動子に置きかえて輻射公式を導いたのだ. 電磁波を光の粒子とする革命的な着想はアインシュタインのものである. まず 1905 年のアインシュタインの光量子仮説にいたる推論を調べてみよう. アインシュタインはプランクの輻射式を使わず, ヴィーンの輻射式から出発した. 電磁波はさまざまな振動数を持つ基準振動からなるので輻射のエネルギーは (9.7) で与える和を積分に置きかえる公式を用いて

$$U = \sum_i h\nu_i \mathrm{e}^{-h\nu_i/kT} = \frac{8\pi h V}{c^3} \int_0^\infty \mathrm{d}\nu\, \nu^3 \mathrm{e}^{-h\nu/kT}$$

によって与えられる. 体積 V, 振動数 ν の輻射のエネルギーは

$$U(\nu, T) = \frac{8\pi h\nu^3 V}{c^3} \mathrm{e}^{-h\nu/kT} \tag{9.6}$$

になる. これを T について解き,

$$\frac{1}{T} = -\frac{k}{h\nu} \ln \frac{c^3 U(\nu, T)}{8\pi h\nu^3 V}$$

を $\dfrac{\mathrm{d}S}{\mathrm{d}U(\nu,T)}$ に同値して積分すると輻射のエントロピーは

$$S = -\frac{kU(\nu,T)}{h\nu}\left(\ln\frac{c^3 U(\nu,T)}{8\pi h\nu^3 V} - 1\right)$$

である．そこで，体積を V_1 から V_2 に変化させたときのエントロピーの変化

$$S_2 - S_1 = \frac{kU(\nu,T)}{h\nu}\ln\frac{V_2}{V_1} = k\ln\left(\frac{V_2}{V_1}\right)^{U(\nu,T)/h\nu}$$

は粒子数 N の理想気体を体積 V_1 から V_2 に変化させたときのエントロピーの変化

$$S_2 - S_1 = k\ln\left(\frac{V_2}{V_1}\right)^{N}$$

にそっくりである．すなわちヴィーンの輻射式は，振動数 ν を持つ電磁波があたかもエネルギー $h\nu$ を持つ粒子のように振る舞うことを示唆している．これが光量子である．(9.6) をエネルギー $h\nu$ で割ると光子の個数分布関数が

$$N(\nu,T) = \frac{U(\nu,T)}{h\nu} = \frac{8\pi\nu^2 V}{c^3}\mathrm{e}^{-h\nu/kT}$$

で与えられる．これはカノニカル分布によって光子がエネルギー $h\nu$ を持つ個数を与えている．ヴィーンの輻射式は，光子という粒子が体積 V の中で，マクスウェルの気体分子のように振る舞っていることを表していたのである．

9.4　プランクの輻射式

　ばねの振動は運動エネルギーと位置エネルギーの間でエネルギーが往復することによって起る．電磁波の場合も，電場のエネルギーが運動エネルギー，磁場のエネルギーが位置エネルギーで，電磁波は調和振動子の集合である．電磁場を基準振動に分解すると，電磁場のエネルギーは各振動数ごとに独立した調和振動子になる．調和振動子は離散的な値しか取ることができないので，電磁波は光の粒子，光量子の集合である．振動数 ν_i の電磁波はエネルギー $h\nu_i$ の光量子の集まりである．1 辺が L の立方体の箱の中に電磁波が閉じ込められているとしよう．角波数（略して波数）は長さ 2π の中に波が振動する数（波長 λ の個数）によって，すなわち

$$k = \frac{2\pi}{\lambda}$$

によって定義する．もっとも波長が長い基準振動は半波長が L の場合である．すなわち波長が $2L$ の場合である．したがって波数は $\frac{2\pi}{2L} = \frac{\pi}{L}$ である．次に波長が長い基準振動は波長が L の場合で，波数は $\frac{2\pi}{L}$ である．一般に基準振動の波数は $\frac{n\pi}{L}$ である．x, y, z 各方向の基準振動は波数ベクトル

$$\mathsf{k} = (k_x, k_y, k_z) = \left(\frac{n_x \pi}{L}, \frac{n_y \pi}{L}, \frac{n_z \pi}{L} \right)$$

によって与えられる．n_x, n_y, n_z は自然数を取り，電磁波の状態を指定する．k 空間で各辺が $\frac{\pi}{L}$ の立方体の体積 $\left(\frac{\pi}{L}\right)^3$ の中には基準振動が 1 つしかない．そこで k 空間の体積を $\left(\frac{\pi}{L}\right)^3$ で割り算すれば基準振動の数を算出できる．波数の大きさが k から $k + \mathrm{d}k$ の範囲にある状態数は半径 k，幅 $\mathrm{d}k$ の球殻の体積 $4\pi k^2 \mathrm{d}k$ の $\frac{1}{8}$ である．k_x, k_y, k_z はいずれも正値を取るからである．そこで状態数は

$$2 \times \frac{1}{8} \times \frac{4\pi k^2 \mathrm{d}k}{\left(\frac{\pi}{L}\right)^3} = V \frac{k^2 \mathrm{d}k}{\pi^3} = V \frac{8\pi}{c^3} \nu^2 \mathrm{d}\nu \tag{9.7}$$

になる．ここで数因子 2 は電磁波が横波で，2 つの偏極があることに由来する．$V = L^3$ は箱の体積である．また波数と振動数は，光速度を c として

$$k = \frac{2\pi}{\lambda} = \frac{2\pi\nu}{c}$$

の関係にあることを使った．波数が ν と $\nu + \mathrm{d}\nu$ の範囲にある電磁波のエネルギーは，1 振動子あたりのエネルギーがプランクの公式 (9.1) で与えられることを考慮して

$$U(\nu, T)\mathrm{d}\nu = \frac{h\nu}{\mathrm{e}^{\frac{h\nu}{kT}} - 1} \cdot V \frac{8\pi}{c^3} \nu^2 \mathrm{d}\nu$$

によって与えられる．

定理 9.2（プランクの輻射公式） 振動数が ν と $\nu + \mathrm{d}\nu$ の範囲にある電磁波のエネルギーは単位体積あたり

$$u(\nu, T)\mathrm{d}\nu = \frac{8\pi h}{c^3} \frac{\nu^3 \mathrm{d}\nu}{\mathrm{e}^{\frac{h\nu}{kT}} - 1}$$

によって与えられる．

208   第 9 章　光子気体

波長に関する分布関数は, $x = \frac{hc}{kT\lambda}$ の関数として,

$$u(\lambda, T) = \frac{8\pi(kT)^5}{(hc)^4}\frac{x^5}{e^x - 1}$$

になるから, 与えられた温度で極大になるのは $5(1 - e^{-x}) = x$ の解, すなわち $x_{\max} = 4.96511423\cdots$ のときである. これからヴィーンの変位則の定数

$$b = \lambda_{\max}T = \frac{hc}{k\,x_{\max}} = 2.8977729(17) \times 10^{-3}\,\mathrm{m\,K} \tag{9.8}$$

が得られる. $kT \gg h\nu$ となる高温ではエネルギー等分配が成り立ち, (9.2) によって

$$u(T) = \frac{1}{V}\sum_i kT = kT\frac{8\pi h}{c^3}\int_0^\infty \mathrm{d}\nu\,\nu^2$$

となり (積分自体は発散している)

$$u(\nu, T)\mathrm{d}\nu = kT\frac{8\pi h}{c^3}\nu^2\mathrm{d}\nu$$

になる. レイリーが与えた式は 8 倍大きく, ジーンズが修正した. いずれも 1905 年で, プランクの 5 年後である. $kT \ll h\nu$ となる低温では (9.3) によってヴィーンの輻射公式

$$u(\nu, T)\mathrm{d}\nu = \frac{8\pi h}{c^3}e^{-\frac{h\nu}{kT}}\nu^2\mathrm{d}\nu$$

になる.

9.5　振動子の量子力学

　質量 m, ばね定数 k の 1 次元調和振動子のエネルギー ε は運動エネルギーと位置エネルギーの和

$$\varepsilon = \frac{p^2}{2m} + \frac{1}{2}kx^2$$

で, その振動数は

$$\nu = \frac{1}{2\pi}\omega = \frac{1}{2\pi}\sqrt{\frac{k}{m}}$$

によって与えられる. ω は角振動数である. ε は

$$\varepsilon = \frac{p^2}{2m} + 2\pi^2 m\nu^2 x^2$$

になる．この質点の運動量 p と位置座標 x を量子化すると，ε は離散的な値しか取ることができず

$$\varepsilon = \left(\frac{1}{2} + n\right) h\nu$$

によって与えられる．n は負でない整数値 0, 1, 2, $\cdots$ を取る．すなわち

$$\varepsilon = \frac{1}{2} h\nu, \quad \frac{3}{2} h\nu, \quad \frac{5}{2} h\nu, \quad \cdots$$

を取る．量子力学では，不確定性原理によって，最低エネルギー状態でも粒子が静止することができない．$\frac{1}{2} h\nu$ は零点振動のエネルギーを表わす．

定理 9.3（プランク分布関数） 振動子の量子数 n の平均値はプランク分布

$$\langle n \rangle = \frac{1}{\mathrm{e}^{\frac{h\nu}{kT}} - 1} \tag{9.9}$$

によって与えられる．

証明 N 個の振動子の集合の内部エネルギー U は

$$U = \left(\frac{1}{2} + n_1\right) h\nu + \left(\frac{1}{2} + n_2\right) h\nu + \cdots + \left(\frac{1}{2} + n_N\right) h\nu$$

になる．すなわち

$$U = \frac{1}{2} N h\nu + M h\nu, \qquad M \equiv n_1 + n_2 + \cdots + n_N$$

である．$\frac{1}{2} N h\nu$ は零点振動による定数項である．温度を

$$\frac{1}{T} = \frac{k}{h\nu} \ln \frac{M + N}{M} = \frac{k}{h\nu} \ln \frac{U + \frac{1}{2} N h\nu}{U - \frac{1}{2} N h\nu}$$

によって定義すると

$$U = N \left(\frac{1}{2} + \frac{1}{\mathrm{e}^{\frac{h\nu}{kT}} - 1}\right) h\nu$$

が得られる．振動子 1 個の平均エネルギーは

$$\frac{U}{N} = \langle \varepsilon \rangle = \left(\frac{1}{2} + \frac{1}{\mathrm{e}^{\frac{h\nu}{kT}} - 1}\right) h\nu \tag{9.10}$$

である．$\langle \varepsilon \rangle = \left(\frac{1}{2} + \langle n \rangle\right) h\nu$ によってプランク分布関数 (9.9) が得られる． $\square$

カノニカル分布　振動子がエネルギー $nh\nu$ を持つ確率はカノニカル分布

$$\frac{1}{Z}\mathrm{e}^{-\frac{\left(\frac{1}{2}+n\right)h\nu}{kT}}$$

によって与えられる. Z は分配関数

$$Z = \sum_{n=0}^{\infty} \mathrm{e}^{-\frac{\left(\frac{1}{2}+n\right)h\nu}{kT}} = \frac{\mathrm{e}^{-\frac{h\nu}{2kT}}}{1 - \mathrm{e}^{-\frac{h\nu}{kT}}}$$

である. n の平均値はプランク分布関数

$$\langle n \rangle = \frac{\sum_{n=0}^{\infty} n\mathrm{e}^{-\frac{\left(\frac{1}{2}+n\right)h\nu}{kT}}}{\sum_{n=0}^{\infty} \mathrm{e}^{-\frac{\left(\frac{1}{2}+n\right)h\nu}{kT}}} = \frac{1}{\mathrm{e}^{\frac{h\nu}{kT}} - 1}$$

になる. 1 振動子のエネルギー $\varepsilon = \left(\frac{1}{2} + n\right)h\nu$ の平均値は (9.10) で与えたプランクの公式

$$\langle \varepsilon \rangle = \left(\frac{1}{2} + \frac{1}{\mathrm{e}^{\frac{h\nu}{kT}} - 1}\right)h\nu$$

に帰着する.

演習 9.4　量子数 n のゆらぎが

$$\langle \Delta n^2 \rangle = \langle n^2 \rangle - \langle n \rangle^2 = \langle n \rangle + \langle n \rangle^2 \tag{9.11}$$

になることを示せ.

証明　(9.10) で与えたプランクの公式を使うと

$$\langle n^2 \rangle = \frac{\sum_{n=0}^{\infty} n^2\mathrm{e}^{-\frac{\left(\frac{1}{2}+n\right)h\nu}{kT}}}{\sum_{n=0}^{\infty} \mathrm{e}^{-\frac{\left(\frac{1}{2}+n\right)h\nu}{kT}}} = \langle n \rangle^2 - kT\frac{\partial \langle n \rangle}{\partial (h\nu)}$$

になるから

$$\langle n^2 \rangle - \langle n \rangle^2 = -kT\frac{\partial \langle n \rangle}{\partial (h\nu)} = \frac{1}{\mathrm{e}^{\frac{h\nu}{kT}} - 1} + \frac{1}{\left(\mathrm{e}^{\frac{h\nu}{kT}} - 1\right)^2}$$

によって題意を得る.

$$\frac{\langle n^2 \rangle - \langle n \rangle^2}{\langle n \rangle^2} = \frac{1}{\langle n \rangle} + 1$$

になるので相対的なゆらぎは $\langle n \rangle \gg 1$ の場合でも小さくならない．理想気体の粒子数ゆらぎが (8.12) で与えたように $\langle \Delta N^2 \rangle = \langle N \rangle$ になることを思い出すと (9.11) 右辺第 1 項は粒子的ゆらぎを表わしていることがわかる． $\square$

アインシュタインは 1909 年に次のような考察を行った．(9.11) で与えた量子の個数 n の 2 乗平均ゆらぎ (9.11) から振動子のエネルギー ε のゆらぎ

$$\langle \Delta \varepsilon^2 \rangle = \left(\langle n^2 \rangle - \langle n \rangle^2 \right) (h\nu)^2 = \left(\langle n \rangle + \langle n \rangle^2 \right) (h\nu)^2$$

が得られる．ゆらぎが和で与えられるのは，それが 2 つの異なる原因によって生じていることを表している．右辺第 1 項はヴィーンの輻射式に対応し，ν が大きいときの粒子的ゆらぎ，第 2 項はレイリー－ジーンズの輻射式に対応し，ν が小さいときの波動的ゆらぎになるから，プランクの輻射式は光が粒子性と波動性を併せ持つことを表しているのである．また，1922 年にド・ブロイが指摘したように，アインシュタインのゆらぎの式を

$$\langle \Delta \varepsilon^2 \rangle = \left(h\nu \mathrm{e}^{-h\nu/kT} + 2h\nu \mathrm{e}^{-2h\nu/kT} + 3h\nu \mathrm{e}^{-3h\nu/kT} + \cdots \right) h\nu$$

のように展開すると，輻射のエネルギーが $h\nu,\, 2h\nu,\, 3h\nu,\, \cdots$ のエネルギーを持つ光子に割り当てられたゆらぎと解釈できる．

9.6　シュテファン－ボルツマンの法則

基準振動数を $\nu_1, \nu_2, \cdots$ とする振動子の系を考える．この系の状態 r におけるエネルギー U_r は各振動子の量子数 $n_1, n_2, \cdots$ によって決まる．すなわち

$$U_r = \left(\frac{1}{2} + n_1 \right) h\nu_1 + \left(\frac{1}{2} + n_2 \right) h\nu_2 + \cdots = \sum_{i=1}^{\infty} \left(\frac{1}{2} + n_i \right) h\nu_i$$

によって与えられる．したがってカノニカル分配関数は

$$Z = \sum_{r=1}^{\infty} \mathrm{e}^{-\frac{U_r}{kT}} = \sum_{n_1=0}^{\infty} \sum_{n_2=0}^{\infty} \cdots \mathrm{e}^{-\frac{\sum_i \left(\frac{1}{2} + n_i \right) h\nu_i}{kT}}$$

$$= \prod_{i=1}^{\infty} \sum_{n_i=0}^{\infty} \mathrm{e}^{-\frac{\left(\frac{1}{2} + n_i \right) h\nu_i}{kT}} = \prod_{i=1}^{\infty} \frac{\mathrm{e}^{-\frac{h\nu_i}{2kT}}}{1 - \mathrm{e}^{-\frac{h\nu_i}{kT}}}$$

である．n_i の平均値は

$$\langle n_i \rangle = \frac{\sum_{n_i=0}^{\infty} n_i \mathrm{e}^{-\frac{\left(\frac{1}{2}+n_i\right)h\nu_i}{kT}}}{\sum_{n_i=0}^{\infty} \mathrm{e}^{-\frac{\left(\frac{1}{2}+n_i\right)h\nu_i}{kT}}} = \frac{1}{\mathrm{e}^{\frac{h\nu_i}{kT}}-1}$$

になる．振動子 i のエネルギーの平均値は

$$\langle \varepsilon_i \rangle = u(\nu_i, T) = \left(\frac{1}{2} + \frac{1}{\mathrm{e}^{\frac{h\nu_i}{kT}}-1}\right) h\nu_i$$

である．

　単位体積あたりの光子気体の内部エネルギーは，観測されない零点振動の無限大の寄与を別にして，

$$u(T) = \sum_i \langle \varepsilon_i \rangle = \frac{8\pi h}{c^3} \int_0^\infty \mathrm{d}\nu \, \frac{\nu^3}{\mathrm{e}^{\frac{h\nu}{kT}}-1} = \frac{8\pi h}{c^3}\left(\frac{kT}{h}\right)^4 \int_0^\infty \mathrm{d}x \, \frac{x^3}{\mathrm{e}^x-1}$$

を計算すればよい．積分公式 (A18) を代入すると，光子気体の内部エネルギー密度はシュテファン－ボルツマンの法則

$$u(T) = aT^4, \qquad a = \frac{8\pi^5 k^4}{15h^3 c^3}$$

によって与えられる．熱力学では定まらなかった定数 a が決まった．

　空洞内に取った任意の面を通して電磁波のエネルギーが流れている．体積要素 $\mathrm{d}V$ の輻射エネルギー $u\mathrm{d}V$ は等方的に拡散しているから，$\mathrm{d}V$ から距離 r にある面積要素 $\mathrm{d}A$ に流れ込むエネルギーは，全立体角 4π のうち $\mathrm{d}A$ を俯瞰する立体角 $\mathrm{d}A\cos\theta/r^2$ 分である．したがって，単位時間に $\mathrm{d}A$ に入射するエネルギーはボルツマンが与えたように，$\mathrm{d}\Omega = \sin\theta \mathrm{d}\theta \mathrm{d}\phi$ として，

$$cu\mathrm{d}V\frac{\mathrm{d}A\cos\theta}{4\pi r^2} = cu\frac{\mathrm{d}\Omega}{4\pi}\mathrm{d}A\cos\theta$$

である．単位時間にこの面の単位面積に流れ込むエネルギーは

$$P = \frac{1}{4\pi}cu \int_0^{\frac{1}{2}\pi} \mathrm{d}\theta \sin\theta \cos\theta \int_0^{2\pi} \mathrm{d}\phi = \frac{1}{4}cu = \sigma T^4$$

になる（積分の範囲が $0 \le \theta \le \frac{1}{2}\pi$ であることに注意）．シュテファン－ボルツマン定数

$$\sigma = \frac{1}{4}ca = \frac{2\pi^5 k^4}{15h^3 c^2}$$

になる．

9.6 シュテファン–ボルツマンの法則 213

演習 9.5 光子数密度は

$$n(T) = 16\pi\zeta(3)\left(\frac{kT}{hc}\right)^3$$

になることを示せ. ここでアペリー定数

$$\zeta(3) = \sum_{n=1}^{\infty}\frac{1}{n^3} = \frac{1}{2}\int_0^{\infty}\mathrm{d}x\,\frac{x^2}{\mathrm{e}^x-1} = 1.2020569\cdots$$

を使った（アペリーは 1977 年に $\zeta(3)$ が無理数であることを証明した）.

証明 光子数密度は

$$n(T) = \sum_i \langle n_i\rangle = \frac{8\pi}{c^3}\int_0^{\infty}\mathrm{d}\nu\,\frac{\nu^2}{\mathrm{e}^{\frac{h\nu}{kT}}-1} = 8\pi\left(\frac{kT}{hc}\right)^3\int_0^{\infty}\mathrm{d}x\,\frac{x^2}{\mathrm{e}^x-1}$$

である. □

演習 9.6 **(輻射圧)** 光子気体に対し，グランド分配関数を用いて

$$p = \frac{1}{3}u$$

を示せ.

証明 光子気体の化学ポテンシャル μ は 0 なのでグランドポテンシャルはヘルムホルツ関数に等しい. $-pV = J = F - N\mu = F$ が成り立つからカノニカル分配関数 Z はグランド分配関数 Ξ に等しい. これによってグランド分配関数

$$\ln\Xi = -\sum_i \ln\left(1 - \mathrm{e}^{-\frac{h\nu_i}{kT}}\right)$$

が得られる（零点振動の寄与を除く）. 基準振動に関する和を積分で置きかえ

$$p = \frac{kT}{V}\ln\Xi = -\frac{kT}{V}\sum_i \ln\left(1 - \mathrm{e}^{-\frac{h\nu_i}{kT}}\right) = -kT\frac{8\pi}{c^3}\int_0^{\infty}\mathrm{d}\nu\,\nu^2\ln\left(1 - \mathrm{e}^{-\frac{h\nu}{kT}}\right)$$

を計算すればよい. 積分変数を $x = \frac{h\nu}{kT}$ に変換すれば

$$p = -\frac{8\pi h}{c^3}\left(\frac{kT}{h}\right)^4\int_0^{\infty}\mathrm{d}x\,x^2\ln\left(1 - \mathrm{e}^{-x}\right) = \frac{1}{3}\frac{8\pi h}{c^3}\left(\frac{kT}{h}\right)^4\int_0^{\infty}\mathrm{d}x\,\frac{x^3}{\mathrm{e}^x-1}$$

となり $p = \frac{1}{3}u$ が得られる. □

10

相対論的熱力学

Thermodynamique relativiste

10.1 完全流体のエネルギー運動量テンソル

　体積 V の箱に閉じ込められた流体が一定速度 u で運動しているとする．流体の質量を M とすると流体のエネルギーは $U = Mc^2$ で，エネルギー密度は，質量密度を $\varrho = \frac{M}{V}$ とすると $\frac{Mc^2}{V} = \varrho c^2$ である．系は運動しているので $U = \varrho c^2 V$ は全エネルギーである．流体のエネルギー流束密度を s，運動量密度を g とする．u $= (u_x, u_y, u_z)$，g $= (g_x, g_y, g_z)$，s $= (s_x, s_y, s_z)$ はいずれも 3 元ベクトルだが，便宜上，u $= (u^1, u^2, u^3)$，g $= (g^1, g^2, g^3)$，s $= (s^1, s^2, s^3)$ のように記す．4 元座標を $(x^0, x^1, x^2, x^3) = (ct, x, y, z)$ とする．エネルギー運動量テンソル T^{mi} は 4 行 4 列の行列で，T^{0i} の 4 成分のうち，T^{00} がエネルギー密度 ϱc^2 で他の 3 成分は cg^i を表わす．T^{m0} の空間 3 成分は $\frac{1}{c}s^m$ を表わす．残り 3 行 3 列のテンソルは応力テンソル $-\mathcal{T}$ を表わす．行列で表わせば

$$(T^{mi}) = \begin{pmatrix} \varrho c^2 & cg \\ \frac{1}{c}s & -\mathcal{T} \end{pmatrix} = \begin{pmatrix} \varrho c^2 & cg^1 & cg^2 & cg^3 \\ \frac{1}{c}s^1 & -\mathcal{T}^{11} & -\mathcal{T}^{12} & -\mathcal{T}^{13} \\ \frac{1}{c}s^2 & -\mathcal{T}^{21} & -\mathcal{T}^{22} & -\mathcal{T}^{23} \\ \frac{1}{c}s^3 & -\mathcal{T}^{31} & -\mathcal{T}^{32} & -\mathcal{T}^{33} \end{pmatrix}$$

である．密度 ϱ_0，圧力 p_0 を持つ静止完全流体（気体では理想気体）のエネルギー運動量テンソルは

$$(T^{mi}) = \begin{pmatrix} \varrho_0 c^2 & 0 & 0 & 0 \\ 0 & p_0 & 0 & 0 \\ 0 & 0 & p_0 & 0 \\ 0 & 0 & 0 & p_0 \end{pmatrix} \tag{10.1}$$

になる．固有時 $\tau = t\sqrt{1 - \frac{u^2}{c^2}}$ によって 4 元速度ベクトルを

$$U^i = \frac{\mathrm{d}x^i}{\mathrm{d}\tau} = \frac{(c, u^1, u^2, u^3)}{\sqrt{1 - \frac{u^2}{c^2}}}$$

のように定義すると，(10.1) は任意の慣性系で

$$T^{mi} = p_0 \eta^{mi} + \left(\frac{p_0}{c^2} + \varrho_0\right) U^m U^i$$

である．ここで η は計量テンソル

$$(\eta^{mi}) = (\eta_{mi}) = \begin{pmatrix} -1 & 0 & 0 & 0 \\ 0 & 1 & 0 & 0 \\ 0 & 0 & 1 & 0 \\ 0 & 0 & 0 & 1 \end{pmatrix}$$

で，不変線要素は

$$\mathrm{d}s^2 = -c^2\mathrm{d}t^2 + \mathrm{d}x^2 + \mathrm{d}y^2 + \mathrm{d}z^2 = \eta_{mi}\mathrm{d}x^m\mathrm{d}x^i$$

によって与えられる（上付きの添字と下付きの添字が同じとき，和をとるアインシュタインの規約を用いる）．エネルギー運動量テンソル空間成分（m と i が $1, 2, 3$）は

$$T^{mi} = p_0 \eta^{mi} + \frac{\left(\frac{p_0}{c^2} + \varrho_0\right) u^m u^i}{1 - \frac{u^2}{c^2}}$$

になる．運動量密度は

$$g^i = \frac{1}{c}T^{0i} = \frac{\left(\frac{p_0}{c^2} + \varrho_0\right) u^i}{1 - \frac{u^2}{c^2}} \tag{10.2}$$

である．したがってエネルギー運動量テンソル空間成分は

$$T^{mi} = p_0 \eta^{mi} + u^m g^i$$

と書くことができる．$u^m g^i$ は運動量密度 g^i の m 方向への流束を表わす．エネルギー運動量テンソル空間成分のそれ以外は応力テンソルで

$$-\mathcal{T}^{mi} = T^{mi} - u^m g^i = p_0 \eta^{mi}$$

になり，任意の慣性系で静圧のみである．静圧は座標系によらない．

216　　第 10 章　相対論的熱力学

法則 10.1　静圧はローレンツ変換に対して不変である．すなわち

$$p = p_0$$

が成り立つ．

エネルギー流束密度は

$$s^i = cT^{i0} = \frac{\left(\frac{p_0}{c^2} + \varrho_0\right) c^2 u^i}{1 - \frac{u^2}{c^2}} = c^2 g^i$$

になりプランクの関係式 $\mathsf{s} = c^2\mathsf{g}$ を満たす．これによって $T^{0i} = T^{i0}$ が成り立ち，応力テンソル $\mathcal{T}$ も対称行列になるので，T^{mi} は対称行列である．

法則 10.2（体積の変換則）　静止系で箱の体積を V_0 とすると速度 u で運動する箱の体積は

$$V = V_0\sqrt{1 - \frac{u^2}{c^2}}$$

で与えられる．

証明　箱が静止している座標系で u 方向の箱の辺の長さを L_0 とすると，ローレンツ収縮を受けて

$$L = L_0\sqrt{1 - \frac{u^2}{c^2}}$$

になる．u に直交する方向にはローレンツ変換を受けないから与式が得られる．　□

体積の変換則を考慮すると，体系の全運動量は，(10.2) より，

$$\mathsf{G} = \mathsf{g}V = \frac{U_0 + p_0 V_0}{\sqrt{1 - \frac{u^2}{c^2}}}\frac{\mathsf{u}}{c^2} \tag{10.3}$$

になる．U_0 は内部エネルギー（静止系のエネルギー）

$$U_0 = \rho_0 c^2 V_0$$

である．エネルギー密度は

$$T^{00} = -p_0 + \frac{\left(\frac{p_0}{c^2} + \varrho_0\right) c^2}{1 - \frac{u^2}{c^2}} = \frac{\varrho_0 c^2 + \frac{u^2}{c^2} p_0}{1 - \frac{u^2}{c^2}}$$

になるからエネルギーは

$$U = \varrho c^2 V = \frac{U_0 + \frac{u^2}{c^2} p_0 V_0}{\sqrt{1 - \frac{u^2}{c^2}}} \tag{10.4}$$

である．したがって $(\frac{U}{c}, \mathsf{G})$ は4元ベクトルにならない．エンタルピーの変換は

$$H = U + pV = \frac{U_0 + \frac{u^2}{c^2} p_0 V_0}{\sqrt{1 - \frac{u^2}{c^2}}} + p_0 V_0 \sqrt{1 - \frac{u^2}{c^2}} = \frac{U_0 + p_0 V_0}{\sqrt{1 - \frac{u^2}{c^2}}} \tag{10.5}$$

である．$H_0 = U_0 + p_0 V_0$ は静止系のエンタルピーである．(10.3) および (10.5) によって $(\frac{H}{c}, \mathsf{G})$ が4元運動量である．

定理 10.3　物体が x 方向に u で運動する慣性系における4元運動量 $(\frac{H}{c}, \mathsf{G})$ は，静止系における4元運動量を $(\frac{H_0}{c}, 0)$ としてローレンツ変換

$$H = \frac{H_0}{\sqrt{1 - \frac{u^2}{c^2}}}, \quad G_x = \frac{H_0}{\sqrt{1 - \frac{u^2}{c^2}}} \frac{u}{c^2}, \quad G_y = 0, \quad G_z = 0$$

によって与えられる．

10.2　プランクの熱力学第1法則

1905 年にアインシュタインが相対論の論文を発表したとき，いち早く相対論を受け入れたのがプランクで，相対論的力学の運動方程式を書いたのもプランクである．プランクとアインシュタインは 1907 年に熱力学を相対論化した論文を発表している．

エントロピーの変換　エントロピーは全微視状態数の対数なのでローレンツ変換によって不変であるスカラー量とするのが合理的である．

法則 10.4 (プランクの公式)　エントロピーはローレンツ変換に対して不変である．すなわち

$$S = S_0$$

が成り立つ．

218   第 10 章　相対論的熱力学

プランクは次のように述べている．

考えている物体のエントロピーが，′の付いた準拠系に関して，′の
付かない準拠系と同じ値を持つことを証明したい．より一般的には，
エントロピーと，その大きさが準拠系の選び方に依存しない確率と
の密接な関係に基づいて証明できるだろう．ここでは，確率の概念
の導入に完全に独立な，もっと直接的なやり方をしたい．
′の付かない準拠系で静止状態にある物体を任意の可逆的，断熱過程
によって，′の付いた準拠系で静止する状態 2 に移したと考えよう．
′の付かない準拠系に対する始状態のエントロピーを S_1 で表わし，
終状態のエントロピーを S_2 で表わすと，可逆性と断熱性によって
$S_1 = S_2$ である．ところが′の付いた準拠系に対しても，過程は可
逆的で断熱的であるから，$S_1' = S_2'$ も成り立つ．
S_1' が S_1 に等しくなく，$S_1' > S_1$ であるとしよう．すなわち物体のエ
ントロピーは，物体が静止している準拠系よりも物体が運動している
準拠系に対してのほうが大きいとする．この法則に従うと $S_2 > S_2'$
でなければならない．′の付いた準拠系では状態 2 の物体は静止し
ており，′の付かない準拠系では運動しているからである．だがこ
れら 2 つの不等式は上記の 2 つの等式と矛盾している．また同様に
$S_1' < S_1$ とすることもできない．したがって $S_1' = S_1$ であり，一
般に

$$S' = S$$

すなわち物体のエントロピーは準拠系の選び方に依存しない．

熱量の変換　外力を F とすると仕事は

$$W = -pdV + \mathsf{F} \cdot d\mathsf{x}$$

である．仕事 $-pdV$ は，体積の変換性と静圧の不変性によって

$$-pdV = -p_0 dV_0 \sqrt{1 - \frac{u^2}{c^2}}$$

である．仕事 $\mathsf{F} \cdot d\mathsf{x}$ は

$$\mathsf{F} \cdot d\mathsf{x} = \frac{d\mathsf{G}}{dt} \cdot \mathsf{u} dt = \mathsf{u} \cdot d\mathsf{G}$$

のように書き直すことができる．(10.3) で与えた運動量の微分は

$$dG = \frac{dU_0 + d(p_0 V_0)}{\sqrt{1 - \frac{u^2}{c^2}}} \frac{u}{c^2} \tag{10.6}$$

になるから

$$u \cdot dG = \frac{dU_0 + d(p_0 V_0)}{\sqrt{1 - \frac{u^2}{c^2}}} \frac{u^2}{c^2}$$

である．全仕事は

$$W = -pdV + u \cdot dG = -p_0 dV_0 \sqrt{1 - \frac{u^2}{c^2}} + \frac{dU_0 + d(p_0 V_0)}{\sqrt{1 - \frac{u^2}{c^2}}} \frac{u^2}{c^2}$$

によって与えられ，熱量 $Q = dU - W$ は (10.4) で与えた U を用いて

$$Q = \frac{dU_0 + \frac{u^2}{c^2} d(p_0 V_0)}{\sqrt{1 - \frac{u^2}{c^2}}} - W = (dU_0 + p_0 dV_0)\sqrt{1 - \frac{u^2}{c^2}}$$

になる．すなわち

$$Q = Q_0 \sqrt{1 - \frac{u^2}{c^2}}$$

が得られる．プランクの相対論的熱力学はこの変換式に基づいている．クラウジウスの関係式 $dS = \frac{Q}{T}$ においてエントロピーはスカラー量なので，Q と T は同じ変換を受けなければならない．プランク-アインシュタインの温度変換式は

$$T = T_0 \sqrt{1 - \frac{u^2}{c^2}}$$

である．問題点は後に指摘する．

10.3 ランダウ-リフシッツの公式

1934 年出版のトルマン『相対性，熱力学，宇宙論』には重力場中の温度が

$$T\sqrt{-g_{00}} = C$$

になると記している．C は定数で $-g_{00}$ を g_{44} と書いている．1951 年出版のランダウ-リフシッツ『統計物理学』には重力場中の温度と化学ポテンシャルが

$$T\sqrt{-g_{00}} = \text{const.}, \qquad \mu\sqrt{-g_{00}} = \text{const.}$$

を満たすと書いている．const. は定数である．g_{00} は線要素

$$\mathrm{d}s^2 = g_{mi}\mathrm{d}x^m\mathrm{d}x^i \tag{10.7}$$

によって定義する計量テンソルの 00 成分である（$x^0 = t$ とする）．線要素は座標に固定した時計が示す時刻，固有時 τ によって $\mathrm{d}s^2 = g_{00}(\mathrm{d}x^0)^2 = -c^2\mathrm{d}\tau^2$ になり

$$g_{00} = -c^2\left(\frac{\mathrm{d}\tau}{\mathrm{d}x^0}\right)^2$$

が成り立つので

$$T = \mathrm{const.}\frac{\mathrm{d}x^0}{c\mathrm{d}\tau}, \qquad \mu = \mathrm{const.}\frac{\mathrm{d}x^0}{c\mathrm{d}\tau} \tag{10.8}$$

とも書いている．(10.8) は重力場がない場合にも成り立つ．時計の示す時刻，固有時は

$$\mathrm{d}\tau^2 = \frac{1}{c^2}(-\mathrm{d}s^2)_{\mathrm{clock}} = \left(1 - \frac{u^2}{c^2}\right)\mathrm{d}t^2$$

によって与えられる．すなわち T および μ は 4 元速度の第 0 成分 U^0 に比例し，

$$T = \frac{T_0}{\sqrt{1 - \frac{u^2}{c^2}}}, \qquad \mu = \frac{\mu_0}{\sqrt{1 - \frac{u^2}{c^2}}}$$

を意味する．

アインシュタインは 1952 年に，ラウエの著書『相対論』改訂版に関する手紙で，自身も含めた相対論的熱力学に疑問を呈し，

$$\frac{Q}{Q_0} = \frac{T}{T_0} = \frac{1}{\sqrt{1 - \frac{u^2}{c^2}}} \quad \text{であって，} \sqrt{1 - \frac{u^2}{c^2}} \text{ ではない}$$

と書いていた（記号 Q のかわりに G を使っている）．アインシュタイン没後，オット (1963)，アルズリエ (1965)，メラー (1967) はプランクとは異なる相対論的熱力学を提案した．温度の変換則はランダウ－リフシッツの公式と一致する．

10.4　相対論的熱力学再定式化

現在でも，もっとも基本的な温度変換則さえ異なる見解があり，相対論的熱力学は確立していない．トルマンの相対論的熱力学はプランク－アインシュタイン理論に基づいているから $T\sqrt{-g_{00}} = C$ とは矛盾している．また，ランダウ－リ

10.4 相対論的熱力学再定式化

フシッツは全エネルギー U に対して，トルマン－エーレンフェスト効果 (1930)，$U\sqrt{-g_{00}} =$ 定数を根拠とし，$T = \frac{dU}{dS}$ を使っているが，相対論的熱力学を与えていない．まず熱力学を再検討しない限りランダウ－リフシッツの公式を導くことはできない（結果的に正しいことを以下で示す）．

(10.6) で与えた運動量の微分は

$$d\mathsf{G} = \frac{dU_0 + d(p_0 V_0)}{c^2 \sqrt{1 - \frac{u^2}{c^2}}}\mathsf{u} = \frac{dU_0 + p_0 dV_0}{c^2 \sqrt{1 - \frac{u^2}{c^2}}}\mathsf{u} + \frac{V_0 dp_0}{c^2 \sqrt{1 - \frac{u^2}{c^2}}}\mathsf{u}$$

$$= \frac{Q_0}{c^2 \sqrt{1 - \frac{u^2}{c^2}}}\mathsf{u} + \frac{V dp}{c^2 \left(1 - \frac{u^2}{c^2}\right)}\mathsf{u} \tag{10.9}$$

になる．プランク－アインシュタイン理論で問題になるのは次の点である．静止系で熱量の流入があったとする．熱量の流入はエネルギーの増加を意味する．エネルギーの増加は質量の増加を意味する．質量の増加は運動量の増加を意味する．(10.9) で与えた運動量の微分を見ると，右辺第 1 項は，ランダウ－リフシッツの公式に基づく温度変換則では，静止系における熱量の流入 Q_0 にともなう質量

$$M = \frac{Q_0}{c^2 \sqrt{1 - \frac{u^2}{c^2}}} = \frac{Q}{c^2}$$

の運動量を表わしている．一方，プランク－アインシュタイン理論ではエネルギーの増加と運動量の増加がアインシュタインのエネルギー質量関係式を満たすことができないのである．

(10.4) で与えたエネルギーの微分は

$$dU = \frac{dU_0 + \frac{u^2}{c^2}d(p_0 V_0)}{\sqrt{1 - \frac{u^2}{c^2}}} = \frac{dU_0 + p_0 dV_0}{\sqrt{1 - \frac{u^2}{c^2}}} - \sqrt{1 - \frac{u^2}{c^2}}p_0 dV_0 + \frac{\frac{u^2}{c^2}V_0 dp_0}{\sqrt{1 - \frac{u^2}{c^2}}}$$

になる．静止系の熱力学第 1 法則 $Q_0 = dU_0 + p_0 dV_0$，静圧の不変性，体積の変換則を使うと

$$dU = \frac{Q_0}{\sqrt{1 - \frac{u^2}{c^2}}} - p dV + \frac{\frac{u^2}{c^2}V dp}{1 - \frac{u^2}{c^2}} \tag{10.10}$$

が得られる．ランダウ－リフシッツの温度変換則を採用すると (10.10) は

$$dU = T dS - p dV + \frac{\frac{u^2}{c^2}V dp}{1 - \frac{u^2}{c^2}} \tag{10.11}$$

になる．これは，(10.9) から得られる

$$\mathbf{u} \cdot \mathrm{d}\mathbf{G} = \frac{\frac{u^2}{c^2}Q_0}{\sqrt{1 - \frac{u^2}{c^2}}} + \frac{\frac{u^2}{c^2}V\,\mathrm{d}p}{1 - \frac{u^2}{c^2}} \tag{10.12}$$

において．右辺第 1 項を，熱量の流入に付随するとして $T\mathrm{d}S$ の中に組み込み，第 2 項のみを仕事として残すことを意味する．

$$Q = \frac{Q_0}{\sqrt{1 - \frac{u^2}{c^2}}}, \qquad T = \frac{T_0}{\sqrt{1 - \frac{u^2}{c^2}}}, \qquad W = -p\mathrm{d}V + \frac{\frac{u^2}{c^2}V\,\mathrm{d}p}{1 - \frac{u^2}{c^2}}$$

である．(10.12) を利用すると (10.10) は

$$\mathrm{d}U = \frac{Q_0}{\sqrt{1 - \frac{u^2}{c^2}}} - p\mathrm{d}V + \mathbf{u} \cdot \mathrm{d}\mathbf{G} - \frac{\frac{u^2}{c^2}Q_0}{\sqrt{1 - \frac{u^2}{c^2}}} = Q_0\sqrt{1 - \frac{u^2}{c^2}} - p\mathrm{d}V + \mathbf{u} \cdot \mathrm{d}\mathbf{G}$$

のように書き直せる．これに基づいて

$$Q = Q_0\sqrt{1 - \frac{u^2}{c^2}}, \qquad T = T_0\sqrt{1 - \frac{u^2}{c^2}}, \qquad W = -p\mathrm{d}V + \mathbf{u} \cdot \mathrm{d}\mathbf{G}$$

とするのがプランク−アインシュタインの熱力学である．

定理 10.5（ランダウ−リフシッツの公式）　任意の座標系における温度は

$$T\sqrt{-g_{00}} = 定数, \qquad T\frac{\mathrm{d}\tau}{\mathrm{d}t} = 定数 \tag{10.13}$$

を満たす．

証明　ランダウ−リフシッツの公式は相対論における時間の遅れに基づいている．一定速度 u で運動する座標系の時間 Δt は固有時 $\Delta\tau$ に比べて遅れ，温度が上がる．

$$\Delta t = \frac{\Delta\tau}{\sqrt{1 - \frac{u^2}{c^2}}}, \qquad T = \frac{T_0}{\sqrt{1 - \frac{u^2}{c^2}}} \tag{10.14}$$

が成り立つ．時間の遅れは局所的な概念なのでランダウ−リフシッツが与えたように，その公式は重力場中でも成り立つ．慣性系ではプランク−アインシュタインの温度変換式ではなく，(10.14) が合理的であるとわかったので，本書ではこれ

を出発点としてランダウ–リフシッツの公式を導こう．粒子が速度 v で運動する座標系と v' で運動する座標系の固有時は，瞬間的に速度 v で運動する慣性系，および速度 v' で運動する慣性系へのローレンツ変換によって

$$\Delta t = \frac{\Delta \tau}{\sqrt{1 - \frac{v^2}{c^2}}} = \frac{\Delta \tau'}{\sqrt{1 - \frac{v'^2}{c^2}}}$$

になるから固有時の比

$$\frac{\mathrm{d}\tau}{\mathrm{d}\tau'} = \frac{\sqrt{1 - \frac{v^2}{c^2}}}{\sqrt{1 - \frac{v'^2}{c^2}}}$$

が厳密に成り立つ．

計量テンソルの空間成分が時間に依存せず，$g_{0i} = 0$ の静的空間を考えよう．座標 x^i の時刻 t で時間間隔 Δt だけ光の信号を発信したとしよう．座標 x'^i の時刻 t' で最初の信号を受け取った観測者は同じ時間間隔 Δt だけ光の信号を受信する．x^i に置いた時計は $c^2 \Delta \tau^2 = -g_{00} \Delta t^2$ を満たす固有時を測定する．x'^i に置いた時計では $c^2 \Delta \tau'^2 = -g'_{00} \Delta t^2$ を満たす固有時を測定する．すなわち

$$\Delta \tau = \sqrt{-g_{00}} \frac{\Delta t}{c}, \qquad \Delta \tau' = \sqrt{-g'_{00}} \frac{\Delta t}{c}$$

の関係にある．そのため固有時の比は

$$\frac{\mathrm{d}\tau}{\mathrm{d}\tau'} = \frac{\sqrt{-g_{00}}}{\sqrt{-g'_{00}}}$$

に等しい．これらの結果を (10.14) と比較し

$$\Delta t = \frac{\Delta \tau}{\sqrt{1 - \frac{v^2}{c^2}}} = \frac{c \Delta \tau}{\sqrt{-g_{00}}}, \qquad T = \frac{T_0}{\sqrt{1 - \frac{v^2}{c^2}}} = \frac{c T_0}{\sqrt{-g_{00}}}$$

によってランダウ–リフシッツの公式 (10.13) が得られる． $\square$

物理的直観を得るために v および v' が c に比較して小さい場合を考えよう．

$$\frac{\mathrm{d}\tau}{\mathrm{d}\tau'} \cong \sqrt{1 - \frac{v^2}{c^2} + \frac{v'^2}{c^2}}$$

において単位質量を持つ粒子に対するエネルギー保存則

$$\frac{v^2}{2} - \frac{GM}{r} = \frac{v'^2}{2} - \frac{GM}{r'}$$

を使うと

$$\frac{\mathrm{d}\tau}{\mathrm{d}\tau'} \cong \sqrt{1 - \frac{2GM}{c^2 r} + \frac{2GM}{c^2 r'}} \cong \frac{\sqrt{1 - \frac{2GM}{c^2 r}}}{\sqrt{1 - \frac{2GM}{c^2 r'}}} = \frac{\sqrt{-g_{00}}}{\sqrt{-g'_{00}}}$$

になる. 最後に (12.1) で与えるシュヴァルツシルト計量 $g_{00} = -c^2\left(1 - \frac{2GM}{c^2 r}\right)$, $g'_{00} = -c^2\left(1 - \frac{2GM}{c^2 r'}\right)$ を使った.

x^i で観測する電磁波の振動数と x'^i で観測する振動数が $\nu = \frac{1}{\mathrm{d}\tau}$ および $\nu' = \frac{1}{\mathrm{d}\tau'}$ で与えられるとすると,

$$\frac{\nu'}{\nu} = \frac{\mathrm{d}\tau}{\mathrm{d}\tau'} = \frac{\sqrt{-g_{00}}}{\sqrt{-g'_{00}}}$$

が成り立つ. すなわち $\nu\sqrt{-g_{00}} = $ 定数が得られる. (10.13) で与えた温度に対する変換式 $T\sqrt{-g_{00}} = $ 定数と同じで, 重力赤方偏移の結果である.

10.5 相対論的熱力学関数

エンタルピー $H = U + pV$, ギブズ関数 $G = H - TS$ の微分は (10.11) によって

$$\mathrm{d}H = \mathrm{d}U + p\mathrm{d}V + V\mathrm{d}p = T\mathrm{d}S + \frac{V\mathrm{d}p}{1 - \frac{u^2}{c^2}} \tag{10.15}$$

$$\mathrm{d}G = \mathrm{d}H - T\mathrm{d}S - S\mathrm{d}T = -S\mathrm{d}T + \frac{V\mathrm{d}p}{1 - \frac{u^2}{c^2}} \tag{10.16}$$

になる. エンタルピーは

$$H = \frac{U_0 + p_0 V_0 \frac{u^2}{c^2}}{\sqrt{1 - \frac{u^2}{c^2}}} + \sqrt{1 - \frac{u^2}{c^2}}\, p_0 V_0 = \frac{U_0 + p_0 V_0}{\sqrt{1 - \frac{u^2}{c^2}}} = \frac{H_0}{\sqrt{1 - \frac{u^2}{c^2}}}$$

によって, ギブズ関数も

$$G = H - TS = \frac{H_0}{\sqrt{1 - \frac{u^2}{c^2}}} - \frac{T_0 S_0}{\sqrt{1 - \frac{u^2}{c^2}}} = \frac{G_0}{\sqrt{1 - \frac{u^2}{c^2}}}$$

によって共変的である.

ヘルムホルツ関数を $\bar{F} = U - TS$ によって定義するとその微分は

$$\mathrm{d}\bar{F} = \mathrm{d}U - T\mathrm{d}S - S\mathrm{d}T = -S\mathrm{d}T - p\mathrm{d}V + \frac{\frac{u^2}{c^2} V\mathrm{d}p}{1 - \frac{u^2}{c^2}} \tag{10.17}$$

になる．$\bar{F}$ は

$$\bar{F} = \frac{U_0 - T_0 S_0 + p_0 V_0 \frac{u^2}{c^2}}{\sqrt{1 - \frac{u^2}{c^2}}}$$

となり，エネルギーと同じく共変的ではない．そこで共変的にするために

$$F = \bar{F} - \frac{\frac{u^2}{c^2} V p}{1 - \frac{u^2}{c^2}}$$

を定義すると

$$F = \frac{U_0 - T_0 S_0}{\sqrt{1 - \frac{u^2}{c^2}}} = \frac{F_0}{\sqrt{1 - \frac{u^2}{c^2}}} \tag{10.18}$$

が得られる．微分は

$$\mathrm{d}F = -S\mathrm{d}T - \frac{p\mathrm{d}V}{1 - \frac{u^2}{c^2}} \tag{10.19}$$

になる．

エネルギーも

$$\bar{U} = U - \frac{\frac{u^2}{c^2} V p}{1 - \frac{u^2}{c^2}}$$

を定義すると $\bar{U} = \frac{U_0}{\sqrt{1 - \frac{u^2}{c^2}}}$ によって共変的で，微分は

$$\mathrm{d}\bar{U} = T\mathrm{d}S - \frac{p\mathrm{d}V}{1 - \frac{u^2}{c^2}} \tag{10.20}$$

になる．

化学ポテンシャル　粒子数 N が変数となる系の静止系でのギブズの関係式

$$\mathrm{d}U_0 = T_0 \mathrm{d}S_0 - p_0 \mathrm{d}V_0 + \mu_0 \mathrm{d}N_0$$

は任意の慣性系で

$$\mathrm{d}U = T\mathrm{d}S - p\mathrm{d}V + \frac{\frac{u^2}{c^2} V \mathrm{d}p}{1 - \frac{u^2}{c^2}} + \frac{\mu_0}{\sqrt{1 - \frac{u^2}{c^2}}} \mathrm{d}N$$

になる．したがって化学ポテンシャルは共変的で

$$\mu = \frac{\mu_0}{\sqrt{1 - \frac{u^2}{c^2}}}$$

によって与えられる. $\bar{U}$, H, F, G の微分はそれぞれ (10.20), (10.15), (10.19), (10.16) より導くことができる. まとめると

$$
\begin{cases}
\mathrm{d}\bar{U} = T\mathrm{d}S - \dfrac{p\mathrm{d}V}{1-\frac{u^2}{c^2}} + \mu\mathrm{d}N \\[2mm]
\mathrm{d}H = T\mathrm{d}S + \dfrac{V\mathrm{d}p}{1-\frac{u^2}{c^2}} + \mu\mathrm{d}N \\[2mm]
\mathrm{d}F = -S\mathrm{d}T - \dfrac{p\mathrm{d}V}{1-\frac{u^2}{c^2}} + \mu\mathrm{d}N \\[2mm]
\mathrm{d}G = -S\mathrm{d}T + \dfrac{V\mathrm{d}p}{1-\frac{u^2}{c^2}} + \mu\mathrm{d}N
\end{cases}
$$

である. (6.5) で定義したグランドポテンシャル J は

$$
J = F - \mu N = F - G = U - TS - \frac{\frac{u^2}{c^2}pV}{1-\frac{u^2}{c^2}} - G = -\frac{pV}{1-\frac{u^2}{c^2}}
$$

になる. すなわち

$$
J = -\frac{p_0 V_0}{\sqrt{1-\frac{u^2}{c^2}}} = \frac{J_0}{\sqrt{1-\frac{u^2}{c^2}}}
$$

によって J は共変量である.

演習 10.6　エントロピーと圧力はローレンツ不変である. すなわち

$$
S = S_0, \qquad p = p_0
$$

が成り立つことを確かめよ.

証明　F の微分 (10.19) から得られる

$$
-S = \left(\frac{\partial F}{\partial T}\right)_V, \qquad -\frac{p}{1-\frac{u^2}{c^2}} = \left(\frac{\partial F}{\partial V}\right)_T \tag{10.21}
$$

および F の変換則, 温度変換則により

$$
S = -\left(\frac{\partial F}{\partial T}\right)_V = -\left(\frac{\partial F_0}{\partial T_0}\right)_{V_0} = S_0
$$

のように証明できる. 同様に (10.21), (10.18), 体積変換則より

$$
p = -\left(1 - \frac{u^2}{c^2}\right)\left(\frac{\partial F}{\partial V}\right)_T = -\left(\frac{\partial F_0}{\partial V_0}\right)_{T_0} = p_0
$$

が得られる. □

10.5 相対論的熱力学関数

演習 10.7 静止系で成り立つマクスウェルの関係式 (4.2), (4.3), (4.4), (4.5) は

$$(1) \qquad \left(\frac{\partial S}{\partial p}\right)_T = -\frac{1}{1-\frac{u^2}{c^2}}\left(\frac{\partial V}{\partial T}\right)_p$$

$$(2) \qquad \left(\frac{\partial T}{\partial p}\right)_S = \frac{1}{1-\frac{u^2}{c^2}}\left(\frac{\partial V}{\partial S}\right)_p$$

$$(3) \qquad \left(\frac{\partial S}{\partial V}\right)_T = \frac{1}{1-\frac{u^2}{c^2}}\left(\frac{\partial p}{\partial T}\right)_V$$

$$(4) \qquad \left(\frac{\partial T}{\partial V}\right)_S = -\frac{1}{1-\frac{u^2}{c^2}}\left(\frac{\partial p}{\partial S}\right)_V$$

になることを示せ.

(1) ギブズ関数 $G = H - TS$ の微分 (10.16) から

$$-S = \left(\frac{\partial G}{\partial T}\right)_p, \qquad \frac{V}{1-\frac{u^2}{c^2}} = \left(\frac{\partial G}{\partial p}\right)_T$$

が得られる. したがって与式になる. □

(2) エンタルピーの微分 (10.17) から

$$T = \left(\frac{\partial H}{\partial S}\right)_p, \qquad \frac{V}{1-\frac{u^2}{c^2}} = \left(\frac{\partial H}{\partial p}\right)_S$$

が得られる. したがって与式になる. □

(3) $\bar{F} = U - TS$ の微分 (10.17) から

$$-S = \left(\frac{\partial \bar{F}}{\partial T}\right)_V - \frac{\frac{u^2}{c^2}V}{1-\frac{u^2}{c^2}}\left(\frac{\partial p}{\partial T}\right)_V \qquad (10.22)$$

$$-p = \left(\frac{\partial \bar{F}}{\partial V}\right)_T - \frac{\frac{u^2}{c^2}V}{1-\frac{u^2}{c^2}}\left(\frac{\partial p}{\partial V}\right)_T \qquad (10.23)$$

が得られる. (10.22) を微分した

$$\left(\frac{\partial S}{\partial V}\right)_T = -\left(\frac{\partial}{\partial V}\left(\frac{\partial \bar{F}}{\partial T}\right)_V\right)_T + \frac{\frac{u^2}{c^2}}{1-\frac{u^2}{c^2}}\left(\frac{\partial p}{\partial T}\right)_V + \frac{\frac{u^2}{c^2}V}{1-\frac{u^2}{c^2}}\left(\frac{\partial}{\partial V}\left(\frac{\partial p}{\partial T}\right)_V\right)_T$$

の中で, 右辺第 1 項と第 3 項で微分の順番を入れかえ, 第 1 項に (10.23) を代入した

$$-\left(\frac{\partial}{\partial T}\left(\frac{\partial \bar{F}}{\partial V}\right)_T\right)_V = \left(\frac{\partial}{\partial T}\left(p - \frac{\frac{u^2}{c^2}V}{1-\frac{u^2}{c^2}}\left(\frac{\partial p}{\partial V}\right)_T\right)\right)_V$$

を計算すれば与式になる．F の微分 (10.19) から得られる (10.21) によってもマクスウェルの関係式が得られる．すでに述べたようにマクスウェルの関係式は熱力学関数の定義に依存しない．　□

(4)　(10.11) より

$$T = \left(\frac{\partial U}{\partial S}\right)_V - \frac{\frac{u^2}{c^2}V}{1 - \frac{u^2}{c^2}}\left(\frac{\partial p}{\partial S}\right)_V \tag{10.24}$$

である．また

$$p = -\left(\frac{\partial U}{\partial V}\right)_S + \frac{\frac{u^2}{c^2}V}{1 - \frac{u^2}{c^2}}\left(\frac{\partial p}{\partial V}\right)_S \tag{10.25}$$

も得られる．そこで (10.24) で与えた T を S 一定の下で V について微分し

$$\left(\frac{\partial T}{\partial V}\right)_S = \left(\frac{\partial}{\partial V}\left(\frac{\partial U}{\partial S}\right)_V\right)_S - \frac{\frac{u^2}{c^2}}{1 - \frac{u^2}{c^2}}\left(\frac{\partial p}{\partial S}\right)_V - \frac{\frac{u^2}{c^2}V}{1 - \frac{u^2}{c^2}}\left(\frac{\partial}{\partial V}\left(\frac{\partial p}{\partial S}\right)_V\right)_S$$

右辺第 1 項と第 3 項において微分の順番を入れかえ，第 1 項に (10.25) を代入し，

$$\left(\frac{\partial}{\partial S}\left(\frac{\partial U}{\partial V}\right)_S\right)_V = \left(\frac{\partial}{\partial S}\left(-p + \frac{\frac{u^2}{c^2}V}{1 - \frac{u^2}{c^2}}\left(\frac{\partial p}{\partial V}\right)_S\right)\right)_V$$

とすると与式が得られる．$\bar{U}$ を使っても同じである．　□

10.6　光子気体の質量

プランクの研究の動機は夭折した学生モーゼンガイルの熱輻射の研究を引き継ぐことだった．まずプランク－アインシュタイン理論に基づいて光子気体の質量を計算してみよう．光子気体の圧力とエントロピーはスカラー量である．静止系で得られた

$$p_0 = \frac{aT_0^4}{3}, \qquad S_0 = \frac{4aT_0^3V_0}{3}$$

は，プランク－アインシュタイン理論の温度変換則によって，速度 u で運動する座標系では，

$$p = \frac{aT^4}{3\left(1 - \frac{u^2}{c^2}\right)^2}, \qquad S = \frac{4aT^3V}{3\left(1 - \frac{u^2}{c^2}\right)^2}$$

になる．運動量，エンタルピー，エネルギーは

$$G = \frac{4auT^4V}{3c^2\left(1 - \frac{u^2}{c^2}\right)^3}, \qquad H = \frac{4aT^4V}{3\left(1 - \frac{u^2}{c^2}\right)^3}, \qquad U = \frac{a\left(1 + \frac{1}{3}\frac{u^2}{c^2}\right)T^4V}{\left(1 - \frac{u^2}{c^2}\right)^3}$$

で，これらの結果を光子気体の静止系での諸量によって表すと

$$p = p_0, \qquad S = S_0, \qquad V = V_0\sqrt{1 - \frac{u^2}{c^2}}, \qquad T = T_0\sqrt{1 - \frac{u^2}{c^2}}$$

$$G = \frac{u}{c^2}\frac{U_0 + p_0 V_0}{\sqrt{1 - \frac{u^2}{c^2}}}, \qquad H = \frac{U_0 + p_0 V_0}{\sqrt{1 - \frac{u^2}{c^2}}}, \qquad U = \frac{U_0 + \frac{u^2}{c^2}p_0 V_0}{\sqrt{1 - \frac{u^2}{c^2}}}$$

になる．ハーゼンエールルはプランクやアインシュタイン以前に同じ結果を得ていた．運動量は

$$G = \frac{H}{c^2}u$$

になっている．ハーゼンエールルが得た公式で，力学の $p = mu$ に相当する．ハーゼンエールルはエンタルピーから光子気体の質量を定義したため，エネルギーから決めた質量より $\frac{4}{3}$ 倍大きくなった（プランクも同じ質量の定義を与えている）．だが計算そのものは正確で，アインシュタインの関係式の先駆になった．

ランダウ－リフシッツの公式に基づく温度変換則では

$$p = \frac{aT^4}{3}\left(1 - \frac{u^2}{c^2}\right)^2, \qquad S = \frac{4aT^3V}{3}\left(1 - \frac{u^2}{c^2}\right)$$

になる．運動量，エンタルピー，エネルギーは

$$G = \frac{4avT^4V}{3c^2}\left(1 - \frac{u^2}{c^2}\right), \quad H = \frac{4aT^4V}{3}\left(1 - \frac{u^2}{c^2}\right)$$

$$U = aT^4V\left(1 + \frac{1}{3}\frac{u^2}{c^2}\right)\left(1 - \frac{u^2}{c^2}\right)$$

で，光子気体の静止系での諸量によって表すと

$$p = p_0, \qquad S = S_0, \qquad V = V_0\sqrt{1 - \frac{u^2}{c^2}}, \qquad T = \frac{T_0}{\sqrt{1 - \frac{u^2}{c^2}}}$$

$$G = \frac{u}{c^2}\frac{U_0 + p_0 V_0}{\sqrt{1 - \frac{u^2}{c^2}}}, \qquad H = \frac{U_0 + p_0 V_0}{\sqrt{1 - \frac{u^2}{c^2}}}, \qquad U = \frac{U_0 + \frac{u^2}{c^2}p_0 V_0}{\sqrt{1 - \frac{u^2}{c^2}}}$$

になる．当然のことだが，熱力学関数は温度の変換則とは無関係で，質量を与える関係式 $G = \frac{H}{c^2}u$ はハーゼンエールルが得た公式と同じである．

10.7 相対論的速度分布，マクスウェルーユトナー分布

マクスウェルの速度分布は非相対論的粒子からなる気体についてである．ユトナーは 1911 年に相対論的速度分布を導いた．

> **定理 10.8（マクスウェルーユトナー分布）** 相対論的速度分布は
> $$f(\gamma) = \frac{\gamma^2 \frac{v}{c} a}{K_2(a)} e^{-\gamma a}$$
> によって与えられる．

ここで $a = \frac{mc^2}{kT}$ で，$\gamma = \frac{1}{\sqrt{1-\frac{v^2}{c^2}}}$ はローレンツ因子である．$K_2(a)$ は (A20) で定義した第 2 種の変形ベッセル関数である．

証明 相対論的気体の場合は粒子のエネルギーは $\varepsilon = \sqrt{m^2c^4 + c^2p^2}$ になる．カノニカル分布において運動量分布は

$$f(p)\mathrm{d}p_x\mathrm{d}p_y\mathrm{d}p_z = \frac{1}{Z}\mathrm{d}p_x\mathrm{d}p_y\mathrm{d}p_z e^{-\frac{1}{kT}\sqrt{c^2p^2+m^2c^4}}$$

によって与えられる．1 粒子の分配関数は

$$Z(T) = \int \mathrm{d}p_x\mathrm{d}p_y\mathrm{d}p_z\, e^{-\frac{1}{kT}\sqrt{c^2p^2+m^2c^4}}$$
$$= 4\pi(mc)^3 \int_0^\infty \mathrm{d}x\, x^2 e^{-a\sqrt{1+x^2}} = 4\pi(mc)^3 \frac{K_2(a)}{a}$$

である．したがって運動量分布関数は

$$f(p) = \frac{a}{4\pi(mc)^3 K_2(a)} e^{-\frac{1}{kT}\sqrt{c^2p^2+m^2c^4}} \tag{10.26}$$

になる．運動量は

$$(p_x, p_y, p_z) = (\gamma m v_x, \gamma m v_y, \gamma m v_z) = \left(\frac{mv_x}{\sqrt{1-\frac{v^2}{c^2}}}, \frac{mv_y}{\sqrt{1-\frac{v^2}{c^2}}}, \frac{mv_z}{\sqrt{1-\frac{v^2}{c^2}}} \right)$$

になるので変数変換のヤコービ行列式は

$$\begin{vmatrix} \frac{\partial p_x}{\partial v_x} & \frac{\partial p_x}{\partial v_y} & \frac{\partial p_x}{\partial v_z} \\ \frac{\partial p_y}{\partial v_x} & \frac{\partial p_y}{\partial v_y} & \frac{\partial p_y}{\partial v_z} \\ \frac{\partial p_z}{\partial v_x} & \frac{\partial p_z}{\partial v_y} & \frac{\partial p_z}{\partial v_z} \end{vmatrix} = (m\gamma)^3 \begin{vmatrix} 1+\frac{v_x^2}{c^2} & \frac{v_x v_y}{c^2} & \frac{v_x v_z}{c^2} \\ \frac{v_y v_x}{c^2} & 1+\frac{v_y^2}{c^2} & \frac{v_y v_z}{c^2} \\ \frac{v_z v_x}{c^2} & \frac{v_z v_y}{c^2} & 1+\frac{v_z^2}{c^2} \end{vmatrix} = m^3 \gamma^5$$

である．粒子のエネルギー

$$\varepsilon = \sqrt{c^2 p^2 + m^2 c^4} = \sqrt{c^2 \frac{m^2 v^2}{1 - \frac{v^2}{c^2}} + m^2 c^4} = mc^2 \gamma$$

を使うと速度分布関数

$$f(v) = \frac{m^3 \gamma^5 a}{4\pi (mc)^3 K_2(a)} \mathrm{e}^{-\gamma a} = \frac{\gamma^5 a}{4\pi c^3 K_2(a)} \mathrm{e}^{-\gamma a}$$

が得られる．

$$\frac{v}{c} = \sqrt{1 - \frac{1}{\gamma^2}}, \qquad \frac{1}{c}\mathrm{d}v = \frac{\mathrm{d}\gamma}{\frac{v}{c}\gamma^3}$$

によって γ 分布に書き直すと

$$4\pi f(v) v^2 \mathrm{d}v = \frac{\gamma^2 \frac{v}{c} a}{K_2(a)} \mathrm{e}^{-\gamma a} \mathrm{d}\gamma$$

となって与式が得られる． □

演習 10.9 運動量分布関数 (10.26) は，非相対論的極限ではマクスウェル分布

$$f(p) = \frac{1}{(2\pi mkT)^{3/2}} \mathrm{e}^{-\frac{1}{kT}\frac{p^2}{2m}}$$

超相対論的極限では

$$f(p) = \frac{c^3}{8\pi (kT)^3} \mathrm{e}^{-\frac{cp}{kT}}$$

になることを示せ．

証明 非相対論的極限 $kT \ll mc^2$ では (A25) から得られる $K_2(a) \sim \sqrt{\frac{\pi}{2a}}\mathrm{e}^{-a}$ によりマクスウェル分布になる．超相対論的極限 $kT \gg mc^2$ では (A24) から得られる $K_2(a) \sim \frac{2}{a^2}$ により与式が得られる． □

演習 10.10 粒子の運動エネルギー $\varepsilon_{\mathrm{kin}} = \varepsilon - mc^2$ の平均値が

$$\langle \varepsilon_{\mathrm{kin}} \rangle = kT \left(3 - a + a\frac{K_1(a)}{K_2(a)} \right)$$

によって与えられることを示せ．K_1 と K_2 は (A20) で定義した第 2 種の変形ベッセル関数である．また $\langle \varepsilon_{\mathrm{kin}} \rangle$ の非相対論的極限，超相対論的極限の値を調べよ．

232   第 10 章　相対論的熱力学

証明　粒子のエネルギー ε の平均値は

$$\langle \varepsilon \rangle = \frac{1}{Z} \int \mathrm{d}p_x \mathrm{d}p_y \mathrm{d}p_z\, \varepsilon \mathrm{e}^{-\frac{\varepsilon}{kT}} = kT^2 \frac{\mathrm{d}\ln Z}{\mathrm{d}T}$$

を計算すればよい．第 2 種の変形ベッセル関数の漸化式 (A22) を使うと

$$\langle \varepsilon \rangle = kT \left(3 + a\frac{K_1(a)}{K_2(a)} \right)$$

が得られる．したがって

$$\langle \varepsilon_{\mathrm{kin}} \rangle = \langle \varepsilon \rangle - mc^2 = kT \left(3 - a + a\frac{K_1(a)}{K_2(a)} \right)$$

となり題意を得る．非相対論的極限 $(a \gg 1)$ では漸近展開 (A25) によって

$$\frac{K_1(a)}{K_2(a)} = 1 - \frac{3}{2a} + \frac{15}{8a^2} + \cdots \tag{10.27}$$

が得られるから

$$\langle \varepsilon_{\mathrm{kin}} \rangle = \frac{3}{2}kT$$

となってエネルギー $\frac{1}{2}kT$ が等分配されている．超相対論的極限 $(a \ll 1)$ では
(A25) から $\frac{K_1(a)}{K_2(a)} \cong \frac{a}{2}$ を用いると

$$\langle \varepsilon_{\mathrm{kin}} \rangle = 3kT$$

となって非相対論的極限の 2 倍のエネルギー kT が分配される．　　　□

10.8　相対論的理想気体

演習 10.11（相対論的理想気体）　相対論的理想気体の内部エネルギーが

$$U = NkT \left(3 - a + a\frac{K_1(a)}{K_2(a)} \right) \tag{10.28}$$

によって与えられることを示せ．また熱力学的諸量を計算せよ．

証明　分配関数は

$$
\begin{aligned}
Z(T, V, N) &= \frac{1}{N!} \left(\int \frac{\mathrm{d}x\mathrm{d}y\mathrm{d}z\mathrm{d}p_x\mathrm{d}p_y\mathrm{d}p_z}{h^3} \mathrm{e}^{-\frac{1}{kT}\left(\sqrt{m^2c^4 + c^2p^2} - mc^2 \right)} \right)^N \\
&= \frac{V^N}{N!} \left(\frac{4\pi}{h^3} \mathrm{e}^{\frac{mc^2}{kT}} \int_0^\infty \mathrm{d}p\, p^2 \mathrm{e}^{-\frac{1}{kT}\sqrt{m^2c^4 + c^2p^2}} \right)^N \\
&= \frac{V^N}{N!} \left(4\pi \left(\frac{mc}{h} \right)^3 \mathrm{e}^a \int_0^\infty \mathrm{d}x\, x^2 \mathrm{e}^{-a\sqrt{1 + x^2}} \right)^N
\end{aligned}
$$

を計算すればよい. 積分は, 変数変換 $z = \sqrt{1+x^2}$ によって

$$\int_0^\infty \mathrm{d}x\, x^2 \mathrm{e}^{-a\sqrt{1+x^2}} = \int_1^\infty \mathrm{d}z\, z\sqrt{z^2-1}\,\mathrm{e}^{-az} = \frac{K_2(a)}{a}$$

である. 分配関数は

$$Z(T,V,N) = \frac{V^N}{N!}\left(4\pi\left(\frac{mc}{h}\right)^3 \mathrm{e}^a \frac{K_2(a)}{a}\right)^N$$

になる. スターリングの公式 $\ln N! = N\ln N - N$ を用いてヘルムホルツ関数は

$$F = -kT\ln Z = -NkT - NkT\ln\left(4\pi\frac{V}{N}\left(\frac{mc}{h}\right)^3 \mathrm{e}^a \frac{K_2(a)}{a}\right)$$

によって与えられるから, エントロピーは

$$S = Nk\ln\left(4\pi\frac{V}{N}\left(\frac{mc}{h}\right)^3 \mathrm{e}^a \frac{K_2(a)}{a}\right) + Nk\left(4 - a + a\frac{K_1(a)}{K_2(a)}\right)$$

になる. ここで第2種の変形ベッセル関数の漸化式 (A22) を使った. 内部エネルギー $U = F + TS$ は与式 (10.28) になる. 圧力は

$$p = -\left(\frac{\partial F}{\partial V}\right)_T = \frac{NkT}{V}$$

で非相対論的理想気体と同じである. この状態方程式を使うとエンタルピーは

$$H = U + pV = NkT\left(4 - a + a\frac{K_1(a)}{K_2(a)}\right)$$

ギブズ関数は

$$G = F + pV = -NkT\ln\left(4\pi\frac{kT}{p}\left(\frac{mc}{h}\right)^3 \mathrm{e}^a \frac{K_2(a)}{a}\right)$$

である. 化学ポテンシャルは

$$\mu = \left(\frac{\partial F}{\partial N}\right)_{T,V} = -kT\ln\left(4\pi\frac{kT}{p}\left(\frac{mc}{h}\right)^3 \mathrm{e}^a \frac{K_2(a)}{a}\right)$$

になり $\frac{G}{N}$ に一致している. 定積熱容量は

$$C_V = \left(\frac{\partial U}{\partial T}\right)_V = Nk\left\{3 + a^2 - 3a\frac{K_1(a)}{K_2(a)} - a^2\left(\frac{K_1(a)}{K_2(a)}\right)^2\right\}$$

によって与えられる．最後に漸化式 (A23) を使った．定圧熱容量は

$$C_p = \left(\frac{\partial H}{\partial T}\right)_p = C_V + Nk$$

によってマイアーの関係式を満たしている．

温度が十分低く，粒子の質量が無視できない低温で，$mc^2 \gg kT$ の極限では，(10.27) で与えた漸近展開によって，内部エネルギー，定積熱容量，定圧熱容量は

$$U = \frac{3}{2}NkT, \qquad C_V = \frac{3}{2}Nk, \qquad C_p = \frac{5}{2}Nk$$

になって非相対論の結果を再現する．超相対論的極限 $(a \ll 1)$ では $\frac{K_1(a)}{K_2(a)} \cong \frac{a}{2}$ により内部エネルギー，定積熱容量，定圧熱容量は

$$U = 3NkT, \qquad C_V = 3Nk, \qquad C_p = 4Nk$$

になる．非相対論的粒子ではベルヌーリの法則 $pV = \frac{2}{3}U$ が成り立つのに対し，超相対論的粒子では，光子気体と同じく

$$pV = \frac{1}{3}U$$

になる．エネルギーが cp になる粒子に共通する性質である．エントロピーが保存される断熱過程では

$$T^3 V = 定数, \qquad pV^{4/3} = 定数$$

が成り立つ．熱容量比 $\frac{C_p}{C_V} = \frac{4}{3}$ によるポアソンの方程式になっている．光子気体に現れる同じ因子 $\frac{4}{3}$ はもちろん熱容量比ではない． □

10.9 　2次元の相対論的理想気体

3次元の体積のかわりに厚さがない面積 A の箱の中に閉じ込められた理想気体を考えよう．分配関数は

$$Z(T, A, N) = \frac{A^N}{N!}\left(2\pi\left(\frac{mc}{h}\right)^2 \mathrm{e}^a \int_0^\infty \mathrm{d}x\, x\mathrm{e}^{-a\sqrt{1+x^2}}\right)^N$$

を計算すればよい．変数変換 $z = \sqrt{1+x^2}$ によって

$$\int_0^\infty \mathrm{d}x\, x\mathrm{e}^{-a\sqrt{1+x^2}} = \int_1^\infty \mathrm{d}z\, z\mathrm{e}^{-az} = \mathrm{e}^{-a}\left(\frac{1}{a} + \frac{1}{a^2}\right)$$

10.9　2次元の相対論的理想気体　　　　235

になるから

$$Z(T, A, N) = \frac{A^N}{N!} \left(2\pi \left(\frac{mc}{h} \right)^2 \left(\frac{1}{a} + \frac{1}{a^2} \right) \right)^N$$

が得られる．ヘルムホルツ関数は

$$F = -kT \ln Z = -NkT - NkT \ln \left(2\pi \frac{A}{N} \left(\frac{mc}{h} \right)^2 \left(\frac{1}{a} + \frac{1}{a^2} \right) \right)$$

である．エントロピーは

$$S = Nk \ln \left(2\pi \frac{A}{N} \left(\frac{mc}{h} \right)^2 \left(\frac{1}{a} + \frac{1}{a^2} \right) \right) + Nk \left(1 + \frac{a+2}{a+1} \right)$$

によって与えられる．圧力は

$$p = \frac{NkT}{A}$$

で非相対論的理想気体と同じである．内部エネルギーは

$$U = F + TS = NkT \frac{a+2}{a+1}$$

になる．またエンタルピーは

$$H = U + pA = NkT \left(1 + \frac{a+2}{a+1} \right)$$

によって与えられる．定面積熱容量は

$$C_A = Nk \left(\frac{a+2}{a+1} + \frac{a}{(a+1)^2} \right)$$

になる．定圧熱容量は

$$C_p = C_A + Nk$$

となってマイアーの関係式を満たす．

　非相対論的極限 $a \gg 1$ では

$$U = NkT, \qquad C_A = Nk, \qquad C_p = 2Nk$$

となりエネルギー等分配の法則に従っている．超相対論的極限 $a \ll 1$ では

$$U = 2NkT, \qquad C_A = 2Nk, \qquad C_p = 3Nk$$

によって与えられ，内部エネルギー，定積熱容量は非相対論的極限の2倍である．

10.10 1次元の相対論的理想気体

長さが L で断面積がない 1 次元の箱に気体が詰まっている場合を考えよう. 分配関数は

$$Z(T, L, N) = \frac{L^N}{N!} \left(2\frac{mc}{h} e^a \int_0^\infty dx\, e^{-a\sqrt{1+x^2}} \right)^N$$

を計算すればよい. 積分は, 変数変換 $z = \sqrt{1+x^2}$ によって

$$\int_1^\infty dz\, \frac{z}{\sqrt{z^2-1}} e^{-az} = a \int_1^\infty dz\, \sqrt{z^2-1}\, e^{-az} = K_1(a)$$

である. 第 2 種の変形ベッセル関数の積分表示 (A21) を使った. 分配関数は

$$Z(T, L, N) = \frac{L^N}{N!} \left(2\frac{mc}{h} e^a K_1(a) \right)^N$$

になる. ヘルムホルツ関数は

$$F = -kT \ln Z = -NkT - NkT \ln \left(2\frac{L}{N}\frac{mc}{h} e^a K_1(a) \right)$$

によって与えられるから, エントロピーは

$$S = Nk \ln \left(2\frac{L}{N}\frac{mc}{h} e^a K_1(a) \right) + Nk \left(2 - a + a\frac{K_0(a)}{K_1(a)} \right)$$

になる. 内部エネルギーは

$$U = F + TS = NkT \left(1 - a + a\frac{K_0(a)}{K_1(a)} \right)$$

によって与えられる. 圧力は

$$p = \frac{NkT}{L}$$

で非相対論的理想気体と同じである. この状態方程式を使うとエンタルピーは

$$H = U + pL = NkT \left(2 - a + a\frac{K_0(a)}{K_1(a)} \right)$$

である. 定長熱容量は

$$C_L = \left(\frac{\partial U}{\partial T} \right)_L = Nk \left\{ 1 + a^2 - a\frac{K_0(a)}{K_1(a)} - a^2 \left(\frac{K_0(a)}{K_1(a)} \right)^2 \right\}$$

によって与えられる. 最後に $K_{-n}(a) = K_n(a)$ を使った. 定圧熱容量は

$$C_p = \left(\frac{\partial H}{\partial T}\right)_p = C_L + Nk$$

によってマイアーの関係式を満たしている.

非相対論的極限 $(a \gg 1)$ では漸近展開によって

$$\frac{K_1(a)}{K_2(a)} = 1 - \frac{1}{2a} + \frac{3}{8a^2} + \cdots$$

が得られるから内部エネルギー, 定長熱容量, 定圧熱容量は

$$U = \frac{1}{2}NkT, \qquad C_L = \frac{1}{2}Nk, \qquad C_p = \frac{3}{2}Nk$$

になって1自由度に $\frac{1}{2}kT$ が分配された結果になっている. 超相対論的極限 $(a \ll 1)$ では $\frac{K_1(a)}{K_2(a)} \cong \frac{a}{2}$ により

$$U = NkT, \qquad C_L = Nk, \qquad C_p = 2Nk$$

になり2倍のエネルギーが分配されている.

10.11 f 次元の相対論的理想気体

3次元, 2次元, 1次元は現実に可能な容器だが, もっと見通しをよくするために f 次元空間内にある容器に閉じ込められた相対論的理想気体を考えてみよう. これまでの結果から内部エネルギー, 定積熱容量についての結果は次のように予想できる (2次元, 一般に偶数次元では半奇数の第2種変形ベッセル関数が簡単な形になる).

定理 10.12 (f 次元相対論的理想気体) f 次元の相対論的理想気体の内部エネルギーは

$$U = NkT\left(f - a + a\frac{K_{\frac{f-1}{2}}(a)}{K_{\frac{f+1}{2}}(a)}\right)$$

定積熱容量は

$$C_V = Nk\left\{f + a^2 - fa\frac{K_{\frac{f-1}{2}}(a)}{K_{\frac{f+1}{2}}(a)} - a^2\left(\frac{K_{\frac{f-1}{2}}(a)}{K_{\frac{f+1}{2}}(a)}\right)^2\right\}$$

によって与えられる.

238　　　　　　　　　　第 10 章　相対論的熱力学

証明　運動量積分は，(A16) で与えた f 次元空間内の単位球表面積 ω_f を利用することによって

$$
\frac{1}{h^f} \int \mathrm{d}p_1 \mathrm{d}p_2 \cdots \mathrm{d}p_f \, \mathrm{e}^{-\frac{1}{kT}\sqrt{c^2 p^2 + m^2 c^4}} = \omega_f \left(\frac{mc}{h}\right)^f \int_0^\infty \mathrm{d}x \, x^{f-1} \mathrm{e}^{-a\sqrt{1+x^2}}
$$

を計算すればよい．変数変換 $z = \sqrt{1+x^2}$ によって

$$
\begin{aligned}
\omega_f \left(\frac{mc}{h}\right)^f \int_1^\infty \mathrm{d}z \, z(z^2-1)^{\frac{f-2}{2}} \mathrm{e}^{-az} &= \frac{2\pi^{\frac{f}{2}}}{\Gamma(\frac{f}{2})} \left(\frac{mc}{h}\right)^f \frac{\Gamma(\frac{f}{2})}{\sqrt{\pi}} \left(\frac{2}{a}\right)^{\frac{f-1}{2}} K_{\frac{f+1}{2}}(a) \\
&= 2 \left(\frac{mc}{h}\right)^f \left(\frac{2\pi}{a}\right)^{\frac{f-1}{2}} K_{\frac{f+1}{2}}(a)
\end{aligned}
$$

となる．分配関数は

$$
Z(T,V,N) = \frac{V^N}{N!} \left(2\left(\frac{mc}{h}\right)^f \mathrm{e}^a \left(\frac{2\pi}{a}\right)^{\frac{f-1}{2}} K_{\frac{f+1}{2}}(a)\right)^N
$$

である．ヘルムホルツ関数は

$$
F = -NkT - NkT \ln \left(2\frac{V}{N}\left(\frac{mc}{h}\right)^f \mathrm{e}^a \left(\frac{2\pi}{a}\right)^{\frac{f-1}{2}} K_{\frac{f+1}{2}}(a)\right)
$$

エントロピーは

$$
\begin{aligned}
S = {}& Nk \ln \left(2\frac{V}{N}\left(\frac{mc}{h}\right)^f \mathrm{e}^a \left(\frac{2\pi}{a}\right)^{\frac{f-1}{2}} K_{\frac{f+1}{2}}(a)\right) \\
&+ Nk \left(f+1-a+a\frac{K_{\frac{f-1}{2}}(a)}{K_{\frac{f+1}{2}}(a)}\right)
\end{aligned}
$$

になる．これによって内部エネルギーと定積熱容量は与式に帰着する．非相対論的極限 $(a \gg 1)$ では漸近展開によって

$$
\frac{K_{\frac{f-1}{2}}(a)}{K_{\frac{f+1}{2}}(a)} = 1 - \frac{f}{2a} + \frac{f^2+2f}{8a^2} + \cdots
$$

が得られるから内部エネルギー，定積熱容量，定圧熱容量は

$$
U = \frac{f}{2}NkT, \qquad C_V = \frac{f}{2}Nk, \qquad C_p = \frac{f+2}{2}Nk
$$

になって 1 自由度に $\frac{1}{2}kT$ が分配されている．超相対論的極限 $(a \ll 1)$ では

$$\frac{K_{\frac{f-1}{2}}(a)}{K_{\frac{f+1}{2}}(a)} = \frac{\Gamma\left(\frac{f-1}{2}\right)}{\Gamma\left(\frac{f+1}{2}\right)}\frac{a}{2} + \cdots$$

により

$$U = fNkT, \qquad C_V = fNk, \qquad C_p = (f+1)Nk$$

になり 2 倍のエネルギーが分配されている． □

10.12 任意の慣性系における統計力学

光子の振動数と温度は同じ変換則に従うので光子のボルツマン因子 $e^{-h\nu/kT}$ はローレンツ不変で，重力場中でも不変である．だが相対論的粒子のボルツマン因子を $e^{-\varepsilon/kT}$ とすれば，ε と T が異なる変換則に従うため，ローレンツ不変ではなくなる．確率はローレンツ不変であるから，静止系のボルツマン因子 $e^{-\varepsilon_0/kT_0}$ はどの座標系でも同じ値を持つ不変量である．ε_0 を p_x, p_y, p_z の関数，T_0 を定数とすると相対論的理想気体の分配関数は

$$Z = \frac{V^N}{h^{3N}N!}\left(\int dp_x dp_y dp_z\, e^{-\frac{\varepsilon_0(p_x, p_y, p_z)}{kT_0}}\right)^N$$

を計算すればよい．4 元運動量のローレンツ変換は，静止系を添字 0 で表わすと

$$\varepsilon = \gamma(\varepsilon_0 + up_{0x}), \quad p_x = \gamma\left(p_{0x} + \frac{u\varepsilon_0}{c^2}\right), \quad p_y = p_{0y}, \quad p_z = p_{0z}$$

である．運動量空間の体積要素は

$$dp_x dp_y dp_z = \gamma\left(1 + \frac{up_{0x}}{\varepsilon_0}\right)dp_{0x}dp_{0y}dp_{0z}$$

になるから積分変数を p_x, p_y, p_z から p_{0x}, p_{0y}, p_{0z} に変換すると

$$Z = \frac{V^N}{h^{3N}N!}\left(\int dp_{0x}dp_{0y}dp_{0z}\, \gamma\left(1 + \frac{up_{0x}}{\varepsilon_0}\right)e^{-\frac{\varepsilon_0}{kT_0}}\right)^N$$

$$= \frac{V_0^N}{h^{3N}N!}\left(\int dp_{0x}dp_{0y}dp_{0z}\, e^{-\frac{\varepsilon_0}{kT_0}}\right)^N = Z_0$$

になる．1 行目右辺で $\frac{up_{0x}}{\varepsilon_0}$ の項は p_{0x} 積分で消える．

> **定理 10.13** 相対論的理想気体の分配関数 Z はローレンツ変換に対して不変
> で，静止系の分配関数 Z_0 に一致する．すなわち
>
> $$Z = Z_0$$
>
> が成り立つ．温度の変換則によらない．

演習 10.14 エントロピーがプランクの公式

$$S = S_0$$

を満たすことを確かめよ．

証明 ヘルムホルツ関数を $F = -kT \ln Z$ によって定義すると，Z の不変性と温
度の変換則 $T = \gamma T_0$ によって

$$F = -kT \ln Z = -k\gamma T_0 \ln Z_0 = \gamma F_0$$

になり (10.18) で与えた変換則 $F = \gamma F_0$ を満たしている．エントロピーは

$$S = -\left(\frac{\partial F}{\partial T}\right)_V = -\left(\frac{\partial F_0}{\partial T_0}\right)_{V_0} = S_0$$

である．温度の変換則によって F の変換則は異なるが，S の不変性は変わらな
い． $\square$

演習 10.15 任意の慣性系における圧力 p が静止系の p_0 に一致することを示せ．

証明 x 方向に速度 u で運動する慣性系における圧力 p は

$$p = \frac{1}{h^3} \int dp_x dp_y dp_z \, p_x (v_x - u) e^{-\frac{\varepsilon_0(p_x, p_y, p_z)}{kT_0}}$$

を計算すればよい．壁が u で運動しているので単位時間に壁の単位面積に衝突で
きるのは高さ $v_x - u$ の柱体の中の分子である．静止系への座標変換は

$$dp_x dp_y dp_z \, p_x (v_x - u)$$
$$= dp_{0x} dp_{0y} dp_{0z} \, \gamma \left(1 + \frac{up_{0x}}{\varepsilon_0}\right) \gamma \left(p_{0x} + \frac{u\varepsilon_0}{c^2}\right) \left(\frac{v_{0x} + u}{1 + \frac{uv_{0x}}{c^2}} - u\right)$$
$$= dp_{0x} dp_{0y} dp_{0z} \left(1 + \frac{up_{0x}}{\varepsilon_0}\right) \left(p_{0x} + \frac{u\varepsilon_0}{c^2}\right) \frac{v_{0x}}{1 + \frac{uv_{0x}}{c^2}}$$

である. $v_{0x} = \frac{c^2 p_{0x}}{\varepsilon_0}$ に注意し, 積分で消える項 $\frac{u\varepsilon_0}{c^2} v_{0x} = \frac{u p_{0x}}{c^2}$ を落とすと

$$\mathrm{d}p_x \mathrm{d}p_y \mathrm{d}p_z\, p_x(v_x - u) = \mathrm{d}p_{0x}\mathrm{d}p_{0y}\mathrm{d}p_{0z}\, p_{0x}v_{0x}$$

が得られる. したがって

$$p = \frac{1}{h^3} \int \mathrm{d}p_{0x}\mathrm{d}p_{0y}\mathrm{d}p_{0z}\, p_{0x}v_{0x}\mathrm{e}^{-\frac{\varepsilon_0}{kT_0}} = p_0 \tag{10.29}$$

が成り立つ. 温度の変換則によらない. □

演習 10.16 (10.29) で与えた静止系の圧力 p_0 をベルヌーリに由来する (8.3) によって導け.

証明 公式 (8.3) は, 垂直に壁に向う運動量を p_n, 速度を v_n として

$$p_0 = \frac{1}{3}\frac{N}{V_0}\langle p_\mathrm{n}v_\mathrm{n}\rangle$$

だった. 1粒子あたりの位相平均は

$$\langle p_\mathrm{n}v_\mathrm{n}\rangle = \frac{1}{N}\frac{V_0}{h^3}\int \mathrm{d}p_{0x}\mathrm{d}p_{0y}\mathrm{d}p_{0z}\, p_\mathrm{n}v_\mathrm{n}\mathrm{e}^{-\frac{\varepsilon_0}{kT_0}}$$

である. したがって, n を x 方向に選び $p_{0x} = p_\mathrm{n}\cos\theta$, $v_{0x} = v_\mathrm{n}\cos\theta$ とすると

$$\begin{aligned}
p_0 &= \frac{1}{3}\frac{1}{h^3}\int \mathrm{d}p_{0x}\mathrm{d}p_{0y}\mathrm{d}p_{0z}\, p_\mathrm{n}v_\mathrm{n}\mathrm{e}^{-\frac{\varepsilon_0}{kT_0}} \\
&= \frac{1}{h^3}\int \mathrm{d}p_{0x}\mathrm{d}p_{0y}\mathrm{d}p_{0z}\, p_{0x}v_{0x}\mathrm{e}^{-\frac{\varepsilon_0}{kT_0}}
\end{aligned}$$

によって与えられる. □

定理 10.17 現象論的な考察で得られた体系の全エネルギー (10.4) と全運動量 (10.3)

$$U = \frac{U_0 + \frac{u^2}{c^2}p_0 V_0}{\sqrt{1 - \frac{u^2}{c^2}}}, \qquad \mathsf{G} = \frac{U_0 + p_0 V_0}{\sqrt{1 - \frac{u^2}{c^2}}}\frac{\mathsf{u}}{c^2}$$

を統計力学によって導くことができる. 温度の変換則によらない.

証明 任意の慣性系におけるエネルギーの位相平均は

$$U = \frac{V}{h^3}\int \mathrm{d}p_x \mathrm{d}p_y \mathrm{d}p_z\, \varepsilon \mathrm{e}^{-\frac{\varepsilon_0(p_x,p_y,p_z)}{kT_0}}$$

を計算すれば，$V = \gamma V_0$ を用いて，

$$
\begin{aligned}
U &= \frac{V}{h^3} \int \mathrm{d}p_{0x}\mathrm{d}p_{0y}\mathrm{d}p_{0z}\, \gamma \left(1 + \frac{up_{0x}}{\varepsilon_0}\right) \gamma(\varepsilon_0 + up_{0x})\mathrm{e}^{-\frac{\varepsilon_0}{kT_0}} \\
&= \frac{V_0}{h^3}\gamma \int \mathrm{d}p_{0x}\mathrm{d}p_{0y}\mathrm{d}p_{0z} \left(\varepsilon_0 + 2up_{0x} + \frac{u^2 p_{0x}^2}{\varepsilon_0}\right) \mathrm{e}^{-\frac{\varepsilon_0}{kT_0}} \\
&= \frac{V_0}{h^3}\gamma \int \mathrm{d}p_{0x}\mathrm{d}p_{0y}\mathrm{d}p_{0z} \left(\varepsilon_0 + \frac{u^2}{c^2} p_{0x}v_{0x}\right) \mathrm{e}^{-\frac{\varepsilon_0}{kT_0}}
\end{aligned}
$$

になる．被積分関数の第 1 項の寄与は静止系のエネルギー位相平均

$$
U_0 = \frac{V_0}{h^3} \int \mathrm{d}p_{0x}\mathrm{d}p_{0y}\mathrm{d}p_{0z}\, \varepsilon_0 \mathrm{e}^{-\frac{\varepsilon_0}{kT_0}}
$$

によって γU_0 になる．第 2 項の寄与には (10.29) を代入する．結果は

$$
U = \gamma \left(U_0 + \frac{u^2}{c^2} p_0 V_0\right) = \frac{U_0 + \frac{u^2}{c^2} p_0 V_0}{\sqrt{1 - \frac{u^2}{c^2}}}
$$

である．同様にして運動量の位相平均は

$$
G_x = \frac{V}{h^3} \int \mathrm{d}p_x\mathrm{d}p_y\mathrm{d}p_z\, p_x \mathrm{e}^{-\frac{\varepsilon_0(p_x,p_y,p_z)}{kT_0}}
$$

を計算すれば，

$$
\begin{aligned}
G_x &= \frac{V}{h^3} \int \mathrm{d}p_{0x}\mathrm{d}p_{0y}\mathrm{d}p_{0z}\, \gamma \left(1 + \frac{up_{0x}}{\varepsilon_0}\right) \gamma \left(p_{0x} + \frac{u\varepsilon_0}{c^2}\right) \mathrm{e}^{-\frac{\varepsilon_0}{kT_0}} \\
&= \frac{V_0}{h^3}\gamma \int \mathrm{d}p_{0x}\mathrm{d}p_{0y}\mathrm{d}p_{0z}\, \frac{u}{c^2} \left(\varepsilon_0 + \frac{c^2 p_{0x}^2}{\varepsilon_0}\right) \mathrm{e}^{-\frac{\varepsilon_0}{kT_0}} \\
&= \frac{V_0}{h^3}\gamma \int \mathrm{d}p_{0x}\mathrm{d}p_{0y}\mathrm{d}p_{0z}\, \frac{u}{c^2} (\varepsilon_0 + p_{0x}v_{0x})\mathrm{e}^{-\frac{\varepsilon_0}{kT_0}}
\end{aligned}
$$

になる．したがって

$$
G_x = \gamma(U_0 + p_0 V_0)\frac{u}{c^2} = \frac{U_0 + p_0 V_0}{\sqrt{1 - \frac{u^2}{c^2}}} \frac{u}{c^2}
$$

が得られる． □

11

膨張する宇宙

Univers en expansion

プランクの輻射式はガモフのビッグバン模型を劇的に証拠立てるのに使われた. 宇宙のビッグバンで光子がつくられた. 宇宙創成から 38 万年ほど経過したとき, 温度が 3000 K 程度まで下がって原子がつくられるようになり, 物質が電気的に中性の原子に変化したため, 光子は原子と反応しなくなった. それまで熱平衡にあった物質と輻射が分離し, 輻射が断熱膨張して今日に至ったと考えられている. アルファーとハーマンが 1948 年に予言した宇宙背景輻射は, 1965 年になってペンジアスとウィルソンがすべての方向から同じ強さでやってくる電波として発見した. その分布はプランクの輻射式で $T = 3.5$ K としたものに一致した. 1964 年に理論的に予想していたディキーとピーブルズは直ちにそれが宇宙背景輻射であると結論した. 現在の観測値は $T = 2.725$ K, ピークの波長は $\lambda_\mathrm{m} = 1.06$ mm でヴィーンの変位則 (9.8) が成り立っている.

11.1 古典論による宇宙膨張

後に一般相対論による説明を行うが, ここでは古典的な描像で宇宙の年齢を概算してみよう. 一般相対論では, 宇宙の果て, 境界のようなものはないが, 宇宙のスケイル因子 a が存在し, 楕円空間に対し, 有限の宇宙の体積 $2\pi^2 a^3$ を与える. そこで, 宇宙を, 半径 R の質量一様球として古典力学を使ってみよう. 宇宙内部の位置 r にある質量 m の質点は, 半径 $r = |\mathrm{r}|$ の球内部の質量

$$M_r = \frac{4\pi r^3}{3}\varrho$$

244   第 11 章　膨張する宇宙

から重力を受ける．ϱ は質量密度である．質点はニュートン方程式

$$m\ddot{\mathbf{r}} = -GmM_r\frac{\mathbf{r}}{r^3} + \frac{1}{3}\Lambda mc^2\mathbf{r} \tag{11.1}$$

に従うものとする．$\Lambda = 4\pi G\varrho/c^2$ と選べば $\ddot{\mathbf{r}} = 0$ となるように右辺第 2 項を付加した．後にわかるように，アインシュタインの宇宙項からの寄与に対応する．宇宙項は一様な質量密度 $-\Lambda/4\pi Gc^2$ の効果をもたらす．

宇宙項は，重力ポテンシャル

$$V_r = -G\frac{mM_r}{r}$$

に調和振動子ポテンシャル

$$V_\Lambda = -\frac{1}{6}\Lambda mc^2r^2$$

を付け加えたことに相当する．すなわち運動方程式 (11.1) は

$$m\ddot{\mathbf{r}} = -\boldsymbol{\nabla}(V_r + V_\Lambda)$$

になる．エネルギー積分は運動エネルギーとポテンシャルエネルギーの和

$$\frac{1}{2}m\dot{r}^2 + V_r + V_\Lambda = \frac{1}{2}m\dot{r}^2 - G\frac{mM_r}{r} - \frac{1}{6}\Lambda mc^2r^2 = 定数$$

である．積分にあたって，半径 r の球内の全質量 M_r は膨張にともなって変化しないことを使った．

定理 11.1 (フリードマン方程式)　宇宙の半径 R はフリードマン方程式

$$\dot{R}^2 - \frac{8\pi G\varrho R^2}{3} - \frac{\Lambda c^2 R^2}{3} = -kc^2 \tag{11.2}$$

を満たす．k は無次元の定数である．

証明　質点の現在の位置ベクトルを $\mathbf{r}_1$，宇宙の半径を R_1 とする．膨張は一様に質点の座標を変化させるので，位置ベクトルは

$$\mathbf{r} = \frac{R(t)}{R_1}\mathbf{r}_1$$

によって変化する．$r = \frac{R(t)}{R_1}r_1$ をエネルギー積分に代入すればフリードマン方程式に帰着する．□

フリードマン方程式に現れる積分定数 k は，古典理論では定まらないが，後に示すように空間の曲率によって決まる．k が正の場合は，閉じた宇宙に対応し，宇宙は膨張をやめ，収縮に向う．k が負値を取る場合は，開いた宇宙に対応し，宇宙は際限なく膨張する．k が 0 の場合は，平坦な宇宙に対応する．後にわかるように，閉じた宇宙は曲率が正，開いた宇宙は曲率が負，平坦な宇宙は曲率 0 を意味する．フリードマンは 1922 年に正の曲率，1924 年に負の曲率についてフリードマン方程式を導いた．

11.2 熱力学第 1 法則

古典論でも，フリードマン方程式ばかりではなく，アインシュタインの重力場方程式から導かれる基本方程式すべてが得られることを示そう．

> **命題 11.2** フリードマン方程式と熱力学第 1 法則を使うと，重力場方程式から得られる 2 つの方程式
>
> $$\frac{3\ddot{R}}{R} - \Lambda c^2 = -\frac{4\pi G}{c^2}(\varrho c^2 + 3p) \tag{11.3}$$
>
> $$-\frac{R\ddot{R} + 2\dot{R}^2}{R^2 c^2} - \frac{2k}{R^2} + \Lambda = -\frac{4\pi G}{c^4}(\varrho c^2 - p) \tag{11.4}$$
>
> が導かれる．(11.3) は重力場方程式の時間成分から，(11.4) は空間成分から導かれる式 (11.13) と (11.14) にそれぞれ完全に一致する．

証明 一様な宇宙の静圧を p，体積を

$$V = \frac{4\pi R^3}{3}$$

とする．宇宙全体の全質量を

$$M = \frac{4\pi R^3}{3}\varrho$$

とすると，内部エネルギー U は，アインシュタインの質量とエネルギーの関係式によって

$$U = Mc^2 = \varrho c^2 V$$

である．断熱変化における熱力学第 1 法則は

$$dU + pdV = 0, \qquad \dot{U} + p\dot{V} = 0 \tag{11.5}$$

である．静圧の存在の下では，内部エネルギーも全質量も定数ではない．ϱ と R によって書き直すと

$$\frac{d}{dt}(\varrho c^2 R^3) + 3pR^2\dot{R} = \dot{\varrho}c^2 R^3 + 3(\varrho c^2 + p)R^2\dot{R} = 0$$

になる．すなわち

$$\dot{\varrho} + 3\left(\varrho + \frac{p}{c^2}\right)\frac{\dot{R}}{R} = 0 \tag{11.6}$$

が成り立つ．

フリードマン方程式 (11.2) を

$$3\frac{\dot{R}^2}{R^2 c^2} + 3\frac{k}{R^2} - \Lambda = \frac{8\pi G}{c^2}\varrho$$

のように整理し，両辺を t について微分すると

$$\frac{6}{c^2}\frac{\dot{R}}{R}\frac{d}{dt}\left(\frac{\dot{R}}{R}\right) - 6k\frac{\dot{R}}{R^3} = \frac{8\pi G}{c^2}\dot{\varrho}$$

になる．この式に熱力学第 1 法則から得られた (11.6) を用いて $\dot{\varrho}$ を消去すると，(11.4) が導かれる．その式にふたたびフリードマン方程式を代入して k を消去すると (11.3) に帰着する． □

11.3 平坦な空間

熱力学第 1 法則から得られた (11.6) を整理すると

$$\dot{\varrho} = -\frac{3\dot{R}}{R}\left(\varrho + \frac{p}{c^2}\right), \qquad d\varrho = -\frac{3dR}{R}\left(\varrho + \frac{p}{c^2}\right)$$

になる．p が ϱ の関数として与えられれば ϱ と R の関係が決まる．ω を定数として，

$$p = \omega\varrho c^2$$

の形を取るときは

$$\frac{d\varrho}{\varrho} = -3(1 + w)\frac{dR}{R}$$

を積分して

$$\varrho \propto R^{-3(1+\omega)}, \qquad R \propto \varrho^{\frac{1}{3(1+\omega)}} \tag{11.7}$$

が得られる.

アインシュタインとデ・シッター (1932) は平坦な空間 ($k = 0$) で宇宙項がない場合 ($\Lambda = 0$) を考えた. フリードマン方程式は

$$\dot{R} = \sqrt{\frac{8\pi G R^2 \varrho}{3}}$$

になる. (11.7) を使うと,

$$\dot{R} \propto R^{-\frac{1}{2}(1+3\omega)}, \qquad \mathrm{d}t \propto R^{\frac{1}{2}(1+3\omega)} \mathrm{d}R$$

になるからこれを積分すると, $\omega = -1$ 以外は

$$t \propto R^{\frac{3}{2}(1+\omega)}, \qquad R \propto t^{\frac{2}{3(1+\omega)}} \tag{11.8}$$

である. $\omega = -1$ の場合は, ϱ が定数になることに注意し, $\dot{R} \propto R$ を積分して $R \propto \mathrm{e}^{\alpha t}$ が得られる. α は積分定数である.

アインシュタインーデ・シッター模型 アインシュタインーデ・シッター模型では $\omega = 0$ とした. $p = 0$ で熱力学第 1 法則 (11.6) は

$$\dot{\varrho} = -3\varrho \frac{\dot{R}}{R} = -\sqrt{24\pi G}\varrho^{3/2}, \qquad \mathrm{d}t = -\frac{1}{\sqrt{24\pi G}} \frac{\mathrm{d}\varrho}{\varrho^{3/2}}$$

になるから

$$t = \frac{1}{\sqrt{6\pi G\varrho}}, \qquad \varrho = \frac{1}{6\pi G t^2}$$

が得られる. したがって,

$$\frac{\dot{R}}{R} = \sqrt{\frac{8\pi G\varrho}{3}} = \frac{2}{3t}$$

より (11.8) において $\omega = 0$ と置いた $t^{2/3}$ になる. これらによって宇宙の全質量の保存則

$$\varrho R^3 \propto \frac{1}{t^2} \cdot (t^{2/3})^3 = 定数$$

が得られる ($p = 0$ によって直ちに得られる結果である).

宇宙を満たす光子気体は孤立系で熱の出入りはない．すなわち光子気体のエントロピーは一定である．したがって (4.51) で与えた公式を使うと

$$S = \frac{4}{3}aT^3V = \frac{16\pi}{9}aT^3R^3 = 定数$$

が成り立つ．温度と宇宙の半径は $T \propto \frac{1}{R}$ のように反比例する．過去にさかのぼると，宇宙の半径は小さくなり，それに反比例して温度は高くなる．内部エネルギー密度は，温度の 4 乗に比例し，宇宙の半径の 4 乗に反比例するから

$$u = u_1\left(\frac{T}{T_1}\right)^4 = u_1\left(\frac{R_1}{R}\right)^4$$

のように書くことができる．物質と輻射が分離した後では物質が支配的で，時間発展はアインシュタイン－デ・シッター模型の $t \propto R^{3/2}$ 則に従うとすると，現在の時間は

$$t_1 = t\left(\frac{R_1}{R}\right)^{3/2} = t\left(\frac{T}{T_1}\right)^{3/2}$$

のように発展してきた．温度 $T_1 = 2.725\,\mathrm{K}$ になった現在の時間 t_1 を，温度 $T = 3000\,\mathrm{K}$ であった時間 $t = 38$ 万年との比較から概算すると

$$t_1 = 3.8 \times 10^5 \left(\frac{3000}{2.725}\right)^{3/2} = 1.39 \times 10^{10}\,年 = 139\,億年$$

が得られる．現在の値は 138 億年である．

初期宇宙 $R \propto t^{3/2}$ 則は，平坦な宇宙で，物質の全エネルギーが主用な寄与であるとし，$p = 0$ であると仮定したことから導かれた．物質が輻射と分離する以前の初期宇宙では，輻射エネルギーが主要な寄与である．輻射圧は

$$p = \frac{1}{3}u = \frac{1}{3}\varrho c^2$$

によって与えられるから

$$\dot{\varrho} = -3\left(\varrho + \frac{p}{c^2}\right)\frac{\dot{R}}{R} = -\sqrt{\frac{128\pi G}{3}}\varrho^{3/2}, \qquad \mathrm{d}t = -\sqrt{\frac{3}{128\pi G}}\frac{\mathrm{d}\varrho}{\varrho^{3/2}}$$

を積分して，上記と同様に，

$$t = \sqrt{\frac{3}{32\pi G\varrho}}, \qquad \varrho = \frac{3}{32\pi Gt^2}$$

が得られる．したがって，

$$\frac{\dot{R}}{R} = \sqrt{\frac{8\pi G\varrho}{3}} = \frac{1}{2t}$$

より (11.8) において $\omega = \frac{1}{3}$ と置いた $R \propto t^{1/2}$ 則が得られる．輻射の温度は

$$T = \left(\frac{\varrho c^2}{a}\right)^{1/4} = \left(\frac{3c^2}{32\pi Gat^2}\right)^{1/4} \propto t^{-1/2}$$

によって低下する．これらによって輻射のエントロピーの保存則

$$S \propto T^3 R^3 \propto (t^{-1/2})^3 \cdot (t^{1/2})^3 = \text{定数}$$

が得られる（熱力学第 1 法則によって直ちに得られる結果である）．輻射の内部エネルギーは

$$U \propto T^4 R^3 \propto (t^{-1/2})^4 \cdot (t^{1/2})^3 = t^{-1/2}$$

によって減少する．

11.4 曲がった空間

正の曲率 ユークリッド幾何学に基づく古典力学とは異なり，一般相対論では宇宙空間は曲がっている．まず，3 次元ユークリッド空間の中の球面を考えよう．半径 a の球面上の位置座標 x^1, x^2, x^3 は

$$(x^1)^2 + (x^2)^2 + (x^3)^2 = a^2$$

を満たす．球面上の線要素は

$$\mathrm{d}s^2 = (\mathrm{d}x^1)^2 + (\mathrm{d}x^2)^2 + (\mathrm{d}x^3)^2$$

によって与えられる．ところで，球面上の位置を表わすためには 2 個の座標で十分で，3 個の x^1, x^2, x^3 は必要ない．そこで球座標

$$x^1 = a\sin\theta\cos\phi, \quad x^2 = a\sin\theta\sin\phi, \quad x^3 = a\cos\theta$$

を用いると，線要素は

$$\mathrm{d}s^2 = a^2(\mathrm{d}\theta^2 + \sin^2\theta\mathrm{d}\phi^2)$$

である. θ のかわりに

$$r = \sin\theta, \qquad 0 \le \theta \le \pi, \qquad 0 \le r \le 1$$

を取ると

$$ds^2 = a^2\left(\frac{dr^2}{1-r^2} + r^2 d\phi^2\right)$$

が得られる. 球面上ではユークリッド空間ではなく, 曲がった空間, リーマン空間になっている. 球面上なので, 曲率は場所によらず,

$$K = \frac{1}{a^2}$$

で与えられる.

そこで, 4次元ユークリッド空間内の球面 (3次元球面と呼ぶ) を3次元空間であるとしてみよう. 3次元空間内の位置は4次元空間の位置座標 X^1, X^2, X^3, X^4 で表わし,

$$(X^1)^2 + (X^2)^2 + (X^3)^2 + (X^4)^2 = a^2$$

を満たすものとする. 球座標 ψ, θ, ϕ を用いると

$$\begin{cases} X^1 = a\sin\psi\sin\theta\cos\phi \\ X^2 = a\sin\psi\sin\theta\sin\phi \\ X^3 = a\sin\psi\cos\theta \\ X^4 = a\cos\psi \end{cases}$$

のように表わすことができるから, 線要素は

$$ds^2 = a^2\{d\psi^2 + \sin^2\psi(d\theta^2 + \sin^2\theta d\phi^2)\}$$

になる. ψ のかわりに

$$r = \sin\psi, \qquad 0 \le \psi \le \pi, \qquad 0 \le r \le 1$$

を取ると

$$ds^2 = a^2\left(\frac{dr^2}{1-r^2} + r^2(d\theta^2 + \sin^2\theta d\phi^2)\right) \tag{11.9}$$

が得られる.

11.4 曲がった空間

宇宙の体積　リーマン空間の線要素は，(10.7) で与えたように，任意の座標 x^i によって

$$\mathrm{d}s^2 = g_{mi}\mathrm{d}x^m \mathrm{d}x^i$$

とする．半径 $R < a$ の3次元球面では座標を

$$x^1 = r, \quad x^2 = \theta, \quad x^3 = \phi$$

とすると (11.9) では計量テンソル g_{mi} とその逆行列 g^{mi} はいずれも対角で

$$(g_{mi}) = \begin{pmatrix} \frac{a^2}{1-r^2} & 0 & 0 \\ 0 & a^2 r^2 & 0 \\ 0 & 0 & a^2 r^2 \sin^2\theta \end{pmatrix}, \quad (g^{mi}) = \begin{pmatrix} \frac{1-r^2}{a^2} & 0 & 0 \\ 0 & \frac{1}{a^2 r^2} & 0 \\ 0 & 0 & \frac{1}{a^2 r^2 \sin^2\theta} \end{pmatrix}$$

になっている．ヤコービ行列式は

$$\sqrt{g} = \sqrt{g_{11}g_{22}g_{33}} = \frac{a^3 r^2 \sin\theta}{\sqrt{1-r^2}}$$

である．半径 $R < a$ の球の体積は，ψ が 0 から π まで変化する間に，r は 0 から 1 に達し，ふたたび 0 に戻ることを考慮し，

$$V = 2\int_0^{R/a} \mathrm{d}r \int_0^\pi \mathrm{d}\theta \int_0^{2\pi} \mathrm{d}\phi \sqrt{g} = 8\pi a^3 \int_0^{R/a} \mathrm{d}r \frac{r^2}{\sqrt{1-r^2}}$$

$$= 4\pi a^3 \left(-\frac{R}{a}\sqrt{1 - \frac{R^2}{a^2}} + \sin^{-1}\frac{R}{a} \right)$$

が得られる．平坦な空間の極限 $(a \to \infty)$ では通常の結果 $V = \frac{4\pi}{3}R^3$ になる．空間全体の体積（3次元球面の体積）は，$R = a$ の極限を取ればよく，$V = 2\pi^2 a^3$ になる．

負の曲率　負の曲率

$$K = -\frac{1}{a^2}$$

を持つ空間の計量も同じようにして導くことができる．3次元空間が4次元空間の3次元双曲面であるとする．4次元空間の位置座標 X^1, X^2, X^3, X^4 は

$$(X^1)^2 + (X^2)^2 + (X^3)^2 - (X^4)^2 = -a^2$$

252　　第 11 章　膨張する宇宙

を満たすものとする．座標 ψ, θ, ϕ を用いると

$$
\begin{cases}
X^1 = a \sinh \psi \sin \theta \cos \phi \\
X^2 = a \sinh \psi \sin \theta \sin \phi \\
X^3 = a \sinh \psi \cos \theta \\
X^4 = a \cosh \psi
\end{cases}
$$

になるから，線要素は

$$
\mathrm{d}s^2 = a^2 \{ \mathrm{d}\psi^2 + \sin^2 \psi (\mathrm{d}\theta^2 + \sin^2 \theta \mathrm{d}\phi^2) \}
$$

になる．ψ のかわりに $r = \sinh \psi$ $(0 \le \psi \le \infty, 0 \le r \le \infty)$ を取ると

$$
\mathrm{d}s^2 = a^2 \left(\frac{\mathrm{d}r^2}{1 + r^2} + r^2 (\mathrm{d}\theta^2 + \sin^2 \theta \mathrm{d}\phi^2) \right)
$$

が得られる．ヤコービ行列式は

$$
\sqrt{g} = \sqrt{g_{11} g_{22} g_{33}} = \frac{a^3 r^2 \sin \theta}{\sqrt{1 + r^2}}
$$

になるから，半径 $R < a$ の球体積として，

$$
V = \int_0^{R/a} \mathrm{d}r \int_0^{\pi} \mathrm{d}\theta \int_0^{2\pi} \mathrm{d}\phi \sqrt{g} = 4\pi a^3 \int_0^{R/a} \mathrm{d}r \frac{r^2}{\sqrt{1 + r^2}}
$$
$$
= 2\pi a^3 \left(\frac{R}{a} \sqrt{1 + \frac{R^2}{a^2}} - \sinh^{-1} \frac{R}{a} \right)
$$

が得られる．平坦な空間の極限 $(a \to \infty)$ では通常の結果 $V = \frac{4\pi}{3} R^3$ になる．$r \to \infty$ の極限で積分は発散する．3 次元双曲面は開いた空間で，全体積は無限大である．

フリードマン－ロバートソン－ウォーカー計量　時間を含めた 4 次元空間で座標を

$$
x^0 = t, \quad x^1 = r, \quad x^2 = \theta, \quad x^3 = \phi
$$

とするとフリードマン－ロバートソン－ウォーカー計量は

$$
\mathrm{d}s^2 = -c^2 \mathrm{d}t^2 + a^2 \left(\frac{\mathrm{d}r^2}{1 - kr^2} + r^2 (\mathrm{d}\theta^2 + \sin^2 \theta \mathrm{d}\phi^2) \right)
$$

である．ここで，

$$k \equiv \frac{K}{|K|} = \begin{cases} +1 \ (K = +\frac{1}{a^2}) \\ 0 \ (K = 0) \\ -1 \ (K = -\frac{1}{a^2}) \end{cases}$$

を定義した．計量テンソル g_{mi} と g^{mi} はいずれも対角行列

$$(g_{mi}) = \begin{pmatrix} -c^2 & 0 & 0 & 0 \\ 0 & \frac{a^2}{1-kr^2} & 0 & 0 \\ 0 & 0 & a^2 r^2 & 0 \\ 0 & 0 & 0 & a^2 r^2 \sin^2 \theta \end{pmatrix}$$

$$(g^{mi}) = \begin{pmatrix} -\frac{1}{c^2} & 0 & 0 & 0 \\ 0 & \frac{1-kr^2}{a^2} & 0 & 0 \\ 0 & 0 & \frac{1}{a^2 r^2} & 0 \\ 0 & 0 & 0 & \frac{1}{a^2 r^2 \sin^2 \theta} \end{pmatrix}$$

で互いに逆の関係

$$(g_{mk} g^{ki}) = (\delta_m{}^i) = \begin{pmatrix} 1 & 0 & 0 & 0 \\ 0 & 1 & 0 & 0 \\ 0 & 0 & 1 & 0 \\ 0 & 0 & 0 & 1 \end{pmatrix}$$

を満たす．第1種と第2種のクリストフェル記号は

$$[im, k] = \frac{1}{2}\left(\frac{\partial g_{mk}}{\partial x^i} + \frac{\partial g_{ki}}{\partial x^m} - \frac{\partial g_{im}}{\partial x^k} \right), \qquad \left\{ {}^{k}_{im} \right\} = [im, h] g^{kh}$$

によって定義する．第2種のクリストフェル記号は和則

$$\left\{ {}^{i}_{im} \right\} = \frac{\partial \ln \sqrt{g}}{\partial x^m} \tag{11.10}$$

を満たす．0ではない第2種のクリストフェル記号は

$$\begin{cases} \left\{ {}^{0}_{11} \right\} = \frac{a\dot{a}}{c^2(1-kr^2)}, \ \left\{ {}^{0}_{22} \right\} = \frac{a\dot{a}}{c^2} r^2, \qquad \left\{ {}^{0}_{33} \right\} = \frac{a\dot{a}}{c^2} r^2 \sin^2 \theta \\ \left\{ {}^{1}_{11} \right\} = \frac{kr}{1-kr^2}, \qquad \left\{ {}^{1}_{22} \right\} = -r(1-kr^2), \ \left\{ {}^{1}_{33} \right\} = -r(1-kr^2)\sin^2 \theta \\ \left\{ {}^{1}_{01} \right\} = \left\{ {}^{1}_{10} \right\} = \frac{\dot{a}}{a}, \qquad \left\{ {}^{2}_{02} \right\} = \left\{ {}^{2}_{20} \right\} = \frac{\dot{a}}{a}, \qquad \left\{ {}^{3}_{03} \right\} = \left\{ {}^{3}_{30} \right\} = \frac{\dot{a}}{a} \\ \left\{ {}^{2}_{12} \right\} = \left\{ {}^{2}_{21} \right\} = \frac{1}{r}, \qquad \left\{ {}^{3}_{13} \right\} = \left\{ {}^{3}_{31} \right\} = \frac{1}{r} \\ \left\{ {}^{2}_{33} \right\} = -\sin\theta\cos\theta, \ \left\{ {}^{3}_{23} \right\} = \left\{ {}^{3}_{32} \right\} = \cot\theta \end{cases}$$

になる．計算結果をチェックするため，和則 (11.10) が成り立つことを確かめよう．

$$
\begin{cases}
\{^{\,i}_{0i}\} = \dfrac{3\dot{a}}{a} = \dfrac{\partial}{\partial t} \ln \sqrt{g} \\[2mm]
\{^{\,i}_{1i}\} = \dfrac{2}{r} + \dfrac{kr}{1 - kr^2} = \dfrac{\partial}{\partial r} \ln \sqrt{g} \\[2mm]
\{^{\,i}_{2i}\} = \cot \theta = \dfrac{\partial}{\partial \theta} \ln \sqrt{g} \\[2mm]
\{^{\,i}_{3i}\} = 0 = \dfrac{\partial}{\partial \phi} \ln \sqrt{g}
\end{cases}
$$

11.5 フリードマン方程式

フリードマン方程式をアインシュタインの重力場方程式

$$
R_{mi} - \frac{1}{2} R g_{mi} - \Lambda g_{mi} = -\frac{8\pi G}{c^4} T_{mi} \tag{11.11}
$$

から導いてみよう．リッチテンソル R_{mi} の定義は

$$
R_{mi} = \{^{\,j}_{ik}\}\{^{\,k}_{jm}\} - \{^{\,j}_{jk}\}\{^{\,k}_{im}\} + \frac{\partial}{\partial x^i}\{^{\,j}_{jm}\} - \frac{\partial}{\partial x^j}\{^{\,j}_{im}\}
$$

である．リッチスカラー R はリッチテンソルのトレイス，

$$
R = R^i{}_i
$$

を表わす．Λ 項がアインシュタインの宇宙項である．G はニュートン方程式に現れる重力定数，T_{mi} はエネルギー運動量テンソルである．

重力場方程式 (11.11) を混合テンソルに書き直した

$$
R^m{}_i - \frac{1}{2} R \delta^m{}_i - \Lambda \delta^m{}_i = -\frac{8\pi G}{c^4} T^m{}_i
$$

の両辺のトレイスを取ると

$$
R - 2R - 4\Lambda = -\frac{8\pi G}{c^4} T
$$

が成り立つから，(11.11) より R を消去して

$$
R^m{}_i + \Lambda \delta^m{}_i = -\frac{8\pi G}{c^4}\left(T^m{}_i - \frac{1}{2} T \delta^m{}_i \right) \tag{11.12}
$$

のように書き直すことができる．T はエネルギー運動量テンソルのトレイス

$$
T = T^i{}_i
$$

である．静止系で密度 ϱ, 圧力 p を持つ完全流体を仮定すると，エネルギー運動量混合テンソルは，ミンコフスキー空間で与えた (10.1) より，

$$(T^m{}_i) = (\eta_{ij}T^{mj}) = \begin{pmatrix} -\varrho c^2 & 0 & 0 & 0 \\ 0 & p & 0 & 0 \\ 0 & 0 & p & 0 \\ 0 & 0 & 0 & p \end{pmatrix}$$

になる．これから

$$T = -\varrho c^2 + 3p$$

が得られる．局所的なミンコフスキー空間の共変量はリーマン空間の共変量になる．リッチテンソルも対角成分しかなく

$$(R_{mi}) = \begin{pmatrix} \frac{3\ddot{a}}{a} & 0 & 0 & 0 \\ 0 & -\frac{(a\ddot{a}+2\dot{a}^2)/c^2+2k}{1-kr^2} & 0 & 0 \\ 0 & 0 & -(\frac{a\ddot{a}+2\dot{a}^2}{c^2}+2k)r^2 & 0 \\ 0 & 0 & 0 & -(\frac{a\ddot{a}+2\dot{a}^2}{c^2}+2k)r^2\sin^2\theta \end{pmatrix}$$

$$(R^m{}_i) = (g^{mk}R_{ki}) = \begin{pmatrix} -\frac{3\ddot{a}}{ac^2} & 0 & 0 & 0 \\ 0 & -\frac{a\ddot{a}+2\dot{a}^2}{a^2c^2}-\frac{2k}{a^2} & 0 & 0 \\ 0 & 0 & -\frac{a\ddot{a}+2\dot{a}^2}{a^2c^2}-\frac{2k}{a^2} & 0 \\ 0 & 0 & 0 & -\frac{a\ddot{a}+2\dot{a}^2}{a^2c^2}-\frac{2k}{a^2} \end{pmatrix}$$

である．重力場方程式 (11.12) は，00 成分と空間成分からそれぞれ

$$-\frac{3\ddot{a}}{ac^2} + \Lambda = \frac{4\pi G}{c^4}(\varrho c^2 + 3p) \tag{11.13}$$

$$-\frac{a\ddot{a}+2\dot{a}^2}{a^2c^2} - \frac{2k}{a^2} + \Lambda = -\frac{4\pi G}{c^4}(\varrho c^2 - p) \tag{11.14}$$

を与える．両式から $\ddot{a}$ を消去するとフリードマン方程式

$$\dot{a}^2 + kc^2 - \frac{1}{3}\Lambda c^2 a^2 = \frac{8\pi G}{3}\varrho a^2 \tag{11.15}$$

に帰着する．古典理論では定まらなかった定数 k は曲率の符号 $\frac{K}{|K|}$ であることがわかった．

熱力学第 1 法則 (11.13), (11.14) 両式から Λ を消去した

$$\frac{-a\ddot{a}+\dot{a}^2}{a^2c^2} + \frac{k}{a^2} = \frac{4\pi G}{c^4}(\varrho c^2 + p)$$

を変形すると

$$\frac{1}{c^2}\frac{\mathrm{d}}{\mathrm{d}t}\left(\frac{\dot{a}}{a}\right) = \frac{k}{a^2} - \frac{4\pi G}{c^4}(\varrho c^2 + p) \tag{11.16}$$

が得られる．さらにフリードマン方程式 (11.15) を

$$3\frac{\dot{a}^2}{a^2 c^2} + 3\frac{k}{a^2} - \Lambda = \frac{8\pi G}{c^2}\varrho$$

のように変形し，両辺を t について微分した

$$\frac{6}{c^2}\frac{\dot{a}}{a}\frac{\mathrm{d}}{\mathrm{d}t}\left(\frac{\dot{a}}{a}\right) - 6k\frac{\dot{a}}{a^3} = \frac{8\pi G}{c^2}\dot{\varrho}$$

に (11.16) を代入して整理すると

$$\frac{\mathrm{d}}{\mathrm{d}t}(\varrho c^2 a^3) + p\frac{\mathrm{d}a^3}{\mathrm{d}t} = 0$$

になる．宇宙の体積を $V = 2\pi^2 a^3$，宇宙の内部エネルギーを $U = \varrho c^2 V$ とすると

$$\dot{U} + p\dot{V} = 0, \qquad \mathrm{d}U + p\mathrm{d}V = 0$$

が成り立っている．(11.5) で与えた断熱変化における熱力学第 1 法則にほかならない．

リッチテンソルは恒等的に

$$\nabla_m\left(R^{mi} - \frac{1}{2}Rg^{mi}\right) = 0$$

を満たす．また計量テンソルは共変微分 ∇_m に対して定数として振る舞う（リッチの補題）．すなわち $\nabla_m g^{mi} = 0$ である．したがって，重力場方程式から，エネルギー運動量テンソル T^{mi} は

$$\nabla_m T^{mi} = \frac{\partial T^{mi}}{\partial x^m} + \{^{\ m}_{mk}\}T^{ki} + \{^{\ i}_{mk}\}T^{mk} = 0$$

を満たさなければならない．混合テンソルは

$$\nabla_m T^m{}_i = \frac{\partial T^m{}_i}{\partial x^m} + \{^{\ m}_{mk}\}T^k{}_i - \{^{\ k}_{mi}\}T^m{}_k = 0$$

を満たさなければならない．0 ではないのは

$$\nabla_0 T^0{}_0 = \frac{\partial T^0{}_0}{\partial t} + \{^{\ m}_{m0}\}T^0{}_0 - \{^{\ 1}_{10}\}T^1{}_1 - \{^{\ 2}_{20}\}T^2{}_2 - \{^{\ 3}_{30}\}T^3{}_3$$

$$= -\dot{\varrho}c^2 - \frac{3\dot{a}}{a}\varrho c^2 - \frac{3\dot{a}}{a}p = -\dot{\varrho}c^2 - \frac{3\dot{a}}{a}(\varrho c^2 + p) = 0$$

である．すなわち熱力学第 1 法則が得られる．

12

ブラックホールの熱力学

Thermodynamique des trous noirs

12.1 ブラックホール

ミチェルは 1783 年に発表した論文で，光の粒子説に基づいて，星が放出した光粒子が星の万有引力によって減速すると考えた．そして，「太陽と同じ密度を持つ球の半径が太陽の 500 倍を超えるなら，無限の高さから落下する物体はその表面で光速度を超える速度を持つだろう．その結果，他の物体のように，光が慣性に比例する同じ力によって引きつけられると仮定すると，このような物体が放出するすべての光はそれ自身の重力によって引き戻されるだろう」と書いていた．

ラプラースも，光の粒子説に立ち，1796 年に出版された『宇宙体系解説』の中で「太陽の 250 倍の直径を持ち，地球と同じ程度の密度を持つ星の重力はきわめて大きいので，光はその表面から逃げることができないだろう．宇宙の最大の物体はその大きさゆえに見えないだろう」とつけ加えた．詳しい説明を求められたラプラースは，1799 年，『一般地理学日刊誌』にドイツ語の論文「天体における引力が非常に大きくなると光が流出できないという法則の証明」を発表した．

質量 m を持つ粒子が質量 M，半径 R の星を脱出する速度 v_{esc} は

$$\frac{1}{2}mv_{\mathrm{esc}}^2 - \frac{GmM}{R} = 0$$

によって決まる．すなわち脱出速度は

$$v_{\mathrm{esc}} = \sqrt{\frac{2GM}{R}}$$

である．脱出速度を光速度 c とすると，光も脱出できないブラックホールになり，

その半径は

$$R = \frac{2GM}{c^2}$$

によって与えられる．これが古典力学によるブラックホールの説明である．ブラックホールは重力が非常に強いので光さえも脱出できない時空の領域を表わす．核融合反応によって重力を支えていた星は，核融合反応を終えると重力を支えきれなくなる．電子や中性子の縮退圧が重力を支えることができる白色矮星や中性子星以外は重力崩壊によってブラックホールになる．

アインシュタインの一般相対論に基づく重力場方程式 (11.11) において，電荷を持たず，回転しない質量 M の質点を中心として，一様な静的宇宙の厳密解を与えたのはシュヴァルツシルト (1916) である．シュヴァルツシルト解の計量は

$$ds^2 = -c^2\left(1 - \frac{2GM}{c^2 r}\right)dt^2 + \frac{dr^2}{1 - \frac{2GM}{c^2 r}} + r^2(d\theta^2 + \sin^2\theta d\varphi^2) \qquad (12.1)$$

である．シュヴァルツシルト計量の事象の地平線は古典力学の結果と同じ

$$r_{\mathrm{S}} = \frac{2GM}{c^2}$$

である．地表の重力加速度 g に対応するブラックホールの表面重力加速度 κ は

$$\kappa = \frac{GM}{r_{\mathrm{S}}^2} = \frac{c^4}{4GM} \qquad (12.2)$$

である．ブラックホールの表面積は

$$A = 4\pi r_{\mathrm{S}}^2 = \frac{16\pi G^2 M^2}{c^4} \qquad (12.3)$$

によって与えられるから M は A によって

$$M = \frac{c^2}{G}\sqrt{\frac{A}{16\pi}}$$

と表わすことができる．したがってエネルギー $U = Mc^2$ の微分

$$dU = c^2 dM = \frac{c^6 dA}{32\pi G^2 M} = \frac{\kappa c^2}{8\pi G}dA$$

が得られる．これは，熱力学第1法則によって，温度とエントロピーの存在を意味している．また，絶対零度が存在しないことは熱力学第2法則が正しいことを意味する．

12.2 ホーキング輻射

　ブラックホールがエントロピーを持つと最初に考えたのはベケンスタイン (1973)
である．ホーキング (1974) は量子場の理論によってブラックホールが輻射する
ことを発見した．ホーキング輻射の温度（ベケンスタイン–ホーキング温度）の
正確な導出は後に与えるので，ここでは概略を述べる．真空では不確定性原理で
許される範囲で粒子と反粒子の対生成が絶え間なく起っている．地平線のすぐ外
に局在する角振動数 $\omega > 0$ の波束 φ_ω は，ブラックホールから脱出することがで
きる正振動数の波束（粒子）f_ω と，ブラックホールに吸収される負振動数の波束
（反粒子）f_ω^* からなる．すなわち

$$\varphi_\omega = \int d\omega' \left(\alpha_{\omega\omega'} f_{\omega'} + \beta_{\omega\omega'} f_{\omega'}^* \right)$$

になる．$\alpha_{\omega\omega'}$ と $\beta_{\omega\omega'}$ はボゴリュボフ変換係数である．ホーキングが与えた反粒
子が地平線の障壁を透過する確率は

$$\left| \frac{\beta_{\omega\omega'}}{\alpha_{\omega\omega'}} \right|^2 = e^{-\frac{8\pi GM\omega}{c^3}}$$

である．したがってブラックホールが粒子を吸収する吸収率は

$$\Gamma_\omega = \int d\omega' \left(|\alpha_{\omega\omega'}|^2 - |\beta_{\omega\omega'}|^2 \right) = \left(e^{\frac{8\pi GM\omega}{c^3}} - 1 \right) \int d\omega' \, |\beta_{\omega\omega'}|^2$$

によって与えられる．ブラックホールが生成する粒子数，数演算子 N_ω の平均値は

$$\langle N_\omega \rangle = \int d\omega' \, |\beta_{\omega\omega'}|^2 = \frac{\Gamma_\omega}{e^{\frac{8\pi GM\omega}{c^3}} - 1}$$

と書くことができる．$\frac{GM\omega}{c^3}$ が大きいときは $\Gamma_\omega = 1$ になる．これは (9.9) で与え
た光子気体と同じプランク分布

$$\langle n \rangle = \frac{1}{e^{\frac{h\nu}{kT}} - 1}$$

になっているので，ベケンスタイン–ホーキング温度は

$$T_{\mathrm{BH}} = \frac{\hbar c^3}{8\pi GMk} = \frac{\hbar \kappa}{2\pi ck} \tag{12.4}$$

である．最後に (12.2) を使った．ホーキング輻射はニュートリノ，光子，重力子
が主要な寄与で，ブラックホールがエントロピー S，温度 T_{BH} を持つというこ

とはブラックホールが熱量 $T_{\mathrm{BH}}\mathrm{d}S$ を吸収することを意味する．熱量の吸収はブラックホールのエネルギー増加 $\mathrm{d}U = c^2\mathrm{d}M = T_{\mathrm{BH}}\mathrm{d}S$ を意味する．したがってエントロピー増加は

$$\mathrm{d}S = \frac{\mathrm{d}U}{T_{\mathrm{BH}}} = \frac{c^2\mathrm{d}M}{T_{\mathrm{BH}}} = \frac{8\pi kGM\mathrm{d}M}{\hbar c} = \frac{kc^3\mathrm{d}A}{4G\hbar} \tag{12.5}$$

になるから

$$S = \frac{4\pi kGM^2}{\hbar c} = \frac{kc^3 A}{4G\hbar}$$

が得られる．これによって

$$\mathrm{d}U = c^2\mathrm{d}M = T_{\mathrm{BH}}\mathrm{d}S = \frac{c^2\kappa}{8\pi G}\mathrm{d}A$$

が成り立つ．

12.3　地平線近傍

地平線 $r_{\mathrm{S}} = \frac{2GM}{c^2}$ からの距離 ρ は，静的計量によって

$$\rho = \int_{r_{\mathrm{S}}}^{r} \frac{\mathrm{d}r'}{\sqrt{1 - \frac{r_{\mathrm{S}}}{r'}}} = \sqrt{r(r - r_{\mathrm{S}})} + \frac{r_{\mathrm{S}}}{2}\ln\frac{\sqrt{r} - \sqrt{r - r_{\mathrm{S}}}}{\sqrt{r} - \sqrt{r + r_{\mathrm{S}}}}$$

になる．地平線近傍では

$$\rho \cong 2\sqrt{r(r - r_{\mathrm{S}})}, \qquad r \cong r_{\mathrm{S}} + \frac{\rho^2}{4r_{\mathrm{S}}}$$

が成り立つから，シュヴァルツシルト計量は

$$\mathrm{d}s^2 \cong -\left(\frac{\rho}{2r_{\mathrm{S}}}\right)^2 c^2\mathrm{d}t^2 + \mathrm{d}\rho^2 + r_{\mathrm{S}}^2(\mathrm{d}\theta^2 + \sin^2\theta\mathrm{d}\phi^2)$$

である．$\theta = 0$ のまわりの地平線を考えると

$$y = r_{\mathrm{S}}\theta\cos\phi, \qquad z = r_{\mathrm{S}}\theta\sin\phi$$

と書けるから，計量は

$$\mathrm{d}s^2 \cong -\left(\frac{\rho}{2r_{\mathrm{S}}}\right)^2 c^2\mathrm{d}t^2 + \mathrm{d}\rho^2 + \mathrm{d}y^2 + \mathrm{d}z^2 \tag{12.6}$$

になる．地平線近傍で小角度の領域では地平線は局所的に特異性はなく，平坦な時空になっている．(12.6) はこれから調べるリンドラー空間の計量である．

12.3 地平線近傍

固有加速度 ミンコフスキー空間 ct, x, y, z において，速度 v で運動する粒子の固有時は $d\tau = \sqrt{1 - \frac{v^2}{c^2}}dt = \frac{dt}{\gamma}$ だった．固有加速度は 4 元速度 $U^i = \gamma(c, \mathbf{v})$ の τ についての微分係数である．すなわち

$$\alpha^i = \frac{dU^i}{d\tau} = \gamma\frac{dU^i}{dt}$$

によって定義する．粒子の運動方向を x とする．固有加速度の大きさは

$$\alpha^2 = -(\alpha^0)^2 + (\alpha^1)^2 = \frac{\dot{v}^2}{\left(1 - \frac{v^2}{c^2}\right)^3}$$

である．α 一定の運動では，初期条件を $v(t=0) = 0$ として

$$t = \int_0^v \frac{dv'}{\alpha\left(1 - \frac{v'^2}{c^2}\right)^{3/2}} = \frac{v}{\alpha\sqrt{1 - \frac{v^2}{c^2}}}$$

すなわち

$$v = \frac{\alpha t}{\sqrt{1 + \frac{\alpha^2 t^2}{c^2}}}$$

が得られる．これを積分すれば

$$x = \int_0^t \frac{\alpha t' dt'}{\sqrt{1 + \frac{\alpha^2 t'^2}{c^2}}} = \frac{c^2}{\alpha}\sqrt{1 + \frac{\alpha^2 t^2}{c^2}}$$

になる．したがってミンコフスキー空間の粒子の軌跡は双曲線

$$x^2 - c^2 t^2 = \left(\frac{c^2}{\alpha}\right)^2 \tag{12.7}$$

によって与えられる．粒子の固有時 τ は

$$\tau = \int_0^t dt' \sqrt{1 - \frac{v^2(t')}{c^2}} = \int_0^t \frac{dt'}{\sqrt{1 + \frac{\alpha^2 t'^2}{c^2}}} = \frac{c}{\alpha}\sinh^{-1}\frac{\alpha t}{c}$$

になる．すなわち

$$ct = \frac{c^2}{\alpha}\sinh\frac{\alpha\tau}{c}, \quad x = \frac{c^2}{\alpha}\cosh\frac{\alpha\tau}{c}, \quad \alpha^0 = \alpha\sinh\frac{\alpha\tau}{c}, \quad \alpha^1 = \alpha\cosh\frac{\alpha\tau}{c}$$

が得られる．

リンドラー空間　一様加速度 a で運動する粒子と同じ加速度で運動する座標系を
リンドラー空間と言う．リンドラー座標 η, ρ, y, z とミンコフスキー座標 ct, x, y, z
の間の変数変換は

$$ct = \rho \sinh \frac{a\eta}{c}, \qquad x = \rho \cosh \frac{a\eta}{c}, \qquad y = y, \qquad z = z \qquad (12.8)$$

によって定義する．リンドラー計量は

$$ds^2 = -\frac{a^2}{c^2}\rho^2 d\eta^2 + d\rho^2 + dy^2 + dz^2 \qquad (12.9)$$

になる．

$$x^2 - c^2 t^2 = \rho^2$$

によって ρ の一定値に対する軌跡は双曲線を描く．(12.7) と比較し，

$$\alpha = \frac{c^2}{\rho} \qquad (12.10)$$

である．軌跡に沿う固有時は $d\tau^2 = \frac{a^2}{c^4}\rho^2 d\eta^2$ になるから

$$\alpha\tau = a\eta \qquad (12.11)$$

の関係がある．シュヴァルツシルト地平線近傍の計量 (12.6) は，時間を

$$\eta = \frac{c}{a}\frac{c}{2r_{\mathrm{S}}}t = \frac{c}{a}\frac{c^3}{4GM}t \qquad (12.12)$$

に選ぶことによってリンドラー計量になる．リンドラー空間の座標 ρ は地平線近
傍では地平線からの距離を表わしている．座標

$$T = \frac{\rho}{c} \sinh \frac{a\eta}{c}, \qquad X = \rho \cosh \frac{a\eta}{c}, \qquad Y = y, \qquad Z = z$$

を定義すると平坦な時空の計量

$$ds^2 = -c^2 dT^2 + dX^2 + dY^2 + dZ^2$$

が得られる．

12.4 ウンルー輻射

リンドラー空間から観測すると，ミンコフスキー空間の真空は，(12.27) で与えるように，温度

$$T_U = \frac{\hbar a}{2\pi ck}$$

の熱浴中にある．ウンルー温度の導出は 12.9 節に回す．

演習 12.1 (リンドラーエネルギー) (12.12) で与えたリンドラー時間 η に共役なリンドラーエネルギー E_R を交換関係 $([A, B] \equiv AB - BA)$

$$[E_R, \eta] = i\hbar$$

によって定義する．ウンルー温度 $T_U = \frac{\hbar a}{2\pi ck}$ に対応するエネルギーを E_R とすると熱力学関係式

$$dE_R = \frac{\hbar a}{2\pi ck}dS = T_U dS$$

が成り立つことを示せ．

証明 リンドラー時間 η とシュヴァルツシルト時間 t の関係 (12.12) を使うと

$$[E_R, t] = i\frac{a}{c}\frac{4\hbar GM}{c^3}$$

になる．一方シュヴァルツシルトエネルギー $U = Mc^2$ はシュヴァルツシルト時間 t に共役なので

$$[M, t] = i\frac{\hbar}{c^2}$$

を満たしている．$[M^2, t]$ を計算すると

$$[M^2, t] = M[M, t] + [M, t]M = 2i\frac{\hbar}{c^2}M$$

になるから

$$E_R = \frac{a}{c}\frac{2GM^2}{c} = \frac{\hbar a}{2\pi ck}S$$

が得られる．(12.5) で与えたエントロピーの微分 dS を使うと

$$dE_R = \frac{4a}{c^2}GMdM = \frac{\hbar a}{2\pi ck}dS = T_U dS$$

となり題意を得る． $\square$

12.5 固有温度

定理 12.2（固有温度） ブラックホールの固有温度は

$$T(\rho) = \frac{\hbar\alpha}{2\pi ck} = \frac{\hbar c}{2\pi k\rho}$$

によって与えられる.

証明 固有時 τ に共役な固有エネルギー E を

$$[E, \tau] = i\hbar$$

によって定義する.（12.11）で与えたリンドラー時間 η と固有時 τ の関係 $\alpha\tau = a\eta$ および（12.10）で与えた $\alpha = \frac{c^2}{\rho}$ を使うと

$$E = \frac{\alpha}{a}E_{\mathrm{R}} = \frac{\alpha}{c}\frac{2GM^2}{c} = \frac{2GM^2}{\rho}$$

である. また（12.3）で与えたブラックホールの表面積 A を使うと

$$E = \frac{\alpha c^2}{8\pi G}A$$

が得られる. したがって

$$\mathrm{d}E = \frac{\alpha c^2}{8\pi G}\mathrm{d}A = \frac{\hbar\alpha}{2\pi ck}\mathrm{d}S = \frac{\hbar c}{2\pi k\rho}\mathrm{d}S$$

により与えられた固有温度が得られ, 熱力学関係式

$$\mathrm{d}E(\rho) = T(\rho)\mathrm{d}S \tag{12.13}$$

が成り立つ. □

演習 12.3 固有温度を用いてベケンスタイン−ホーキング温度 T_{BH} を導け.

証明 固有温度 $T(\rho)$ は地平線近傍で

$$T(\rho) = \frac{\hbar c}{2\pi k\rho} = \frac{\hbar c}{4\pi k r_{\mathrm{S}}\sqrt{1 - \frac{r_{\mathrm{S}}}{r}}} = T(r)$$

になる．任意の r' における固有温度を $T(r')$ とすると，(10.13) で与えた温度に対するランダウ－リフシッツの公式

$$T(r)\sqrt{-g_{00}(r)} = T(r')\sqrt{-g_{00}(r')}$$

が成り立つ．すなわち

$$T(r') = T(r)\frac{\sqrt{-g_{00}(r)}}{\sqrt{-g_{00}(r')}} = T(r)\frac{\sqrt{1-\frac{r_{\rm S}}{r}}}{\sqrt{1-\frac{r_{\rm S}}{r'}}} = \frac{\hbar c}{4\pi k r_{\rm S}\sqrt{1-\frac{r_{\rm S}}{r'}}}$$

が成り立つ．$r' = \infty$ で観測する地平線近傍の温度は

$$T(\infty) = \frac{\hbar c}{4\pi k r_{\rm S}} = \frac{\hbar c^3}{8\pi k GM} = T_{\rm BH}$$

のようにベケンスタイン－ホーキング温度 $T_{\rm BH}$ によって与えられる．エネルギーの微分も同じ変換を受け，

$$\mathrm{d}E(\infty) = \frac{\hbar c}{4\pi k r_{\rm S}}\mathrm{d}S = T_{\rm BH}\mathrm{d}S = c^2\mathrm{d}M$$

が成り立つ． □

定理 12.4 無限遠で観測する温度 $T(\infty)$ とウンルー温度との間には

$$T(\infty) = \frac{\mathrm{d}\eta}{\mathrm{d}t}T_{\rm U} \tag{12.14}$$

の関係がある．

証明 ランダウ－リフシッツの公式 (10.13) を適用すると

$$T(\infty)\frac{\mathrm{d}\tau(\infty)}{\mathrm{d}t} = T(\rho)\frac{\mathrm{d}\tau(\rho)}{\mathrm{d}t} = T(\rho)\frac{\mathrm{d}\tau(\rho)}{\mathrm{d}\eta}\frac{\mathrm{d}\eta}{\mathrm{d}t} = T(\rho)\frac{a\rho}{c^2}\frac{\mathrm{d}\eta}{\mathrm{d}t} = T_{\rm U}\frac{\mathrm{d}\eta}{\mathrm{d}t}$$

が成り立つ．無限遠では

$$\mathrm{d}\tau(\infty) = \sqrt{-g_{00}}\frac{\mathrm{d}t}{c} = \mathrm{d}t$$

になるから与式が得られる．ベケンスタイン－ホーキング温度は $\frac{\mathrm{d}\eta}{\mathrm{d}t} = \frac{c}{a}\frac{c^3}{4GM}$ の場合である． □

266   第 12 章　ブラックホールの熱力学

12.6　ブラウン－ヨークエネルギー

定理 12.5（ブラウン－ヨークエネルギー）　地平線の外で半径 r の球面内の
重力場エネルギーはブラウン－ヨークエネルギー

$$E_{\mathrm{BY}}(r) = \frac{c^4}{G} r \left(1 - \sqrt{1 - \frac{r_{\mathrm{S}}}{r}} \right)$$

によって与えられる (1993).

証明　半径 r の球面を通過するエネルギー $E(r)$ を無限遠方で観測すると $E(\infty)$
であるとする.

$$E(r) = \frac{E(\infty)}{\sqrt{-g_{00}(r)}} = \frac{E(\infty)}{\sqrt{1 - \frac{r_{\mathrm{S}}}{r}}}$$

によって球面上の観測者はエネルギーの増加

$$\mathrm{d}E(r) = \frac{\mathrm{d}E(\infty)}{\sqrt{1 - \frac{r_{\mathrm{S}}}{r}}}$$

を観測する. したがって, ブラックホールの質量 M によって

$$E(r) = \int_0^M \frac{c^2 \mathrm{d}M'}{\sqrt{1 - \frac{2GM'}{c^2 r}}} = \frac{c^4}{G} r \left(1 - \sqrt{1 - \frac{r_{\mathrm{S}}}{r}} \right) = E_{\mathrm{BY}}(r)$$

が得られる. 地平線におけるエネルギーは $E(r_{\mathrm{S}}) = \frac{c^4}{G} r_{\mathrm{S}} = 2Mc^2$ で, 無限遠で
観測するエネルギー $E(\infty) = \frac{c^4}{2G} r_{\mathrm{S}} = Mc^2$ の 2 倍である. ブラックホールの外
側に $-Mc^2$ のエネルギーが存在することを意味する.

　熱力学関係式 (12.13) 右辺を地平線近傍で計算すると

$$\mathrm{d}E(r) = T(r)\mathrm{d}S = \frac{2GM\mathrm{d}M}{\sqrt{r_{\mathrm{S}}(r - r_{\mathrm{S}})}}$$

になるから, $r_{\mathrm{S}} = \frac{2GM}{c^2}$ に注意して M について積分し

$$E(r) = \frac{c^4}{2G} \left(2r - \sqrt{r_{\mathrm{S}}(r - r_{\mathrm{S}})} - r \sin^{-1} \sqrt{\frac{r - r_{\mathrm{S}}}{r}} \right)$$

が得られる. 地平線でブラウン－ヨークエネルギーに一致するように積分定数,
右辺第 1 項を選んだ. 地平線近傍で

$$E(r) \cong \frac{c^4}{G} r \left(1 - \sqrt{1 - \frac{r_{\mathrm{S}}}{r}} \right) = E_{\mathrm{BY}}(r)$$

に帰着する.　　　　　　　　　　　　　　　　　　　　　　　　　　　　　□

12.7 荷電ブラックホール

アインシュタインの重力場方程式において，ライスナー (1916) とノルドストレム (1918) は独立に質量 M，電荷 Q に対し，回転しない一様な静的宇宙の厳密解を与えた．ライスナー－ノルドストレム計量は

$$ds^2 = -\left(1 - \frac{r_S}{r} + \frac{r_Q^2}{r^2}\right)c^2 dt^2 + \frac{dr^2}{1 - \frac{r_S}{r} + \frac{r_Q^2}{r^2}} + r^2(d\theta^2 + \sin^2\theta d\phi^2)$$

になる．ここで

$$r_Q^2 = \frac{GQ^2}{4\pi\epsilon_0 c^4}$$

と置いた．r が大きくなるとシュヴァルツシルト計量に近づく．熱量も電荷（電気量）も Q で表わすのは「量」に由来するが，熱量は状態量ではなく，電荷は状態量である．

$r_S > 2r_Q$ を満たすとき

$$r_\pm = \frac{1}{2}\left(r_S \pm \sqrt{r_S^2 - 4r_Q^2}\right)$$

によって与えられる外側の地平線 r_+ と内側の地平線 r_- があり，r_+ が事象の地平線である．ライスナー－ノルドストレム計量は

$$ds^2 = -\frac{(r - r_+)(r - r_-)}{r^2}c^2 dt^2 + \frac{r^2 dr^2}{(r - r_+)(r - r_-)} + r^2(d\theta^2 + \sin^2\theta d\phi^2)$$

になる．

演習 12.6 地平線 $r = r_+$ から r までの距離 ρ は，地平線近傍で，

$$\rho \cong \frac{2r_+}{\sqrt{r_+ - r_-}}\sqrt{r - r_+}, \qquad r \cong r_+ + \frac{r_+ - r_-}{4r_+^2}\rho^2 \tag{12.15}$$

になることを示せ．

証明 事象の地平線 r_+ から r までの距離 ρ は，静的計量によって

$$\rho = \int_{r_+}^{r} \frac{r' dr'}{\sqrt{(r' - r_+)(r' - r_-)}}$$

$$= \sqrt{(r - r_+)(r - r_-)} + \frac{r_+ + r_-}{2}\ln\frac{\sqrt{r - r_-} - \sqrt{r - r_+}}{\sqrt{r - r_-} + \sqrt{r - r_+}}$$

になる．$r = r_+$ 近傍で与えられた近似式になる． $\square$

(12.15) を用いると，r_+ 近傍では

$$\frac{(r-r_+)(r-r_-)}{r^2} = \frac{(r_+ - r_-)^2}{4r_+^4}\rho^2, \qquad \mathrm{d}\rho = \frac{r_+ \mathrm{d}r}{\sqrt{(r-r_+)(r_+ - r_-)}}$$

になるので計量は，

$$\mathrm{d}s^2 \cong -\frac{(r_+ - r_-)^2}{4r_+^4}\rho^2 c^2 \mathrm{d}t^2 + \mathrm{d}\rho^2 + r_+^2(\mathrm{d}\theta^2 + \sin^2\theta \mathrm{d}\phi^2)$$

である．リンドラー時間

$$\eta = \frac{c}{a}\frac{r_+ - r_-}{2r_+^2}ct$$

を定義し，$\theta = 0$ 付近を考えるとリンドラー計量 (12.9)

$$\mathrm{d}s^2 = -\frac{a^2}{c^2}\rho^2 \mathrm{d}\eta^2 + \mathrm{d}\rho^2 + \mathrm{d}y^2 + \mathrm{d}z^2$$

が得られる．

定理 12.7　無限遠で観測する荷電ブラックホールの温度は

$$T(\infty) = \frac{\hbar c}{2\pi k}\frac{r_+ - r_-}{2r_+^2} = \frac{\hbar c}{2\pi k}\frac{\frac{1}{2}\sqrt{r_\mathrm{S}^2 - 4r_\mathrm{Q}^2}}{\frac{1}{2}r_\mathrm{S}\left(r_\mathrm{S} + \sqrt{r_\mathrm{S}^2 - 4r_\mathrm{Q}^2}\right) - r_\mathrm{Q}^2}$$

によって与えられる．$Q = 0$ の極限では (12.4) で与えた T_BH になる．

証明　温度の赤方偏移を与える (12.14) によって

$$T(\infty) = \frac{\mathrm{d}\eta}{\mathrm{d}t}T_\mathrm{U} = \frac{c^2}{a}\frac{r_+ - r_-}{2r_+^2}\frac{\hbar a}{2\pi ck} = \frac{\hbar c}{2\pi k}\frac{r_+ - r_-}{2r_+^2}$$

になる． □

定理 12.8（熱力学第 1 法則）　荷電ブラックホールに対し熱力学第 1 法則

$$\mathrm{d}U = c^2 \mathrm{d}M = T\mathrm{d}S + \Phi \mathrm{d}Q$$

が成り立つ．第 2 項は電気力による仕事で，Φ は地平線での荷電ブラックホールの電位である．

証明 荷電ブラックホールのエントロピーは

$$S = \frac{kc^3 A}{4G\hbar} = \frac{kc^3 \pi r_+^2}{G\hbar} = \frac{kc^3}{G\hbar}\pi\left(\frac{1}{2}r_S\left(r_S + \sqrt{r_S^2 - 4r_Q^2}\right) - r_Q^2\right)$$

によって与えられる. 熱力学関係式

$$\frac{1}{T} = \left(\frac{\partial S}{\partial U}\right)_Q = \frac{1}{c^2}\left(\frac{\partial S}{\partial M}\right)_Q$$

が成り立っていることは

$$\frac{1}{c^2}\left(\frac{\partial S}{\partial M}\right)_Q = \frac{4\pi k}{\hbar c}\frac{\frac{1}{2}r_S\left(r_S + \sqrt{r_S^2 - 4r_Q^2}\right) - r_Q^2}{\sqrt{r_S^2 - 4r_Q^2}} = \frac{2\pi k}{\hbar c}\frac{2r_+^2}{r_+ - r_-} = \frac{1}{T}$$

によって確かめることができる. 一方点電荷 Q が地平線につくる電位 Φ は

$$\Phi = \frac{Q}{4\pi\epsilon_0 r_+} = \frac{Q}{4\pi\epsilon_0}\frac{2}{r_S + \sqrt{r_S^2 - 4r_Q^2}}$$

である.

$$\left(\frac{\partial S}{\partial Q}\right)_M = -\frac{2\pi k}{\hbar c}\frac{Q}{4\pi\varepsilon_0}\frac{r_S + \sqrt{r_S^2 - 4r_Q^2}}{\sqrt{r_S^2 - 4r_Q^2}} = -\frac{1}{T}\frac{Q}{4\pi\varepsilon_0 r_+} = -\frac{\Phi}{T}$$

によって熱力学関係式を確かめることができる. 熱力学第1法則

$$dS = \left(\frac{\partial S}{\partial M}\right)_Q dM + \left(\frac{\partial S}{\partial Q}\right)_M dQ = \frac{c^2}{T}dM - \frac{\Phi}{T}dQ$$

が成立する. □

　荷電ブラックホールのまわりの半径 r の球内に含まれる全エネルギー, ブラウン–ヨークエネルギーは,

$$E(r) = \frac{c^4}{G}r\left(1 - \sqrt{1 - \frac{r_S}{r} + \frac{r_Q^2}{r^2}}\right)$$

によって与えられる. したがって地平線 r_+ におけるエネルギーは

$$E(r_+) = \frac{c^4}{G}r_+ = Mc^2\left(1 + \sqrt{1 - \frac{Q^2}{4\pi\epsilon_0 GM^2}}\right)$$

無限遠方で観測するエネルギーは $E(\infty) = U = Mc^2$ である.

12.8 回転荷電ブラックホール

軸対称で電荷を持ち回転する厳密解はカー–ニューマン計量

$$ds^2 = -\frac{\Delta}{\Sigma}(cdt - a\sin^2\theta d\phi)^2 + \frac{\sin^2\theta}{\Sigma}((r^2 + a^2)d\phi - acdt)^2 + \frac{\Sigma}{\Delta}dr^2 + \Sigma d\theta^2$$

によって記述できる. ここで

$$\Delta = r^2 - r_{\mathrm{S}}r + r_{\mathrm{Q}}^2 + a^2, \qquad \Sigma = r^2 + a^2\cos^2\theta, \qquad a = \frac{J}{Mc}$$

を定義した. $x^i = (t, r, \theta, \phi)$ はボイアー–リンドクヴィスト座標, J は回転軸のまわりの角運動量, カー補助変数 a は単位質量あたりの角運動量である（紛らわしいので本節では一様加速度を a_{R} とする）. 計量テンソルは

$$\begin{cases} g_{00} = \left(\frac{r_{\mathrm{S}}r - r_{\mathrm{Q}}^2}{\Sigma} - 1\right)c^2, \quad g_{11} = \frac{\Sigma}{\Delta}, \quad g_{22} = \Sigma \\ g_{33} = \frac{\sin^2\theta}{\Sigma}\left((r^2 + a^2)^2 - \Delta a^2\sin^2\theta\right), \quad g_{30} = g_{03} = -\frac{r_{\mathrm{S}}r - r_{\mathrm{Q}}^2}{\Sigma}ca\sin^2\theta \end{cases}$$

である. またカー–ニューマン計量の電磁ポテンシャルは微分1形式で

$$A = A_i dx^i, \qquad A_0 = \frac{1}{4\pi\varepsilon_0}\frac{Qr}{\Sigma}, \qquad A_3 = -\frac{1}{4\pi\varepsilon_0}\frac{aQr\sin^2\theta}{c\Sigma} \tag{12.16}$$

によって与えられる. カー–ニューマン計量は, 無限遠方で主要項を残すと,

$$ds^2 = -\left(1 - \frac{r_{\mathrm{S}}}{r}\right)c^2 dt^2 + \left(1 + \frac{r_{\mathrm{S}}}{r}\right)dr^2 + r^2(d\theta^2 + \sin^2\theta d\phi^2) - \frac{4GMa}{cr}\sin^2\theta d\phi dt$$

になる. 無限遠方では平坦な空間になり, 回転軸を x として $y = r\sin\theta\cos\phi$, $z = r\sin\theta\sin\phi$ とすると, 右辺最後の項は

$$-\frac{4GMa}{cr}\sin^2\theta d\phi dt = -\frac{4GMa}{cr^3}(ydz - zdy)dt = -\frac{4GJ}{c^2 r^3}(ydz - zdy)dt$$

を表わす.

　地平線は $\Delta = r^2 - r_{\mathrm{S}}r + r_{\mathrm{Q}}^2 + a^2 = 0$ の2つの解, すなわち

$$r_\pm = \frac{1}{2}\left(r_{\mathrm{S}} \pm \sqrt{r_{\mathrm{S}}^2 - 4r_{\mathrm{Q}}^2 - 4a^2}\right)$$

で, r_+ が事象の地平線である. $r = r_+$ から r までの距離 ρ は, 静的計量によって

$$\rho = \int_{r_+}^r dr' \frac{\sqrt{\Sigma(r')}}{\sqrt{(r' - r_+)(r' - r_-)}}$$

である. $\Sigma(r)$ の地平線上の値を $\Sigma_+ = r_+^2 + a^2\cos^2\theta$ とすると, 地平線近傍で

$$\rho \sim \frac{\sqrt{\Sigma_+}}{\sqrt{r_+ - r_-}}\int_{r_+}^r \frac{\mathrm{d}r'}{\sqrt{r' - r_+}} = \frac{2\sqrt{\Sigma_+}}{\sqrt{r_+ - r_-}}\sqrt{r - r_+}$$

になるから

$$r \sim r_+ + \frac{r_+ - r_-}{4\Sigma_+}\rho^2, \qquad \mathrm{d}r \sim \frac{r_+ - r_-}{2\Sigma_+}\rho\mathrm{d}\rho$$

が得られる. 計量の第3項は

$$\frac{\Sigma}{\Delta}\mathrm{d}r^2 = \frac{\Sigma_+}{\frac{(r_+ - r_-)^2\rho^2}{4\Sigma_+}}\frac{(r_+ - r_-)^2\rho^2}{4\Sigma_+^2}\mathrm{d}\rho^2 = \mathrm{d}\rho^2$$

になる. ここで座標変換

$$\phi' = \phi - \Omega_{\mathrm{H}}t, \qquad \Omega_{\mathrm{H}} \equiv \frac{ca}{r_+^2 + a^2} \tag{12.17}$$

を行う. Ω_{H} は後に証明するように地平線の角速度で, この座標変換は回転座標系 (地平線と同じ角速度で回転する座標系) に移行することを意味する. これによって計量の第1項

$$-\frac{\Delta}{\Sigma}(c\mathrm{d}t - a\sin^2\theta\mathrm{d}\phi)^2 = -\left(\frac{r_+ - r_-}{2(r_+^2 + a^2)}\right)^2\rho^2 c^2\mathrm{d}t^2$$

$$+\frac{ca(r_+ - r_-)^2}{2(r_+^2 + a^2)\Sigma_+}\rho^2\sin^2\theta\mathrm{d}t\mathrm{d}\phi' - \frac{a^2(r_+ - r_-)^2}{4\Sigma_+^2}\rho^2\sin^4\theta\mathrm{d}\phi'^2$$

計量の第2項

$$\frac{\sin^2\theta}{\Sigma}((r^2 + a^2)\mathrm{d}\phi - ac\mathrm{d}t)^2 = \frac{c^2 a^2 r_+^2(r_+ - r_-)^2}{4(r^2 + a^2)^2\Sigma_+^3}\rho^4\sin^2\theta\mathrm{d}t^2$$

$$+\frac{car_+(r_+ - r_-)}{\Sigma_+^2}\rho^2\sin^2\theta\mathrm{d}t\mathrm{d}\phi' + \frac{(r_+^2 + a^2)^2}{\Sigma_+}\sin^2\theta\mathrm{d}\phi'^2$$

が得られる. 後者の右辺第1項は ρ^4 項なので落とす. 地平線近傍の計量は

$$\mathrm{d}s^2 = -\left(\frac{r_+ - r_-}{2(r_+^2 + a^2)}\right)^2\rho^2 c^2\mathrm{d}t^2 + \mathrm{d}\rho^2$$

$$+\frac{ca(r_+ - r_-)^2}{2(r_+^2 + a^2)\Sigma_+}\rho^2\sin^2\theta\mathrm{d}t\mathrm{d}\phi' - \frac{a^2(r_+ - r_-)^2}{4\Sigma_+^2}\rho^2\sin^4\theta\mathrm{d}\phi'^2$$

$$+\frac{car_+(r_+ - r_-)}{\Sigma_+^2}\rho^2\sin^2\theta\mathrm{d}t\mathrm{d}\phi' + \frac{(r_+^2 + a^2)^2}{\Sigma_+}\sin^2\theta\mathrm{d}\phi'^2 + \Sigma_+\mathrm{d}\theta^2$$

になる. $\theta = 0$ 近傍において $\rho^2 \sin^2 \theta$ を含む 3 項を落とす. また $\sin^4 \theta \cong \theta^4$ を含む項を落とし, $\frac{(r_+^2 + a^2)^2}{\Sigma_+} \sin^2 \theta \mathrm{d}\phi'^2 \cong (r_+^2 + a^2)\theta^2 \mathrm{d}\phi'^2$, $\Sigma_+ \mathrm{d}\theta^2 \cong (r_+^2 + a^2)\mathrm{d}\theta^2$ とすると

$$\mathrm{d}s^2 = -\left(\frac{r_+ - r_-}{2(r_+^2 + a^2)}\right)^2 \rho^2 c^2 \mathrm{d}t^2 + \mathrm{d}\rho^2 + (r_+^2 + a^2)(\mathrm{d}\theta^2 + \theta^2 \mathrm{d}\phi'^2)$$

になるから

$$y = \sqrt{r_+^2 + a^2}\, \theta \cos\phi, \qquad z = \sqrt{r_+^2 + a^2}\, \theta \sin\phi$$

とし, リンドラー時間を

$$\eta = \frac{c}{a_{\mathrm{R}}} \frac{r_+ - r_-}{2(r_+^2 + a^2)} ct$$

によって定義すれば, リンドラー計量 (12.9) に帰着する. 前述したように, 一様加速度を a_{R} で表わした.

定理 12.9 無限遠方で観測する回転荷電ブラックホールの温度は

$$T(\infty) = \frac{\hbar c}{2\pi k} \frac{r_+ - r_-}{2(r_+^2 + a^2)} = \frac{\hbar c}{2\pi k} \frac{\frac{1}{2}\sqrt{r_{\mathrm{S}}^2 - 4r_{\mathrm{Q}}^2 - 4a^2}}{\frac{1}{2}r_{\mathrm{S}}\left(r_{\mathrm{S}} + \sqrt{r_{\mathrm{S}}^2 - 4r_{\mathrm{Q}}^2 - 4a^2}\right) - r_{\mathrm{Q}}^2}$$

によって与えられる.

証明 温度の赤方偏移を与える (12.14) によって

$$T(\infty) = \frac{\mathrm{d}\eta}{\mathrm{d}t} T_{\mathrm{U}} = \frac{c^2}{a_{\mathrm{R}}} \frac{r_+ - r_-}{2(r_+^2 + a^2)} \frac{\hbar a_{\mathrm{R}}}{2\pi ck} = \frac{\hbar c}{2\pi k} \frac{r_+ - r_-}{2(r_+^2 + a^2)}$$

になり与式を得る. □

定理 12.10 回転荷電ブラックホールのエントロピーは

$$S = \frac{kc^3 A}{4G\hbar} = \frac{kc^3}{G\hbar} \pi \left(\frac{1}{2}r_{\mathrm{S}}\left(r_{\mathrm{S}} + \sqrt{r_{\mathrm{S}}^2 - 4r_{\mathrm{Q}}^2 - 4a^2}\right) - r_{\mathrm{Q}}^2\right)$$

によって与えられる.

証明 静的計量は地平線上 $(r = r_+)$ で

$$ds^2 = (r_+^2 + a^2 \cos^2 \theta)d\theta^2 + \frac{(r_+^2 + a^2)^2}{r_+^2 + a^2 \cos^2 \theta} \sin^2 \theta d^2 \phi$$

になる．ヤコービ行列式

$$\sqrt{r_+^2 + a^2 \cos^2 \theta} \cdot \frac{r_+^2 + a^2}{\sqrt{r_+^2 + a^2 \cos^2 \theta}} \sin \theta = (r_+^2 + a^2) \sin \theta$$

を使うと地平線の表面積は

$$A = \int_0^\pi d\theta \int_0^{2\pi} d\phi \, (r_+^2 + a^2) \sin \theta = 4\pi(r_+^2 + a^2)$$
$$= 4\pi \left(\frac{1}{2} r_{\mathrm{S}} \left(r_{\mathrm{S}} + \sqrt{r_{\mathrm{S}}^2 - 4r_Q^2 - 4a^2} \right) - r_Q^2 \right)$$

になる．エントロピーは

$$S = \frac{kc^3 A}{4G\hbar} = \frac{kc^3}{G\hbar} \pi(r_+^2 + a^2)$$

によって与えられる．温度は熱力学関係式

$$\frac{1}{T} = \frac{1}{c^2} \left(\frac{\partial S}{\partial M} \right)_{J,Q}$$

から導くことができるはずである．

$$\frac{1}{c^2} \left(\frac{\partial S}{\partial M} \right)_{J,Q} = \frac{4\pi k}{\hbar c} \frac{\frac{1}{2} r_{\mathrm{S}} \left(r_{\mathrm{S}} + \sqrt{r_{\mathrm{S}}^2 - 4r_Q^2 - 4a^2} \right) - r_Q^2}{\sqrt{r_{\mathrm{S}}^2 - 4r_Q^2 - 4a^2}} = \frac{4\pi k}{\hbar c} \frac{r_+^2 + a^2}{r_+ - r_-}$$

によって与式が得られる．$\left(\frac{\partial a}{\partial M} \right)_J = -\frac{a}{M}$ に注意． $\square$

定理 12.11（エルゴ球） 回転ブラックホールの事象の地平線 $r = r_+$ の外側には，静的解が許されないエルゴ領域が存在し，$r_+ < r < r_\mathrm{e}$ の範囲がエルゴ領域である．r_e は

$$r_\mathrm{e}(\theta) = \frac{1}{2} \left(r_{\mathrm{S}} + \sqrt{r_{\mathrm{S}}^2 - 4r_Q^2 - 4a^2 \cos^2 \theta} \right) \tag{12.18}$$

によって与えられる．

証明 4元速度を $U^i = \frac{\mathrm{d}x^i}{\mathrm{d}\tau}$ とする．定義によって4元速度は

$$g_{mi}U^m U^i = (U^0)^2(g_{00} + 2g_{03}\Omega + g_{33}\Omega^2) = -c^2 \tag{12.19}$$

を満たさなければならない．ここで

$$\Omega = \frac{\mathrm{d}\phi}{\mathrm{d}t} = \frac{\frac{\mathrm{d}\phi}{\mathrm{d}\tau}}{\frac{\mathrm{d}t}{\mathrm{d}\tau}} = \frac{U^3}{U^0} \tag{12.20}$$

は角速度である．(12.19) を満たすためには括弧内は

$$g_{00} + 2g_{03}\Omega + g_{33}\Omega^2 < 0$$

でなければならない．左辺を0とする2次式 $g_{00} + 2g_{03}\Omega + g_{33}\Omega^2 = 0$ は解

$$\Omega_{\min} = \frac{-g_{03} - \sqrt{g_{03}^2 - g_{00}g_{33}}}{g_{33}}, \qquad \Omega_{\max} = \frac{-g_{03} + \sqrt{g_{03}^2 - g_{00}g_{33}}}{g_{33}}$$

を持つ．したがって $\Omega_{\min} < \Omega < \Omega_{\max}$ の範囲で (12.19) が満たされるから $\Omega = 0$ の解は許されない．$g_{00} = 0$ において $\Omega_{\min} = 0$ になる．$g_{00} = 0$ は静的な解が許される限界である．静的極限

$$g_{00} = \left(\frac{r_{\mathrm{S}}r - r_{\mathrm{Q}}^2}{\Sigma} - 1\right)c^2 = 0$$

を解くとエルゴ領域の境界 (12.18) が得られる． □

> **定理 12.12** 地平線 $r = r_+$ の角速度 Ω_{H} は
>
> $$\Omega_{\mathrm{H}} = \frac{ca}{r_+^2 + a^2} = \frac{ca}{\frac{1}{2}r_{\mathrm{S}}\left(r_{\mathrm{S}} + \sqrt{r_{\mathrm{S}}^2 - 4r_{\mathrm{Q}}^2 - 4a^2}\right) - r_{\mathrm{Q}}^2} \tag{12.21}$$
>
> によって与えられる．

証明 無限遠方で角速度 $\Omega = 0$ の観測者がエルゴ領域 $r < r_{\mathrm{e}}$ に入ると，ブラックホールの重力に引きずられて角速度 $\Omega > 0$ を持つようになる．ラグランジュ関数を $L = -mc\sqrt{-g_{mi}U^m U^i}$ とすると観測者の角運動量は

$$\frac{\mathrm{d}L}{\mathrm{d}U^3} = \frac{mcg_{3i}U^i}{\sqrt{-g_{mi}U^m U^i}} = mU_3$$

によって与えられる. 無限遠方で角運動量が $mU_3 = 0$ のとき, $U_3 = 0$ は保存されるが, 0 だった角速度 U^3 はエルゴ領域で 0 ではなくなる. 角運動量 0 の条件

$$mU_3 = m(g_{30}U^0 + g_{33}U^3) = 0$$

を課すと, (12.20) によって与えられる角速度 Ω は

$$\Omega = -\frac{g_{30}}{g_{33}} = \frac{(r_{\mathrm{S}}r - r_{\mathrm{Q}}^2)ca}{(r^2 + a^2)^2 - a^2\Delta\sin^2\theta} = \frac{(r^2 + a^2 - \Delta)ca}{(r^2 + a^2)^2 - a^2\Delta\sin^2\theta}$$

になる. 地平線 $r = r_+$ の角速度は, $\Delta = 0$ によって与式になる. □

演習 12.13 回転荷電ブラックホールの地平線角速度 Ω_{H} が (12.21) で与えられることを確かめよ.

証明 $\left(\frac{\partial a}{\partial J}\right)_M = \frac{1}{Mc}$ に注意し, 熱力学関係式を用いると

$$-\frac{\Omega_{\mathrm{H}}}{T} = \left(\frac{\partial S}{\partial J}\right)_{M,Q} = -\frac{4\pi ka}{\hbar}\frac{1}{\sqrt{r_{\mathrm{S}}^2 - 4r_Q^2 - 4a^2}} = -\frac{1}{T}\frac{ca}{r_+^2 + a^2}$$

により (12.21) が得られる. □

演習 12.14 地平線の電位が

$$\Phi = \frac{Qr_+}{4\pi\varepsilon_0(r_+^2 + a^2)} = \frac{Q}{4\pi\varepsilon_0}\frac{\frac{1}{2}\left(r_{\mathrm{S}} + \sqrt{r_{\mathrm{S}}^2 - 4r_Q^2 - 4a^2}\right)}{\frac{1}{2}r_{\mathrm{S}}\left(r_{\mathrm{S}} + \sqrt{r_{\mathrm{S}}^2 - 4r_Q^2 - 4a^2}\right) - r_Q^2}$$

になることを示せ.

証明 (12.16) で与えた回転荷電ブラックホールの電磁ポテンシャルは, 回転座標系に移行する座標変換 (12.17) によって

$$A = \frac{1}{4\pi\varepsilon_0}\frac{Qr}{\Sigma}\left(\mathrm{d}t - \frac{a}{c}\sin^2\theta\mathrm{d}\phi\right) = \frac{1}{4\pi\varepsilon_0}\frac{Qr}{\Sigma}\left(\frac{\Sigma_+}{r_+^2 + a^2}\mathrm{d}t - \frac{a}{c}\sin^2\theta\mathrm{d}\phi'\right)$$

になる. したがって地平線上の電位は

$$\Phi = A_0'(r_+) = \frac{Qr_+}{4\pi\varepsilon_0(r_+^2 + a^2)}$$

によって与えられる.

$$A_3' = A_3 = -\frac{1}{4\pi\varepsilon_0}\frac{Qr}{\Sigma}\frac{a}{c}\sin^2\theta$$

は回転による磁場を与えるベクトルポテンシャルである. 熱力学関係式

$$-\frac{\Phi}{T} = \left(\frac{\partial S}{\partial Q}\right)_{M,J}$$

を用いても Φ を得ることができる.

$$\left(\frac{\partial S}{\partial Q}\right)_{M,Q} = -\frac{2\pi k}{\hbar c}\frac{Q}{4\pi\varepsilon_0}\frac{r_{\rm S} + \sqrt{r_{\rm S}^2 - 4r_Q^2 - 4a^2}}{\sqrt{r_{\rm S}^2 - 4r_Q^2 - 4a^2}} = -\frac{1}{T}\frac{Qr_+}{4\pi\varepsilon_0(r_+^2 + a^2)}$$

により題意を得る. $\frac{\mathrm{d}r_Q}{\mathrm{d}Q} = \frac{G}{4\pi\varepsilon_0 c^4}$ に注意. □

法則 12.15 (ブラックホールの第 1 法則)　ブラックホールの第 1 法則は

$$c^2\mathrm{d}M = T\mathrm{d}S + \Omega_{\rm H}\mathrm{d}J + \Phi\mathrm{d}Q$$

によって表わされる.

証明　すでに確かめた熱力学関係式によって

$$\begin{aligned}
\mathrm{d}S &= \left(\frac{\partial S}{\partial M}\right)_{J,Q}\mathrm{d}M + \left(\frac{\partial S}{\partial J}\right)_{M,Q}\mathrm{d}J + \left(\frac{\partial S}{\partial Q}\right)_{M,J}\mathrm{d}Q \\
&= \frac{c^2}{T}\mathrm{d}M - \frac{\Omega_{\rm H}}{T}\mathrm{d}J - \frac{\Phi}{T}\mathrm{d}Q
\end{aligned}$$

が得られブラックホールの第 1 法則が成立する. □

エントロピー S と表面積 A, 温度 T と表面重力 κ は普遍的な関係式

$$S = \frac{kc^3 A}{4G\hbar}, \qquad T = \frac{\hbar\kappa}{2\pi ck}, \qquad T\mathrm{d}S = \frac{\kappa c^2}{8\pi G}\mathrm{d}A$$

によって結ばれている. ブラックホールの第 0 法則は表面重力 κ が事象の地平線において定数であることである. これは熱的平衡状態において温度 T が一定であるという熱力学第 0 法則に対応している. エネルギー保存則である熱力学第 1 法則に対応するのがブラックホールの第 1 法則である. ブラックホールの面積が減

12.9 ウンルー温度の導出 277

少することはないというホーキングの定理が，孤立系のエントロピーが減少することはないという熱力学第 2 法則に対応するブラックホールの第 2 法則である．ブラックホールの第 3 法則は，表面重力 κ は有限回の操作では 0 にすることはできないというもので，熱力学第 3 法則に対応している．

12.9　ウンルー温度の導出

　宿題になっていたウンルー温度の導出を行う [F. Lenz, K. Ohta, and K. Yazaki, *Phys. Rev.* D 78, 065026 (2008)]．ウンルー輻射は普遍的な概念だが，ここではもっとも簡単な質量 m のスカラー場 φ を考えよう．ミンコフスキー空間の波数ベクトル $\mathsf{k} = (k_x, k_y, k_z)$ を持つ粒子の生成，消滅演算子 $a_\mathsf{k}^\dagger$ と a_k は

$$\varphi(t, \mathsf{x}) = \sqrt{\hbar} \int \frac{\mathrm{d}^3 k}{(2\pi)^{3/2}\sqrt{2\omega_k}} \left(a_\mathsf{k} \mathrm{e}^{\mathrm{i}\mathsf{k}\cdot\mathsf{x} - \mathrm{i}\omega_k t} + a_\mathsf{k}^\dagger \mathrm{e}^{-\mathrm{i}\mathsf{k}\cdot\mathsf{x} + \mathrm{i}\omega_k t} \right) \tag{12.22}$$

によって定義する．k の大きさと角振動数 ω_k は

$$k^2 = k_x^2 + k_y^2 + k_z^2, \quad \omega_k = c\sqrt{k^2 + \frac{m^2 c^2}{\hbar^2}}$$

である．横方向の波数を $\mathsf{k}_\perp = (k_y, k_z)$ とし，交換関係はデルタ関数（A9節）によって

$$[a_\mathsf{k}, a_{\mathsf{k}'}^\dagger] = \delta(k_x - k_x')\delta(k_y - k_y')\delta(k_z - k_z') = \delta(k_x - k_x')\delta(\mathsf{k}_\perp - \mathsf{k}_\perp')$$

とする．他はすべて 0 である．(12.22) 右辺における $\sqrt{\hbar}$ はこの交換関係に $\hbar$ が現れないようにするためである．ミンコフスキー空間の真空 $|0_\mathrm{M}\rangle$ は

$$a_\mathsf{k}|0_\mathrm{M}\rangle = 0$$

によって定義する．
　リンドラー空間の変数 ρ を変数変換し

$$\rho = \frac{c^2}{a}\mathrm{e}^{\frac{a\xi}{c^2}}$$

によって ξ を定義するとリンドラー空間とミンコフスキー空間の間の変数変換 (12.8) は

$$ct = \frac{c^2}{a}\mathrm{e}^{\frac{a\xi}{c^2}}\sinh\frac{a\eta}{c}, \qquad x = \frac{c^2}{a}\mathrm{e}^{\frac{a\xi}{c^2}}\cosh\frac{a\eta}{c}, \qquad y = y, \qquad z = z$$

になる．リンドラー計量は

$$ds^2 = e^{\frac{2a\xi}{c^2}}(-c^2 d\eta^2 + d\xi^2) + dy^2 + dz^2$$

である．リンドラー空間で地平線 $\rho = 0$ は $\xi = -\infty$ にある．リンドラー空間で φ は波動方程式

$$\left(-\frac{1}{c^2}\frac{\partial^2}{\partial \eta^2} + \frac{\partial^2}{\partial \xi^2} + e^{\frac{2a\xi}{c^2}}\left(\frac{\partial^2}{\partial y^2} + \frac{\partial^2}{\partial z^2} - \frac{m^2 c^2}{\hbar^2} \right) \right)\varphi = 0$$

を満たす．この方程式の基準振動は

$$\varphi = \varphi_{\omega, \mathsf{k}_\perp}(\xi, \mathsf{x}_\perp)e^{i\mathsf{k}_\perp \cdot \mathsf{x}_\perp \mp i\omega\eta}$$

の形をしている．振幅は

$$\left(\frac{\omega^2}{c^2} + \frac{\partial^2}{\partial \xi^2} - e^{\frac{2a\xi}{c^2}}\left(k_\perp^2 + \frac{m^2 c^2}{\hbar^2} \right) \right)\varphi_{\omega, \mathsf{k}_\perp} = 0$$

を満たす．この微分方程式は厳密に解くことができる．変数変換

$$u = \sqrt{k_\perp^2 + \frac{m^2 c^2}{\hbar^2}}\rho = \frac{c^2}{a}\sqrt{k_\perp^2 + \frac{m^2 c^2}{\hbar^2}}e^{\frac{a\xi}{c^2}}$$

をした微分方程式

$$\left(u^2 \frac{d^2}{du^2} + u\frac{d}{du} - u^2 + \mu^2 \right)\varphi_{\omega, \mathsf{k}_\perp} = 0, \qquad \mu \equiv \frac{c\omega}{a}$$

の解は第2種の変形ベッセル関数 $K_{i\mu}(u)$ で，実関数である．規格化した

$$\varphi_{\omega, \mathsf{k}_\perp}(\xi, \mathsf{x}_\perp) = \frac{1}{\pi}\sqrt{2\mu \sinh \pi\mu}\, K_{i\mu}(u) \equiv k_{i\mu}(u) \tag{12.23}$$

は規格直交性と完備性

$$\int_0^\infty \frac{du}{u}\, k_{i\mu}(u)k_{i\mu'}(u) = \delta(\mu - \mu'), \qquad \int_0^\infty d\mu\, k_{i\mu}(u)k_{i\mu}(u') = u\delta(u - u') \tag{12.24}$$

を満たす（演習 A18）．量子化は φ の共役運動量 $\pi = \frac{\partial \varphi}{\partial \eta}$ との間で交換関係

$$[\varphi(\eta, \xi, \mathsf{x}_\perp), \pi(\eta, \xi', \mathsf{x}_\perp')] = i\hbar\delta(\xi - \xi')\delta(\mathsf{x}_\perp - \mathsf{x}_\perp') \tag{12.25}$$

を課せばよい．

12.9 ウンルー温度の導出

演習 12.16 規格直交完備系 $\varphi_{\omega,\mathsf{k}_\perp}(\xi,\mathsf{x}_\perp)$ によって φ を展開すると

$$
\varphi(\eta,\xi,\mathsf{x}_\perp) = \sqrt{\frac{\hbar}{c}} \int \frac{\mathrm{d}\omega}{\sqrt{2\omega}} \frac{\mathrm{d}^2 k_\perp}{2\pi}
$$
$$
\times \left(b_{\omega,\mathsf{k}_\perp} \varphi_{\omega,\mathsf{k}_\perp}(\xi,\mathsf{x}_\perp) \mathrm{e}^{\mathrm{i}\mathsf{k}_\perp\cdot\mathsf{x}_\perp - \mathrm{i}\omega\eta} + b^\dagger_{\omega,\mathsf{k}_\perp} \varphi_{\omega,\mathsf{k}_\perp}(\xi,\mathsf{x}_\perp) \mathrm{e}^{-\mathrm{i}\mathsf{k}_\perp\cdot\mathsf{x}_\perp + \mathrm{i}\omega\eta} \right)
$$

のようにリンドラー空間の生成消滅演算子 $b^\dagger_{\omega,\mathsf{k}_\perp}$ と $b_{\omega,\mathsf{k}_\perp}$ を定義することができる. 生成消滅演算子が交換関係

$$
[b_{\omega,\mathsf{k}_\perp}, b^\dagger_{\omega',\mathsf{k}'_\perp}] = \delta(\omega - \omega')\delta(\mathsf{k}_\perp - \mathsf{k}'_\perp) \tag{12.26}
$$

を満たすことによって量子化の条件 (12.25) が成り立つことを示せ.

証明 交換関係は

$$
[\varphi(\eta,\xi,\mathsf{x}_\perp), \pi(\eta,\xi',\mathsf{x}'_\perp)] = \mathrm{i}\frac{\hbar}{2c} \int \frac{\mathrm{d}\omega}{\sqrt{\omega}} \int \sqrt{\omega'}\mathrm{d}\omega' \frac{\mathrm{d}^2 k_\perp}{2\pi} \frac{\mathrm{d}^2 k'_\perp}{2\pi}
$$
$$
\times \varphi_{\omega,\mathsf{k}_\perp}(\xi,\mathsf{x}_\perp)\varphi_{\omega',\mathsf{k}'_\perp}(\xi',\mathsf{x}'_\perp) \left([b_{\omega,\mathsf{k}_\perp}, b^\dagger_{\omega',\mathsf{k}'_\perp}] \mathrm{e}^{\mathrm{i}\mathsf{k}_\perp\cdot\mathsf{x}_\perp - \mathrm{i}\mathsf{k}'_\perp\cdot\mathsf{x}'_\perp - \mathrm{i}(\omega-\omega')\eta} \right.
$$
$$
\left. - [b^\dagger_{\omega,\mathsf{k}_\perp}, b_{\omega',\mathsf{k}'_\perp}] \mathrm{e}^{-\mathrm{i}\mathsf{k}_\perp\cdot\mathsf{x}_\perp + \mathrm{i}\mathsf{k}'_\perp\cdot\mathsf{x}'_\perp + \mathrm{i}(\omega-\omega')\eta} \right)
$$

になるから (12.26) を代入して積分し, 完備性 (12.24) を使うと

$$
= \mathrm{i}\frac{\hbar}{c}\delta(\mathsf{x}_\perp - \mathsf{x}'_\perp) \int_0^\infty \mathrm{d}\omega\, k_{\mathrm{i}\mu}(u) k_{\mathrm{i}\mu}(u')
$$
$$
= \mathrm{i}\frac{\hbar}{c}\delta(\mathsf{x}_\perp - \mathsf{x}'_\perp)\frac{a}{c} u\delta(u - u') = \mathrm{i}\hbar\delta(\xi - \xi')\delta(\mathsf{x}_\perp - \mathsf{x}'_\perp)
$$

に帰着する. リンドラー空間の真空 $|0_\mathrm{R}\rangle$ は

$$
b_{\omega,\mathsf{k}_\perp}|0_\mathrm{R}\rangle = 0
$$

によって定義する. $\square$

演習 12.17 リンドラー空間の生成消滅演算子 $b^\dagger, b$ とミンコフスキー空間の生成消滅演算子 $a^\dagger, a$ の間に

$$
b_{\omega,\mathsf{k}_\perp} = \frac{c}{\sqrt{a\sinh\pi\mu}} \int_{-\infty}^\infty \frac{\mathrm{d}k_x}{\sqrt{2\pi}\sqrt{2\omega_k}} \mathrm{e}^{\mathrm{i}\mu\beta_\mathsf{k}} \left(\mathrm{e}^{\frac{1}{2}\pi\mu} a_{k_x,\mathsf{k}_\perp} + \mathrm{e}^{-\frac{1}{2}\pi\mu} a^\dagger_{k_x,-\mathsf{k}_\perp} \right)
$$
$$
b^\dagger_{\omega,\mathsf{k}_\perp} = \frac{c}{\sqrt{a\sinh\pi\mu}} \int_{-\infty}^\infty \frac{\mathrm{d}k_x}{\sqrt{2\pi}\sqrt{2\omega_k}} \mathrm{e}^{-\mathrm{i}\mu\beta_\mathsf{k}} \left(\mathrm{e}^{\frac{1}{2}\pi\mu} a^\dagger_{k_x,\mathsf{k}_\perp} + \mathrm{e}^{-\frac{1}{2}\pi\mu} a_{k_x,-\mathsf{k}_\perp} \right)
$$

の関係があることを示せ. ここで β_k を

$$\sinh \beta_\mathsf{k} = \frac{k_x}{\sqrt{k_\perp^2 + \frac{m^2 c^2}{\hbar^2}}}$$

によって定義した.

証明　$\varphi(\eta, \xi, \mathsf{x}_\perp)$ の $k_{\mathrm{i}\mu}(u)\mathrm{e}^{\mathrm{i}\mathsf{k}_\perp \cdot \mathsf{x}_\perp}$ への射影は, $k_{\mathrm{i}\mu}(u)$ の規格直交性を用いて,

$$\int \mathrm{d}\xi \mathrm{d}^2 x_\perp\, \varphi(\eta, \xi, \mathsf{x}_\perp) k_{\mathrm{i}\mu}(u)\mathrm{e}^{-\mathrm{i}\mathsf{k}_\perp \cdot \mathsf{x}_\perp} = 2\pi\sqrt{\frac{\hbar c}{2\omega}}\left(b_{\omega, \mathsf{k}_\perp}\mathrm{e}^{-\mathrm{i}\omega\eta} + b_{\omega, \mathsf{k}_\perp}^\dagger \mathrm{e}^{\mathrm{i}\omega\eta}\right)$$

になる. 座標変換によって値を変えないのがスカラー関数の定義である. すなわち

$$\varphi(\eta, \xi, \mathsf{x}_\perp) = \varphi(t(\eta, \xi), \mathsf{x}(\eta, \xi), \mathsf{x}_\perp)$$

が成り立つ. $\varphi(t(\eta, \xi), x(\eta, \xi), \mathsf{x}_\perp)$ の $k_{\mathrm{i}\mu}(u)\mathrm{e}^{\mathrm{i}\mathsf{k}_\perp \cdot \mathsf{x}_\perp}$ への射影は

$$\int \mathrm{d}\xi \mathrm{d}^2 x_\perp\, \varphi(t(\eta, \xi), x(\eta, \xi), \mathsf{x}_\perp) k_{\mathrm{i}\mu}(u)\mathrm{e}^{-\mathrm{i}\mathsf{k}_\perp \cdot \mathsf{x}_\perp}$$
$$= \sqrt{\hbar}\frac{c^2}{a}2\pi \int_{-\infty}^\infty \frac{\mathrm{d}k_x}{\sqrt{2\pi}\sqrt{2\omega_k}} \int_0^\infty \frac{\mathrm{d}u}{u} k_{\mathrm{i}\mu}(u)\left(a_{k_x, \mathsf{k}_\perp}\mathrm{e}^{\mathrm{i}\kappa u} + a_{k_x, -\mathsf{k}_\perp}^\dagger \mathrm{e}^{-\mathrm{i}\kappa u}\right)$$

を計算すればよい. ここで

$$\kappa = \frac{k_x}{\sqrt{k_\perp^2 + \frac{m^2 c^2}{\hbar^2}}} \cosh\frac{a\eta}{c} - \frac{\omega_k}{c\sqrt{k_\perp^2 + \frac{m^2 c^2}{\hbar^2}}}\sinh\frac{a\eta}{c} = \sinh\left(\beta_\mathsf{k} - \frac{a\eta}{c}\right)$$

を定義した. 積分公式 (A26) を使うと, $\varphi(t(\eta, \xi), \mathsf{x}(\eta, \xi), \mathsf{x}_\perp)$ の射影は

$$= 2\pi\sqrt{\frac{2\hbar c}{\omega}}\frac{c}{\sqrt{a \sinh \pi\mu}} \int_{-\infty}^\infty \frac{\mathrm{d}k_x}{\sqrt{2\pi}\sqrt{2\omega_k}}$$
$$\times \left(a_{k_x, \mathsf{k}_\perp}\cos\mu\left(\beta_\mathsf{k} - \frac{a\eta}{c} - \mathrm{i}\frac{\pi}{2}\right) + a_{k_x, -\mathsf{k}_\perp}^\dagger \cos\mu\left(\beta_\mathsf{k} - \frac{a\eta}{c} + \mathrm{i}\frac{\pi}{2}\right)\right)$$
$$= 2\pi\sqrt{\frac{2\hbar c}{\omega}}\frac{c}{\sqrt{a \sinh \pi\mu}} \int_{-\infty}^\infty \frac{\mathrm{d}k_x}{\sqrt{2\pi}\sqrt{2\omega_k}}$$
$$\times \left\{\mathrm{e}^{\mathrm{i}\mu\beta_\mathsf{k}}\left(\mathrm{e}^{\frac{1}{2}\pi\mu}a_{k_x, \mathsf{k}_\perp} + \mathrm{e}^{-\frac{1}{2}\pi\mu}a_{k_x, -\mathsf{k}_\perp}^\dagger\right)\right.$$
$$\left. + \mathrm{e}^{-\mathrm{i}\mu\beta_\mathsf{k}}\left(\mathrm{e}^{\frac{1}{2}\pi\mu}a_{k_x, \mathsf{k}_\perp}^\dagger + \mathrm{e}^{-\frac{1}{2}\pi\mu}a_{k_x, -\mathsf{k}_\perp}\right)\right\}$$

になる. $\varphi(\eta, \xi, \mathsf{x}_\perp)$ の射影と同値なので与式が得られる. $\qquad\square$

12.9 ウンルー温度の導出

定理 12.18（ウンルー輻射） 一様加速度 a で運動する系から観測すると，ミンコフスキー空間における量子場の真空は温度

$$T_{\mathrm{U}} = \frac{\hbar a}{2\pi c k} \tag{12.27}$$

を持つ熱源中にある（ウンルー 1976）.

証明 ミンコフスキー空間の基底状態 $|0_{\mathrm{M}}\rangle$ におけるリンドラー空間の数演算子 $b^{\dagger}_{\omega,\mathsf{k}_{\perp}} b_{\omega,\mathsf{k}_{\perp}}$ の期待値は，$\mu = \frac{c\omega}{a}$，$\mu' = \frac{c\omega'}{a}$ として，

$$\langle 0_{\mathrm{M}}| b^{\dagger}_{\omega,\mathsf{k}_{\perp}} b_{\omega',\mathsf{k}'_{\perp}} |0_{\mathrm{M}}\rangle = \frac{c}{\sqrt{a \sinh \pi\mu}} \frac{c}{\sqrt{a \sinh \pi\mu'}} \mathrm{e}^{-\frac{1}{2}\pi\mu} \mathrm{e}^{-\frac{1}{2}\pi\mu'}$$

$$\times \int_{-\infty}^{\infty} \frac{\mathrm{d}k_x}{\sqrt{2\pi}\sqrt{2\omega_k}} \int_{-\infty}^{\infty} \frac{\mathrm{d}k'_x}{\sqrt{2\pi}\sqrt{2\omega_{k'}}} \mathrm{e}^{\mathrm{i}\mu\beta_{\mathsf{k}}} \mathrm{e}^{-\mathrm{i}\mu'\beta_{\mathsf{k}'}} \langle 0_{\mathrm{M}}| a_{k_x,-\mathsf{k}_{\perp}} a^{\dagger}_{k_x,-\mathsf{k}'_{\perp}} |0_{\mathrm{M}}\rangle$$

を計算すればよい．ミンコフスキー空間の生成消滅演算子交換関係を使うと

$$\langle 0_{\mathrm{M}}| a_{k_x,-\mathsf{k}_{\perp}} a^{\dagger}_{k_x,-\mathsf{k}'_{\perp}} |0_{\mathrm{M}}\rangle$$
$$= \delta(k_x - k'_x)\delta(\mathsf{k}_{\perp} - \mathsf{k}'_{\perp})\langle 0_{\mathrm{M}}|0_{\mathrm{M}}\rangle = \delta(k_x - k'_x)\delta(\mathsf{k}_{\perp} - \mathsf{k}'_{\perp})$$

が成り立つから，$\langle 0_{\mathrm{M}}| b^{\dagger}_{\omega,\mathsf{k}_{\perp}} b_{\omega',\mathsf{k}'_{\perp}} |0_{\mathrm{M}}\rangle$ に代入して積分すると

$$= \delta(\mathsf{k}_{\perp} - \mathsf{k}'_{\perp}) \frac{c}{\sqrt{a \sinh \pi\mu}} \frac{c}{\sqrt{a \sinh \pi\mu'}} \mathrm{e}^{-\frac{1}{2}\pi\mu} \mathrm{e}^{-\frac{1}{2}\pi\mu'} \int_{-\infty}^{\infty} \frac{\mathrm{d}k_x}{2\pi 2\omega_k} \mathrm{e}^{\mathrm{i}(\mu-\mu')\beta_{\mathsf{k}}}$$

になる．ここで積分変数を k_x から β_{k} に変換し，

$$\mathrm{d}k_x = \sqrt{k_{\perp}^2 + \frac{m^2 c^2}{\hbar^2}} \cosh \beta_{\mathsf{k}} \mathrm{d}\beta_{\mathsf{k}} = \frac{\omega_k}{c} \mathrm{d}\beta_{\mathsf{k}}$$

によって

$$\int_{-\infty}^{\infty} \frac{\mathrm{d}k_x}{2\pi 2\omega_k} \mathrm{e}^{\mathrm{i}(\mu-\mu')\beta_{\mathsf{k}}} = \frac{1}{4\pi c} \int_{-\infty}^{\infty} \mathrm{d}\beta_{\mathsf{k}} \mathrm{e}^{\mathrm{i}(\mu-\mu')\beta_{\mathsf{k}}} = \frac{1}{2c}\delta(\mu - \mu')$$

が得られるから

$$\langle 0_{\mathrm{M}}| b^{\dagger}_{\omega,\mathsf{k}_{\perp}} b_{\omega',\mathsf{k}'_{\perp}} |0_{\mathrm{M}}\rangle = \frac{c^2}{a \sinh \pi\mu} \mathrm{e}^{-\pi\mu} \frac{1}{2c}\delta(\mu - \mu')\delta(\mathsf{k}_{\perp} - \mathsf{k}'_{\perp})$$

$$= \frac{1}{\mathrm{e}^{\frac{2\pi c\omega}{a}} - 1}\delta(\omega - \omega')\delta(\mathsf{k}_{\perp} - \mathsf{k}'_{\perp})$$

になる．$\mathrm{e}^{\frac{2\pi c\omega}{a}}$ を $\mathrm{e}^{\frac{\hbar\omega}{kT}}$ と解釈すると，$\frac{\hbar\omega}{kT_{\mathrm{U}}} = \frac{2\pi c\omega}{a}$ すなわち (12.27) で与えた温度における熱分布を表わしている． $\square$

数学的準備

Préparation mathématique

A1　連鎖法則

定理 A1（1 変数の連鎖法則）　$x = x(y)$, $y = y(z)$ であるとする.

$$\frac{\mathrm{d}x}{\mathrm{d}z} = \frac{\mathrm{d}x}{\mathrm{d}y}\frac{\mathrm{d}y}{\mathrm{d}z}$$

が成り立つ.

証明　x, y の微分はそれぞれ

$$\mathrm{d}x = \frac{\mathrm{d}x}{\mathrm{d}y}\mathrm{d}y, \qquad \mathrm{d}y = \frac{\mathrm{d}y}{\mathrm{d}z}\mathrm{d}z$$

によって与えられる. したがって

$$\mathrm{d}x = \frac{\mathrm{d}x}{\mathrm{d}y}\frac{\mathrm{d}y}{\mathrm{d}z}\mathrm{d}z$$

になり題意が得られる.　□

定理 A2（2 変数の連鎖法則）　$x = x(y, z)$, $y = y(z, u)$ であるとする.

$$\left(\frac{\partial x}{\partial z}\right)_u = \left(\frac{\partial x}{\partial z}\right)_y + \left(\frac{\partial x}{\partial y}\right)_z \left(\frac{\partial y}{\partial z}\right)_u \tag{A1}$$

$$\left(\frac{\partial x}{\partial u}\right)_z = \left(\frac{\partial x}{\partial y}\right)_z \left(\frac{\partial y}{\partial u}\right)_z \tag{A2}$$

が成り立つ.

証明 $x = x(y, z)$ の微分は

$$\mathrm{d}x = \left(\frac{\partial x}{\partial y}\right)_z \mathrm{d}y + \left(\frac{\partial x}{\partial z}\right)_y \mathrm{d}z$$

$y = y(z, u)$ の微分は

$$\mathrm{d}y = \left(\frac{\partial y}{\partial z}\right)_u \mathrm{d}z + \left(\frac{\partial y}{\partial u}\right)_z \mathrm{d}u$$

である．この $\mathrm{d}y$ を $\mathrm{d}x$ に代入すると

$$\mathrm{d}x = \left(\frac{\partial x}{\partial y}\right)_z \left\{ \left(\frac{\partial y}{\partial z}\right)_u \mathrm{d}z + \left(\frac{\partial y}{\partial u}\right)_z \mathrm{d}u \right\} + \left(\frac{\partial x}{\partial z}\right)_y \mathrm{d}z$$

$$= \left\{ \left(\frac{\partial x}{\partial z}\right)_y + \left(\frac{\partial x}{\partial y}\right)_z \left(\frac{\partial y}{\partial z}\right)_u \right\} \mathrm{d}z + \left(\frac{\partial x}{\partial y}\right)_z \left(\frac{\partial y}{\partial u}\right)_z \mathrm{d}u$$

になり与式が得られる． □

定理 A3 x, y の関数を $z = z(x, y)$ とすると，恒等式

$$\left(\frac{\partial x}{\partial y}\right)_z = \frac{1}{\left(\frac{\partial y}{\partial x}\right)_z} \tag{A3}$$

が成り立つ．

証明 連鎖法則 (A2) によって

$$\left(\frac{\partial x}{\partial y}\right)_z \left(\frac{\partial y}{\partial x}\right)_z = \left(\frac{\partial x}{\partial x}\right)_z = 1$$

となり題意が得られる． □

定理 A4（陰関数定理） 3変数関数 $f(x, y, z)$ が空間のある点で微分可能であるとする．$\frac{\partial f}{\partial z} \neq 0$ であれば微分可能な陰関数 $z(x, y)$ が局所的に存在し，その偏導関数は

$$\left(\frac{\partial z}{\partial x}\right)_y = -\frac{f_x}{f_z}, \qquad \left(\frac{\partial z}{\partial y}\right)_x = -\frac{f_y}{f_z}$$

によって与えられる．

微分可能な点を原点に選び，そこでの $f(x, y, z)$ の偏導関数を

$$f_x = \left(\frac{\partial f}{\partial x}\right)_{y,z}, \quad f_y = \left(\frac{\partial f}{\partial y}\right)_{z,x}, \quad f_z = \left(\frac{\partial f}{\partial z}\right)_{x,y}$$

とする．

証明 $f(x, y, z) = $ 定数 の微分は

$$\mathrm{d}f = f_x \mathrm{d}x + f_y \mathrm{d}y + f_z \mathrm{d}z = 0$$

である．$f(x, y, z) = $ 定数 を線形化した方程式なので，局所的に 1 次関数として解くことができる．z について解くと，

$$z = z(x, y) = -\frac{x f_x + y f_y}{f_z} + 定数$$

になる．これを x および y について微分すれば与式が得られる．同様にして x について解くと，

$$\left(\frac{\partial x}{\partial y}\right)_z = -\frac{f_y}{f_x}, \qquad \left(\frac{\partial x}{\partial z}\right)_y = -\frac{f_z}{f_x}$$

y について解くと，

$$\left(\frac{\partial y}{\partial z}\right)_x = -\frac{f_z}{f_y}, \qquad \left(\frac{\partial y}{\partial x}\right)_z = -\frac{f_x}{f_y}$$

が得られる． □

定理 A5 陰関数定理を使って

$$\left(\frac{\partial x}{\partial y}\right)_z \left(\frac{\partial y}{\partial z}\right)_x = -\left(\frac{\partial x}{\partial z}\right)_y, \qquad \left(\frac{\partial x}{\partial y}\right)_z = -\frac{\left(\frac{\partial z}{\partial y}\right)_x}{\left(\frac{\partial z}{\partial x}\right)_y} \tag{A4}$$

が得られる．

証明 陰関数定理を使うと

$$\left(\frac{\partial x}{\partial y}\right)_z \left(\frac{\partial y}{\partial z}\right)_x = \frac{f_y}{f_x}\frac{f_z}{f_y} = \frac{f_z}{f_x} = -\left(\frac{\partial x}{\partial z}\right)_y$$

である．また，

$$\left(\frac{\partial x}{\partial y}\right)_z \left(\frac{\partial y}{\partial z}\right)_x \left(\frac{\partial z}{\partial x}\right)_y = -\frac{f_y}{f_x}\frac{f_z}{f_y}\frac{f_x}{f_z} = -1$$

により相反定理が得られる． □

A2 積分可能条件

ヤングの定理　2次元空間（平面）に座標 x, y を取り，2変数の関数 $X(x, y)$ と $Y(x, y)$ を考えよう．一般に微分1形式，プファフ形式

$$\omega = \left(\frac{\omega}{\mathrm{d}x}\right)_y \mathrm{d}x + \left(\frac{\omega}{\mathrm{d}y}\right)_x \mathrm{d}y = X(x, y)\mathrm{d}x + Y(x, y)\mathrm{d}y \tag{A5}$$

は微分ではない．簡単な例として $\omega = x\mathrm{d}x + y\mathrm{d}y$ は $\omega = \frac{1}{2}\mathrm{d}(x^2 + y^2)$ と書けるから微分であることがすぐにわかる．別の例 $\omega = x\mathrm{d}y - y\mathrm{d}x$ では微分の形に書くことができない．

> **定理 A6（ヤングの定理）**　ω の積分可能条件は
>
> $$\left(\frac{\partial X}{\partial y}\right)_x = \left(\frac{\partial Y}{\partial x}\right)_y \tag{A6}$$
>
> である．

証明　もし ω が微分で，$\omega = \mathrm{d}f$ のように書くことができるときは

$$X = \left(\frac{\partial f}{\partial x}\right)_y, \quad Y = \left(\frac{\partial f}{\partial y}\right)_x$$

が成り立っていなければならない．積分可能条件は

$$\left(\frac{\partial X}{\partial y}\right)_x = \left(\frac{\partial}{\partial y}\left(\frac{\partial f}{\partial x}\right)_y\right)_x = \left(\frac{\partial}{\partial x}\left(\frac{\partial f}{\partial y}\right)_x\right)_y = \left(\frac{\partial Y}{\partial x}\right)_y$$

である．ヤングの定理，クレローの定理，シュヴァルツの積分可能条件，あるいはマクスウェルの関係式とも呼ぶ．　　　　　　　　　　　　　　□

微分形式　xy 平面の面積要素は $\mathrm{d}x\mathrm{d}y$ である．x と y を入れかえる操作によって，面積要素は $-\mathrm{d}y\mathrm{d}x$ になる．普通の数とは異なり，積の順番を入れかえると符号が変わる量をグラスマン数と言う．このような積をウェッジ積で表わして

$$\mathrm{d}x \wedge \mathrm{d}y = -\mathrm{d}y \wedge \mathrm{d}x$$

と書き，微分2形式，単に2形式と言う．0形式は関数のことである．2形式は符号付き面積要素である．同様に微分3形式は符号付き体積要素である．

定義 A7 微分 $\mathrm{d}f$ の外微分を

$$\mathrm{d}(\mathrm{d}f) \equiv \mathrm{d} \wedge \mathrm{d}f, \qquad \mathrm{d} = \mathrm{d}x\frac{\partial}{\partial x} + \mathrm{d}y\frac{\partial}{\partial y}$$

によって定義する.

定理 A8（ポアンカレー補題） 任意の関数（0 形式）f に対してポアンカレー補題

$$\mathrm{d}(\mathrm{d}f) = 0 \tag{A7}$$

が成り立つ.

証明 関数 X, Y の微分は

$$\mathrm{d}X = \left(\frac{\partial X}{\partial x}\right)_y \mathrm{d}x + \left(\frac{\partial X}{\partial y}\right)_x \mathrm{d}y, \qquad \mathrm{d}Y = \left(\frac{\partial Y}{\partial x}\right)_y \mathrm{d}x + \left(\frac{\partial Y}{\partial y}\right)_x \mathrm{d}y$$

である. 微分

$$\mathrm{d}f = X\mathrm{d}x + Y\mathrm{d}y$$

の外微分は,

$$\mathrm{d}x \wedge \mathrm{d}x = -\mathrm{d}x \wedge \mathrm{d}x = 0, \qquad \mathrm{d}y \wedge \mathrm{d}y = -\mathrm{d}y \wedge \mathrm{d}y = 0$$

に注意し, $\mathrm{d}y \wedge \mathrm{d}x = -\mathrm{d}x \wedge \mathrm{d}y$ を使うと

$$\mathrm{d}(\mathrm{d}f) = \mathrm{d}X \wedge \mathrm{d}x + \mathrm{d}Y \wedge \mathrm{d}y = \left(\frac{\partial X}{\partial y}\right)_x \mathrm{d}y \wedge \mathrm{d}x + \left(\frac{\partial Y}{\partial x}\right)_y \mathrm{d}x \wedge \mathrm{d}y$$

$$= \left\{-\left(\frac{\partial X}{\partial y}\right)_x + \left(\frac{\partial Y}{\partial x}\right)_y\right\} \mathrm{d}x \wedge \mathrm{d}y$$

になるから, ヤングの定理 (A6) によって $\mathrm{d}(\mathrm{d}f) = 0$ が成り立つ. □

A3 積分因子, 積分分母

2 次元の微分 1 形式 ω に対し, 適当な関数 $\mu(x, y)$ を選べば, $\mu(x, y)\omega$ を必ず微分の形

$$\mathrm{d}f(x, y) = \mu(x, y)\omega$$

に書くことができる. μ を積分因子, その逆数 $\lambda = \frac{1}{\mu}$ を積分分母と呼ぶ. 例として $\omega = x\mathrm{d}y - y\mathrm{d}x$ を考えると微分の形

$$\frac{\omega}{x^2} = \frac{x\mathrm{d}y - y\mathrm{d}x}{x^2} = \mathrm{d}\left(\frac{y}{x}\right), \quad \frac{\omega}{y^2} = -\frac{x\mathrm{d}y - y\mathrm{d}x}{y^2} = -\mathrm{d}\left(\frac{x}{y}\right)$$

$$\frac{\omega}{x^2 + y^2} = \frac{x\mathrm{d}y - y\mathrm{d}x}{x^2 + y^2} = \mathrm{d}\left(\tan^{-1}\frac{y}{x}\right)$$

に書くことができる. それぞれ $x^2, -y^2, x^2 + y^2$ が積分分母である.

$$\omega = X(x, y)\mathrm{d}x + Y(x, y)\mathrm{d}y = 0$$

をプファフ方程式と言う. プファフ方程式は

$$\frac{\mathrm{d}y}{\mathrm{d}x} = -\frac{X(x, y)}{Y(x, y)}$$

のように常微分方程式になる. y は x の関数として解くことができる. 解は陰関数の形 $f(x, y) = 0$ に書くことができる. これは 2 次元空間における曲線を表わしている. この両辺を微分すると

$$\mathrm{d}f = \mathrm{d}x\frac{\partial f}{\partial x} + \mathrm{d}y\frac{\partial f}{\partial y} = 0$$

が得られる. これと

$$\mu\omega = \mu X\mathrm{d}x + \mu Y\mathrm{d}y = \mathrm{d}f$$

が両立するためには

$$\mu X = \frac{\partial f}{\partial x}, \qquad \mu Y = \frac{\partial f}{\partial y}$$

が成り立たなければならない. このとき $\mu X = \mathrm{d}f$ となる必要十分条件

$$\frac{\partial}{\partial y}(\mu X) = \frac{\partial}{\partial x}(\mu Y)$$

が満たされる.

A4 ヤコービ行列とヤコービ行列式

一般に, 変数 x, y を u, v に変換するとき, 面積分は

$$\int \mathrm{d}x\mathrm{d}y = \int J\mathrm{d}u\mathrm{d}v$$

になる. xy 面上で $x(u,v)$, $y(u,v)$ から $x(u+\mathrm{d}u,v)$, $y(u+\mathrm{d}u,v)$ までの距離ベクトル, および $x(u,v+\mathrm{d}v)$, $y(u,v+\mathrm{d}v)$ までの距離ベクトルはそれぞれ

$$\left(\frac{\partial x}{\partial u}\mathrm{d}u,\ \frac{\partial y}{\partial u}\mathrm{d}u\right),\qquad \left(\frac{\partial x}{\partial v}\mathrm{d}v,\ \frac{\partial y}{\partial v}\mathrm{d}v\right)$$

で与えられるから, それらが囲む面積はベクトル積

$$\left(\frac{\partial x}{\partial u}\frac{\partial y}{\partial v}-\frac{\partial x}{\partial v}\frac{\partial y}{\partial u}\right)\mathrm{d}u\mathrm{d}v=J\mathrm{d}u\mathrm{d}v$$

になる. J はヤコービ行列式

$$J=\begin{vmatrix}\frac{\partial x}{\partial u}&\frac{\partial x}{\partial v}\\\frac{\partial y}{\partial u}&\frac{\partial y}{\partial v}\end{vmatrix}=\left|\frac{\partial(x,y)}{\partial(u,v)}\right|$$

を表わす. $\frac{\partial(x,y)}{\partial(u,v)}$ をヤコービ行列式とする記号法もあるが, 本書ではヤコービ行列を $\frac{\partial(x,y)}{\partial(u,v)}$ とし, $\left|\frac{\partial(x,y)}{\partial(u,v)}\right|$ をヤコービ行列式とする. 特別の場合は

$$\left|\frac{\partial(x,y)}{\partial(x,v)}\right|=\begin{vmatrix}1&\frac{\partial x}{\partial v}\\0&\frac{\partial y}{\partial v}\end{vmatrix}=\left(\frac{\partial y}{\partial v}\right)_x,\quad \left|\frac{\partial(x,y)}{\partial(u,x)}\right|=\begin{vmatrix}\frac{\partial x}{\partial u}&1\\\frac{\partial y}{\partial u}&0\end{vmatrix}=-\left(\frac{\partial y}{\partial u}\right)_x \quad\text{(A8)}$$

である.

さらに z,w に変数変換して $x(u(z,w),v(z,w))$, $y(u(z,w),v(z,w))$ を考えよう. 連鎖法則を使うと

$$\frac{\partial x}{\partial z}=\frac{\partial x}{\partial u}\frac{\partial u}{\partial z}+\frac{\partial x}{\partial v}\frac{\partial v}{\partial z},\qquad \frac{\partial x}{\partial w}=\frac{\partial x}{\partial u}\frac{\partial u}{\partial w}+\frac{\partial x}{\partial v}\frac{\partial v}{\partial w}$$
$$\frac{\partial y}{\partial z}=\frac{\partial y}{\partial u}\frac{\partial u}{\partial z}+\frac{\partial y}{\partial v}\frac{\partial v}{\partial z},\qquad \frac{\partial y}{\partial w}=\frac{\partial y}{\partial u}\frac{\partial u}{\partial w}+\frac{\partial y}{\partial v}\frac{\partial v}{\partial w}$$

が成り立つから

$$\left|\frac{\partial(x,y)}{\partial(z,w)}\right|=\left|\frac{\partial(x,y)}{\partial(u,v)}\frac{\partial(u,v)}{\partial(z,w)}\right| \quad\text{(A9)}$$

が得られる.

演習 A9 x,y から u,v への変数変換によって

$$\mathrm{d}x\wedge\mathrm{d}y=\left|\frac{\partial(x,y)}{\partial(u,v)}\right|\mathrm{d}u\wedge\mathrm{d}v=J\mathrm{d}u\wedge\mathrm{d}v$$

が成立する.

A5　ルジャンドル変換　　　　　　*289*

証明　変数変換によって

$$\mathrm{d}x \wedge \mathrm{d}y = \left(\frac{\partial x}{\partial u}\mathrm{d}u + \frac{\partial x}{\partial v}\mathrm{d}v\right) \wedge \left(\frac{\partial y}{\partial u}\mathrm{d}u + \frac{\partial y}{\partial v}\mathrm{d}v\right) = \left(\frac{\partial x}{\partial u}\frac{\partial y}{\partial v} - \frac{\partial x}{\partial v}\frac{\partial y}{\partial u}\right)\mathrm{d}u \wedge \mathrm{d}v$$

が得られる.　　　　　　　　　　　　　　　　　　　　　　　□

A5　ルジャンドル変換

1 変数 x の関数 $f(x)$ が与えられているとする.

$$X = \frac{\mathrm{d}f}{\mathrm{d}x}$$

をあらたな独立変数に選んで, もとの関数 $f(x)$ の情報を失うことなく表わす関数をつくることが目的である. そのために, $X = \frac{\mathrm{d}f}{\mathrm{d}x}$ を x について解いて

$$x = g(X)$$

が得られたとする. もし $\frac{\mathrm{d}f}{\mathrm{d}x}$ が定数なら $g(X)$ は存在しないから

$$\frac{\mathrm{d}^2 f}{\mathrm{d}x^2} \neq 0 \tag{A10}$$

でなければならない. そこで新しい X の関数を $f(g(X))$ とすればよさそうだが, この処方は対合性を満たさない. 対合性というのは新しい X の関数からもとの関数を復元できるという性質である. 例として $f = \frac{1}{2}x^2$ を取りあげよう. $X = \frac{\mathrm{d}f}{\mathrm{d}x} = x$ であるから

$$f(g(X)) = \frac{1}{2}X^2$$

が新しい関数である. これを解くと

$$X = \pm\sqrt{2f} = \frac{\mathrm{d}f}{\mathrm{d}x}$$

になるので

$$\mathrm{d}x = \pm\frac{\mathrm{d}f}{\sqrt{2f}}, \qquad x = \pm\sqrt{2f} + c$$

が得られる. c は積分定数である. したがって

$$f(x) = \frac{1}{2}(x - c)^2$$

となり, もとの関数を x 軸方向に移動した無数の関数になる.

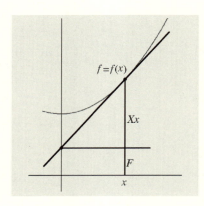

図 1 ルジャンドル変換

これに対して，ルジャンドル変換は，x において $f(x)$ に接線を引き，接線の切片を新しい関数 F にするという処方である．x における勾配は

$$X = \frac{f - F}{x}$$

になるので

$$F = f - Xx = f(g(X)) - Xg(X) = F(X)$$

がルジャンドル変換である．ルジャンドルがこの変換を与えたのは 1789 年でフランス革命勃発の年である．

ルジャンドル変換の対合性　逆変換は

$$\frac{dF}{dX} = \frac{df(g(X))}{dg(X)}\frac{dg(X)}{dX} - g(X) - X\frac{dg(X)}{dX}$$
$$= X\frac{dg(X)}{dX} - g(X) - X\frac{dg(X)}{dX} = -g(X) = -x$$

である．

$$1 = \frac{dx}{dx} = \frac{dx}{dX}\frac{dX}{dx} = \frac{dx}{dX}\frac{d^2 f}{dx^2}$$

に注意すると，$\frac{dF}{dX} = -x$ が解を持つためには

$$\frac{d^2 F}{dX^2} = -\frac{dx}{dX} = -\left(\frac{d^2 f}{dx^2}\right)^{-1} \neq 0$$

が成り立たなければならない．F と f の 2 次微分係数は逆符号になる．$x = g(X)$ を解いて $X = g^{-1}(x)$ を求めると，

$$F(X) - \frac{dF}{dX}X = f(x) - Xx + xX = f(x)$$

のようにもとの関数に戻る．上記の例 $f(x) = \frac{1}{2}x^2$ を再び考えると，

$$F(X) = \frac{1}{2}x^2 - Xx = -\frac{1}{2}X^2$$

である．逆変換は

$$F(X) - \frac{\mathrm{d}F}{\mathrm{d}X}X = -\frac{1}{2}x^2 + x^2 = \frac{1}{2}x^2 = f(x)$$

である．

凸性の条件 $f(x) = \frac{1}{2}x^2$ の例では，x が $-\infty$ から $+\infty$ に変化する間に，勾配は $-\infty$ から $+\infty$ まで変化し，同じ値を取ることはない．ところが $f(x) = \frac{1}{3}x^3$ の例では，x が $-\infty$ から 0 までは勾配は減少して 0 に至り，x が 0 から $+\infty$ までは勾配は 0 から増加していく．したがって同じ勾配を持つ位置が対称的に存在する．すなわちルジャンドル変換は多価関数になる．勾配は $X = x^2$ なので，これを解くと $x = \pm\sqrt{X}$ になるから多価関数

$$F(X) = f(x) - Xx = \mp\frac{2}{3}X^{3/2}$$

になる．物理量は多価関数ではないので，ルジャンドル変換が物理的に意味を持つためには f が凸関数でなければならない．すなわち，条件 (A10) だけではなく，

$$f \text{ は単調に下に凸} \quad \frac{\mathrm{d}^2f}{\mathrm{d}x^2} > 0, \quad F \text{ は単調に上に凸} \quad \frac{\mathrm{d}^2F}{\mathrm{d}X^2} < 0$$

または

$$f \text{ は単調に上に凸} \quad \frac{\mathrm{d}^2f}{\mathrm{d}x^2} < 0, \quad F \text{ は単調に下に凸} \quad \frac{\mathrm{d}^2F}{\mathrm{d}X^2} > 0$$

でなければならない．

多変数のルジャンドル変換 独立変数が複数個ある場合も同じである．$f(x, y)$ の微分を

$$\mathrm{d}f = \left(\frac{\partial f}{\partial x}\right)_y \mathrm{d}x + \left(\frac{\partial f}{\partial y}\right)_x \mathrm{d}y = X\mathrm{d}x + Y\mathrm{d}y$$

とする．このとき，例えば独立変数を x から X に変換したいとすれば，ルジャンドル変換

$$F(X, y) = f(x, y) - Xx$$

を行えばよい．

$$\mathrm{d}F = -x\mathrm{d}X + Y\mathrm{d}y$$

となり

$$\left(\frac{\partial F}{\partial X}\right)_y = -x$$

が成り立つ. 2 次微分係数は

$$\left(\frac{\partial^2 F}{\partial X^2}\right)_y = -\left(\frac{\partial x}{\partial X}\right)_y = -\frac{1}{\left(\frac{\partial X}{\partial x}\right)_y} = -\frac{1}{\left(\frac{\partial^2 f}{\partial x^2}\right)_y} \tag{A11}$$

によって与えられる.

A6　ガウス積分

定義 A10 (Γ 関数)　オイラー (1729) は, 積分

$$\Gamma(z) = \int_0^\infty dt\, t^{z-1}e^{-t}$$

によって, 階乗関数を整数ではない引数に拡張した. 引数が正の整数のとき階乗関数 $\Gamma(N+1) = N!$ になる. Γ の記号はルジャンドル (1811) が初めて使った. 公式

$$\Gamma(z+1) = z\Gamma(z), \qquad \Gamma(z)\Gamma(1-z) = \frac{\pi}{\sin\pi z} \tag{A12}$$

が成り立つ.

演習 A11 (ガウス積分)　積分公式

$$I_n = \int_0^\infty dx\, x^n e^{-ax^2} = \frac{1}{2}a^{-(n+1)/2}\Gamma\left(\frac{n+1}{2}\right)$$

を証明し, 自然数 m に対して

$$I_{2m} = \frac{(2m-1)!!}{(2a)^m}I_0, \qquad I_{2m+1} = \frac{(2m)!!}{(2a)^m}I_1$$

を示せ. 2 重階乗は $(2m-1)!! = 1\cdot 3\cdots(2m-1)$, $(2m)!! = 2\cdot 4\cdots(2m)$ によって定義する.

証明　変数変換 $t = ax^2$ によって

$$I_n = \frac{1}{2}a^{-(n+1)/2}\int_0^\infty dt\, t^{(n-1)/2}e^{-t} = \frac{1}{2}a^{-(n+1)/2}\Gamma\left(\frac{n+1}{2}\right)$$

になる. I_n を部分積分すると $n > 1$ に対し漸化式

$$I_n = \frac{1}{2}a^{-(n+1)/2}\left(-\left.t^{(n-1)/2}\mathrm{e}^{-t}\right|_0^\infty + \frac{n-1}{2}\int_0^\infty \mathrm{d}t\, t^{(n-3)/2}\mathrm{e}^{-t}\right)$$
$$= \frac{n-1}{2a}I_{n-2}$$

が成り立つ. したがって I_0 と I_1 を知れば他のすべての I_n がわかる. ガウス積分（誤差積分）

$$I = 2I_0 = \int_{-\infty}^\infty \mathrm{d}x\, \mathrm{e}^{-ax^2}$$

の 2 乗を計算すると, 極座標 $x = r\cos\theta$, $y = r\sin\theta$ に変数変換し

$$I^2 = \int_{-\infty}^\infty \mathrm{d}x\, \mathrm{e}^{-ax^2} \int_{-\infty}^\infty \mathrm{d}y\, \mathrm{e}^{-ay^2} = \int_0^\infty \mathrm{d}r\, r \int_0^{2\pi} \mathrm{d}\theta\, \mathrm{e}^{-ar^2} = \frac{\pi}{a}$$

が得られる. すなわち

$$I = \sqrt{\frac{\pi}{a}} \tag{A13}$$

である. あるいは Γ 関数の性質 (A12) を用いると

$$\Gamma^2\left(\tfrac{1}{2}\right) = \frac{\pi}{\sin\frac{\pi}{2}} = \pi$$

になるから $\Gamma\left(\tfrac{1}{2}\right) = \sqrt{\pi}$ が得られる. I_1 は変数変換 $t = ax^2$ によって

$$I_1 = \frac{1}{2a}\int_0^\infty \mathrm{d}t\, \mathrm{e}^{-\alpha t} = \frac{1}{2a}$$

である. 最初の数例は

$$I_0 = \tfrac{1}{2}\sqrt{\tfrac{\pi}{a}}, \quad I_1 = \tfrac{1}{2a}, \quad I_2 = \tfrac{1}{4a}\sqrt{\tfrac{\pi}{a}}, \quad I_3 = \tfrac{1}{2a^2}, \quad I_4 = \tfrac{3}{8a^2}\sqrt{\tfrac{\pi}{a}},$$
$$I_5 = \tfrac{1}{a^3}, \quad I_6 = \tfrac{15}{16a^3}\sqrt{\tfrac{\pi}{a}}, \quad I_7 = \tfrac{3}{a^4}, \quad I_8 = \tfrac{105}{32a^4}\sqrt{\tfrac{\pi}{a}}, \quad \cdots \tag{A14}$$

になる. $\qquad\Box$

演習 A12 ガウス積分 $I = \int_{-\infty}^\infty \mathrm{d}x\, \mathrm{e}^{-ax^2}$ を用いて, 半径 r の n 次元球体積が

$$V_n = \frac{\pi^{n/2}r^n}{\Gamma(\frac{n}{2}+1)} \tag{A15}$$

になることを示せ.

証明 I^n はガウス積分によって

$$I^n = \left(\int_{-\infty}^{\infty} \mathrm{d}x\, \mathrm{e}^{-ax^2} \right)^n = \left(\frac{\pi}{a} \right)^{n/2}$$

である．n 次元空間内の球表面積は，単位球の表面積 ω_n によって $r^{n-1}\omega_n$ である．そこで球座標に変換して

$$I^n = \int \mathrm{d}x_1 \mathrm{d}x_2 \cdots \mathrm{d}x_n\, \mathrm{e}^{-a(x_1^2 + x_2^2 + \cdots + x_n^2)}$$

$$= \omega_n \int_0^{\infty} \mathrm{d}r\, r^{n-1} \mathrm{e}^{-ar^2} = \frac{1}{2} \omega_n a^{-n/2} \Gamma\left(\frac{n}{2} \right)$$

になるから

$$\omega_n = \frac{2\pi^{n/2}}{\Gamma(\frac{n}{2})} \tag{A16}$$

が得られる．n 次元球体積は

$$V_n = \omega_n \int_0^r \mathrm{d}r'\, r'^{n-1} r'^{n-1} = \frac{\omega_n r^n}{n} = \frac{2\pi^{n/2} r^n}{n\Gamma(\frac{n}{2})} = \frac{\pi^{n/2} r^n}{\Gamma(\frac{n}{2} + 1)}$$

によって与えられる． $\square$

定理 A13（ド・モアヴルースターリングの定理） $N \gg 1$ のときド・モアヴルースターリングの定理

$$\Gamma(N+1) \cong \sqrt{2\pi N} N^N \mathrm{e}^{-N} \tag{A17}$$

が成り立つ（ド・モアヴル 1730，スターリング 1730）．N は整数でなくてもよい．スターリングの公式とも言う．

証明 階乗（Γ 関数）の積分表示

$$\Gamma(N+1) = \int_0^{\infty} \mathrm{d}x\, \mathrm{e}^{-x} x^N$$

を用いる（鞍点法）．被積分関数 $\mathrm{e}^{-x} x^N = \mathrm{e}^{N \ln x - x}$ は指数が極値を持つ点，

$$\frac{\mathrm{d}}{\mathrm{d}x}(N \ln x - x) = \frac{N}{x} - 1 = 0$$

となる鞍点 $x = N$ で主要な寄与がある. そこで $x = N + \xi$ と置いて ξ について
展開すると

$$N \ln x - x = N \ln N - N - \frac{\xi^2}{2N} + \frac{\xi^3}{3N^2} - \frac{\xi^4}{4N^3} + \frac{\xi^5}{5N^4} - \frac{\xi^6}{6N^5} + \cdots$$

になる. 被積分関数は

$$N^N \mathrm{e}^{-N} \mathrm{e}^{-\frac{1}{2N}\xi^2} \mathrm{e}^{\frac{\xi^3}{3N^2} - \frac{\xi^4}{4N^3} + \frac{\xi^5}{5N^4} - \frac{\xi^6}{6N^5} + \cdots}$$
$$= N^N \mathrm{e}^{-N} \mathrm{e}^{-\frac{1}{2N}\xi^2} \left(1 + \frac{\xi^3}{3N^2} - \frac{\xi^4}{4N^3} + \frac{\xi^5}{5N^4} - \frac{\xi^6}{6N^5} + \cdots + \frac{\xi^6}{18N^4} + \cdots \right)$$

になる. ξ 積分の下限は $\xi = -N \to -\infty$ になるので ξ の奇数次の項は積分の結
果消える. ガウス積分 (A14) を用いると

$$\Gamma(N+1) = \sqrt{2\pi N} N^N \mathrm{e}^{-N} \left(1 + \frac{1}{12N} + \cdots \right)$$

が得られる. 初項がド・モアヴル－スターリングの公式である. 精度を必要とし
ない近似では

$$N! \cong N^N \mathrm{e}^{-N}, \qquad \ln N! \cong N \ln N - N$$

としてよい.

$$\ln N! = \sum_{i=1}^{N} \ln i \cong \int_1^N \mathrm{d}x \, \ln x = (x \ln x - x) \Big|_1^N = N \ln N - N + 1$$

とすれば同じ結果が得られる. □

演習 A14 定積分公式

$$\int_0^\infty \mathrm{d}x \, \frac{x^3}{\mathrm{e}^x - 1} = \frac{\pi^4}{15} \tag{A18}$$

を示せ.

証明 被積分関数を e^{-x} の展開式にすると積分が実行でき

$$\int_0^\infty \mathrm{d}x \, \frac{x^3}{\mathrm{e}^x - 1} = \int_0^\infty \mathrm{d}x \, x^3 \sum_{n=1}^\infty \mathrm{e}^{-nx} = \zeta(4) \int_0^\infty \mathrm{d}x \, x^3 \mathrm{e}^{-x} = 6\zeta(4)$$

になる．ここで $\int_0^\infty \mathrm{d}x\, x^3 \mathrm{e}^{-x} = \Gamma(4) = 3! = 6$ を使った．$\zeta(s) = \sum_{n=1}^\infty \frac{1}{n^s}$ は
リーマンツェータ関数である．和は

$$\frac{\sin x}{x} = \prod_{n=1}^\infty \left(1 - \frac{x^2}{\pi^2 n^2}\right), \qquad \frac{\sinh x}{x} = \prod_{n=1}^\infty \left(1 + \frac{x^2}{\pi^2 n^2}\right)$$

を用いて計算できる．

$$\frac{\sin x}{x}\frac{\sinh x}{x} = \prod_{n=1}^\infty \left(1 - \frac{x^4}{\pi^4 n^4}\right)$$

において両辺を x^4 まで展開すれば

$$1 - \frac{x^4}{90} = 1 - \frac{x^4}{\pi^4}\sum_{n=1}^\infty \frac{1}{n^4}$$

より

$$\zeta(4) = \sum_{n=1}^\infty \frac{1}{n^4} = \frac{\pi^4}{90}$$

が得られる． $\square$

A7　オイラーの定理

定理 A15（オイラーの定理）　n 変数関数 $f(x_1, x_2, \cdots, x_n)$ において，変数
を一様に定数 λ 倍したとき

$$f(\lambda x_1, \lambda x_2, \cdots, \lambda x_n) = \lambda^m f(x_1, x_2, \cdots, x_n)$$

になったとすると

$$x_1\frac{\partial f}{\partial x_1} + x_2\frac{\partial f}{\partial x_2} + \cdots + x_n\frac{\partial f}{\partial x_n} = mf$$

が成り立つ．

証明　連鎖法則を使って両辺を λ について微分すると

$$x_1\frac{\partial f}{\partial(\lambda x_1)} + x_2\frac{\partial f}{\partial(\lambda x_2)} + \cdots + x_n\frac{\partial f}{\partial(\lambda x_n)} = m\lambda^{m-1}f$$

になるから $\lambda = 1$ と置いて与式を得る． $\square$

A8　ラグランジュの未定係数法

> **定理 A16（ラグランジュの未定係数法）**　条件 $f_1 = 0,\, f_2 = 0,\, \cdots,\, f_n = 0$ の下に，$\mathrm{d}F = 0$ としたいとき，
>
> $$F' = F - \lambda_1 f_1 - \lambda_2 f_2 - \cdots - \lambda_n f_n = F - \sum_{i=1}^{n} \lambda_i f_i$$
>
> を，$f_1 = 0,\, f_2 = 0,\, \cdots,\, f_n = 0$ を忘れて $\mathrm{d}F' = 0$ とし，得られた λ を含む式で $f_1 = 0,\, f_2 = 0,\, \cdots,\, f_n = 0$ となるように $\lambda_1, \lambda_2, \cdots, \lambda_n$ を選ぶ．そのとき $\mathrm{d}F = 0$ になる．

A9　デルタ関数

　質点の質量密度や点電荷の電荷分布を表わす関数で，キルヒホフやヘヴィサイドが使っていたが，ディラックが量子力学で記号 δ を導入した．数学者は分布と呼ぶ．1 点に集中し，面積が 1 で幅が無限小であればどのような関数でもよい．任意の関数 $f(x)$ に関するデルタ関数の基本的な公式

$$\int_{-\infty}^{\infty} \mathrm{d}x'\, \delta(x - x')f(x') = f(x), \qquad \delta(f(x)) = \frac{\delta(x - x_0)}{|f'(x_0)|}$$

は自明だろう．x_0 は $f(x) = 0$ の根である．ガウス型関数によって

$$\delta(x) = \lim_{\varepsilon \to 0} \frac{1}{\sqrt{2\pi\varepsilon}} \mathrm{e}^{-\frac{x^2}{2\varepsilon}}$$

のように表示できる．ガウス型関数をフーリエ分解すると

$$\frac{1}{\sqrt{2\pi\varepsilon}} \mathrm{e}^{-\frac{x^2}{2\varepsilon}} = \int_{-\infty}^{\infty} \frac{\mathrm{d}k}{2\pi} \mathrm{e}^{-\frac{\varepsilon k^2}{2}} \mathrm{e}^{\mathrm{i}kx}$$

になるので，デルタ関数のもっとも重要な表示

$$\delta(x) = \lim_{\varepsilon \to 0} \int_{-\infty}^{\infty} \frac{\mathrm{d}k}{2\pi} \mathrm{e}^{-\frac{\varepsilon k^2}{2}} \mathrm{e}^{\mathrm{i}kx} = \int_{-\infty}^{\infty} \frac{\mathrm{d}k}{2\pi} \mathrm{e}^{\mathrm{i}kx}$$

が得られる．またこの積分でカットオフを Λ として $\Lambda \to \infty$ の極限を取ると

$$\delta(x) = \lim_{\Lambda \to \infty} \int_{-\Lambda}^{\Lambda} \frac{\mathrm{d}k}{2\pi} \mathrm{e}^{\mathrm{i}kx} = \lim_{\Lambda \to \infty} \frac{\sin \Lambda x}{\pi x}$$

が得られる．カットオフを $e^{-\varepsilon|k|}$ として $\varepsilon \to 0$ としてもよい．

$$\delta(x) = \lim_{\varepsilon \to 0} \int_{-\infty}^{\infty} \frac{\mathrm{d}k}{2\pi} e^{\mathrm{i}kx - \varepsilon|k|} = \lim_{\varepsilon \to 0} \frac{1}{\pi} \frac{\varepsilon}{x^2 + \varepsilon^2} \tag{A19}$$

はポアソン核としてよく使われるデルタ関数の表示である．

A10　第2種の変形ベッセル関数

第2種の変形ベッセル関数の積分表示は

$$K_n(a) = \frac{\sqrt{\pi}}{\Gamma\left(n - \frac{1}{2}\right)} \left(\frac{a}{2}\right)^{n-1} \int_1^{\infty} \mathrm{d}z \, z(z^2 - 1)^{n - \frac{3}{2}} e^{-az} \tag{A20}$$

である．これを

$$K_n(a) = \frac{\sqrt{\pi}}{\Gamma\left(n - \frac{1}{2}\right)} \left(\frac{a}{2}\right)^{n-1} \frac{1}{2(n - \frac{1}{2})} \int_1^{\infty} \mathrm{d}z \left(\frac{\mathrm{d}}{\mathrm{d}z}(z^2 - 1)^{n - \frac{1}{2}}\right) e^{-az}$$

とした上で部分積分することによって別の積分表示

$$K_n(a) = \frac{\sqrt{\pi}}{\Gamma\left(n + \frac{1}{2}\right)} \left(\frac{a}{2}\right)^{n} \int_1^{\infty} \mathrm{d}z \, (z^2 - 1)^{n - \frac{1}{2}} e^{-az} \tag{A21}$$

も得られる．第2種の変形ベッセル関数は漸化式

$$K_n'(a) = -K_{n-1}(a) - \frac{n}{a} K_n(a) \tag{A22}$$

$$K_{n+1}(a) = K_{n-1}(a) + \frac{2n}{a} K_n(a) \tag{A23}$$

を満たす．$a \ll 1$ では

$$K_n(a) \sim \frac{1}{2} \Gamma(n) \left(\frac{a}{2}\right)^{-n} \tag{A24}$$

$a \gg 1$ では

$$K_n(a) \sim \sqrt{\frac{\pi}{2a}} e^{-a} \left\{ 1 + \frac{4n^2 - 1}{8a} + \frac{(4n^2 - 1)(4n^2 - 9)}{2!(8a)^2} + \cdots \right\} \tag{A25}$$

になる．

演習 A17　定積分公式

$$\int_0^{\infty} \frac{\mathrm{d}u}{u} K_{\mathrm{i}\mu}(u) e^{\mathrm{i}\kappa u} = \frac{\pi}{\mu \sinh \pi\mu} \cos \mu \left(\sinh^{-1} \kappa - \mathrm{i}\frac{\pi}{2}\right) \tag{A26}$$

を示せ．

証明 積分公式

$$\int_0^\infty \frac{\mathrm{d}x}{x}\, \mathrm{e}^{-\alpha x} K_{\mathrm{i}\mu}(\beta x) = \frac{\sqrt{\pi}\,2^{\mathrm{i}\mu}}{(\frac{\alpha}{\beta}+1)^{\mathrm{i}\mu}} \frac{\Gamma(\mathrm{i}\mu)\Gamma(-\mathrm{i}\mu)}{\Gamma(\frac{1}{2})} F\left(\mathrm{i}\mu, \mathrm{i}\mu+\frac{1}{2}; \frac{1}{2}; \frac{\alpha-\beta}{\alpha+\beta}\right)$$

を使う．F はガウスの超幾何関数で，今の場合

$$F = \tfrac{1}{2}\left\{\left(1+\sqrt{\tfrac{\alpha-\beta}{\alpha+\beta}}\right)^{-2\mathrm{i}\mu} + \left(1-\sqrt{\tfrac{\alpha-\beta}{\alpha+\beta}}\right)^{-2\mathrm{i}\mu}\right\} = \tfrac{1}{2^{\mathrm{i}\mu}}\left(\tfrac{\alpha}{\beta}+1\right)^{\mathrm{i}\mu}\cos \mathrm{i}\mu\theta$$

である．ここで $\cos\theta = \frac{\alpha}{\beta}$ を定義した．Γ 関数の公式によって

$$\int_0^\infty \frac{\mathrm{d}u}{u}\, \mathrm{e}^{-\frac{\alpha}{\beta}u} K_{\mathrm{i}\mu}(u) = \Gamma(\mathrm{i}\mu)\Gamma(-\mathrm{i}\mu)\cos \mathrm{i}\mu\theta = \frac{\pi}{\mu\sinh\pi\mu}\cos \mathrm{i}\mu\theta$$

に帰着する．$\mathrm{i}\kappa = -\frac{\alpha}{\beta}$ によって書き直すと

$$\kappa = \mathrm{i}\cos\theta = \sinh \mathrm{i}\left(\theta+\frac{\pi}{2}\right) \text{ すなわち } \mathrm{i}\theta = \sinh^{-1}\kappa - \mathrm{i}\frac{\pi}{2}$$

が成り立つから与式になる． $\square$

演習 A18 (12.23) で与えた

$$k_{\mathrm{i}\mu}(u) = \frac{1}{\pi}\sqrt{2\mu\sinh\pi\mu}\,K_{\mathrm{i}\mu}(u)$$

の規格（正規）直交性および完備性 (12.24) を示せ．

規格直交性 積分公式

$$\int_0^\infty \mathrm{d}u\, u^{-\lambda} K_{\mathrm{i}\mu}(u) K_{\mathrm{i}\mu'}(u)$$

$$= \frac{2^{-2-\lambda}}{\Gamma(1-\lambda)}\Gamma(\tfrac{1-\lambda+\mathrm{i}\mu+\mathrm{i}\mu'}{2})\Gamma(\tfrac{1-\lambda+\mathrm{i}\mu-\mathrm{i}\mu'}{2})\Gamma(\tfrac{1-\lambda-\mathrm{i}\mu+\mathrm{i}\mu'}{2})\Gamma(\tfrac{1-\lambda-\mathrm{i}\mu-\mathrm{i}\mu'}{2})$$

を使う．$\lambda = 1-\varepsilon$ に対し

$$\int_0^\infty \frac{\mathrm{d}u}{u}\, u^\varepsilon K_{\mathrm{i}\mu}(u) K_{\mathrm{i}\mu'}(u)$$

$$= \frac{2^{-3+\varepsilon}}{\Gamma(\varepsilon)}\Gamma(\tfrac{\varepsilon+\mathrm{i}\mu+\mathrm{i}\mu'}{2})\Gamma(\tfrac{\varepsilon+\mathrm{i}\mu-\mathrm{i}\mu'}{2})\Gamma(\tfrac{\varepsilon-\mathrm{i}\mu+\mathrm{i}\mu'}{2})\Gamma(\tfrac{\varepsilon-\mathrm{i}\mu-\mathrm{i}\mu'}{2})$$

になる．$\varepsilon\to 0$ に対し，$\frac{1}{\Gamma(\varepsilon)}\sim\varepsilon$ により $\mu\neq\mu'$ の場合は積分値は 0 である．すなわち直交性が成り立つ．そこで特異点 $\mu=\mu'$ 近傍で $\mu-\mu'=\Delta$ とすると

$$\lim_{\varepsilon\to 0}\int_0^\infty \frac{\mathrm{d}u}{u}\, u^\varepsilon K_{\mathrm{i}\mu}(u) K_{\mathrm{i}\mu'}(u) = \lim_{\varepsilon\to 0}\frac{\varepsilon}{8}|\Gamma(\mathrm{i}\mu)|^2 \frac{2}{\varepsilon+\mathrm{i}\Delta}\frac{2}{\varepsilon-\mathrm{i}\Delta}$$

$$= \frac{\pi}{2\mu\sinh\pi\mu}\lim_{\varepsilon\to 0}\frac{\varepsilon}{\varepsilon^2+\Delta^2} = \frac{\pi^2}{2\mu\sinh\pi\mu}\delta(\mu-\mu')$$

によって規格直交性が得られる．デルタ関数表示 (A19) を使った． □

完備性 積分公式

$$
\int_0^\infty d\mu \, \frac{\mu \sinh \pi\mu}{\mu^2 + n^2} K_{i\mu}(u) K_{i\mu}(u') =
\begin{cases}
\frac{\pi^2}{2} I_n(u') K_n(u), & u > u' \\
\frac{\pi^2}{2} I_n(u) K_n(u'), & u' > u
\end{cases}
$$

を使う．I_n は第 1 種変形ベッセル関数である．n が大きいとき成り立つ漸近形

$$
I_n(u) \sim \frac{1}{\sqrt{2\pi n}} \left(\frac{eu}{2n} \right)^n, \qquad
K_n(u) \sim \sqrt{\frac{\pi}{2n}} \left(\frac{eu}{2n} \right)^{-n}
$$

を使うと，積分値は，$u > u'$ のとき $\left(\frac{u'}{u} \right)^n$，$u < u'$ のとき $\left(\frac{u}{u'} \right)^n$ に比例するから，$n \to \infty$ の極限でいずれも 0 である．そこで $u - u' = \Delta$ として Δ について展開すると積分値は

$$
\begin{cases}
\frac{\pi^2}{2} \frac{1}{2n} \left(1 - \frac{\Delta}{u} \right)^n \sim \frac{\pi^2}{2} \frac{1}{2n} \left(1 + \frac{\Delta}{u} \right)^{-n}, & \Delta > 0 \\
\frac{\pi^2}{2} \frac{1}{2n} \left(1 - \frac{\Delta}{u} \right)^{-n}, & \Delta < 0
\end{cases}
$$

になるから

$$
\lim_{n \to \infty} n(n-1) \int_0^\infty d\mu \, \frac{\mu \sinh \pi\mu}{\mu^2 + n^2} K_{i\mu}(u) K_{i\mu}(u')
$$

$$
= \frac{\pi^2}{2} \lim_{n \to \infty} \frac{n-1}{2} \left(1 + \frac{|\Delta|}{u} \right)^{-n} = \frac{\pi^2}{2} \delta \left(\frac{\Delta}{u} \right) = \frac{\pi^2}{2} u \delta(u - u')
$$

によって (12.24) で与えた完備性が得られる．ここでデルタ関数の別の表式

$$
\delta(x) = \lim_{n \to \infty} \frac{n-1}{2} \left(1 + |x| \right)^{-n}
$$

を使った（確かめよ）． □

索　引

Index

あ▼

アインシュタイン　198, 205, 211, 217, 220

アインシュタイン―スモルコフスキーの拡散係数　199

アインシュタイン―デ・シッター模型　247

アインシュタインの宇宙項　244, 254

アインシュタインの規約　215

アインシュタインの重力場方程式　254

アヴォガードロ定数　18

圧力増加の等温潜熱　5

アペリー定数　213

アルズリエ　220

位相的母集団　171

位相平均　171

1 次相転移　151

一般化マイアーの関係式　65, 70, 72

陰関数定理　283

ヴィーンの輻射式　204

ヴィーンの変位則　208

ウェッジ積　285

ウォータストン　21

宇宙背景輻射　243

運動量密度　214

ウンルー温度　263, 277

ウンルー輻射　263, 281

H 定理　176

エーレンフェスト　203

エーレンフェスト方程式　151, 152

エネルギー運動量テンソル　214

エネルギー等分配則　21

エネルギーの第 2 方程式　70, 72

エネルギーの方程式　67, 101

エネルギー流束密度　214

エネルギー量子　204

エリクソンサイクル　30

エルゴード定理　171

エルゴ球　273

エンタルピー　9, 56

エンタルピー極小原理　106

エンタルピーの安定性　121

エンタルピーの方程式　71

エントロピー　42, 45

エントロピー極大原理　104, 108, 132

エントロピーの安定性　113

エントロピー力　95

オイラーの定理　154, 296

応力テンソル　214

オット　220

オットーサイクル　30

オルンシュタイン―ヒュルトの公式　199

温度ポテンシャル（温位）　24

か▼

カー―ニューマン計量　270

回転荷電ブラックホール　270

外微分　286

ガウス積分　292

化学定数　182

索　引

化学ポテンシャル　132, 135
拡散方程式　197, 199
角波数（波数）　206
荷電ブラックホール　267
カノニカル分布　184
カマーリング＝オーネス　56, 74
カラテオドリの原理　97
カラテオドリの定理　48
ガリツィン　85
カルノー　23
カルノー関数　100
カルノー機関　98
カルノーサイクル　28, 52
カルノーの定理　98
完全気体　17
Γ 関数　292
気体定数　18
ギブズ関数　57
ギブズ関数極小原理　107
ギブズ関数の安定性　124
ギブズ自由エネルギー　57
ギブズ―デュエームの式　137, 155
ギブズの関係式　45
ギブズの逆説　182
ギブズの公式　174
ギブズの相律　157
ギブズ―ヘルムホルツの式　57
逆転温度　74
キルヒホフの公式　146
キルヒホフの法則　39
空間の曲率　245
クヌーセンの拡散係数　168
クラウジウス　45
クラウジウスの関係式　45
クラウジウスの原理　96
クラウジウスの不等式　102
クラペロン　28
クラペロンの式　145
クラマース関数　136
グランドカノニカル分布　187
グランド分配関数　187

グランドポテンシャル　136
クリストフェル記号　253
グリューンアイゼン定数　88
計量テンソル　215
ケルヴィン温度　99
ケルヴィン方程式　150
光子　206
光子気体　39, 84
光子気体の基本関係式　85
光子気体の質量　228
光子数密度　213
効率　28
光量子仮説　205
ゴムの弾性　195
ゴムひも　95
固有温度　264
孤立系　1
混合のエントロピー　182

さ▼

サージェントサイクル　34
サイクル　27
再生熱交換器　29
ザクール―テトローデの公式　181
作用量子　205
3 重点　142
時間的母集団　171
時間の遅れ　222
時間平均　171
示強性　1
仕事　2
事象の地平線　258
質量的作用　135
締切比　33
シュヴァルツシルト計量　258
重力定数　254
ジュール　8, 19, 23
ジュール係数　68
ジュールサイクル　31
ジュール―トムソン係数　73
ジュールの法則　19

索　引　　　　*303*

シュテファンの法則　40
シュテファン―ボルツマン定数　212
シュテファン―ボルツマンの法則　40, 211
準静的過程　2
状態変数　2
状態量　2
状態和　184
示量性　1
推移の法則　1
スターリングサイクル　29
スターリングの公式　294
スモルコフスキー　198
積分因子　43, 286
積分分母　43, 49, 286
絶対零度　101
相　141
相関関数　200
相対論的熱力学　214
相反定理　284
相平衡　141

た▼

第1種の永久機関　97
体積増加の等温潜熱　5
第2種の永久機関　97
断熱　8
断熱圧縮率　12
断熱温度係数　14, 65
断熱減率　26
断熱膨張　66
対合性　290
定圧体膨張率　11
定圧熱容量　5
TdS 第1方程式　69
TdS 第3方程式　75
TdS 第2方程式　74
ディーゼルサイクル　32
定積圧力計数　11
定積熱容量　5
デバイ　89, 162
デュエームの定理　159

デルタ関数　200, 297
転移潜熱　145
等温圧縮率　11, 65
等温潜熱　5
等温体積弾性率　11
等温定圧分布　189
等確率の原理　171
統計力学　164
特性関数　55
凸性の条件　291
ド・ブロイ　211
トムソン（ケルヴィン卿）　8, 22
トムソンの原理　96
トムソンの等式　52, 53
トムソンの方程式　149
ド・モアヴル―スターリングの定理　294
トルマン　219
トルマン―エーレンフェスト効果　221
ド・ロシャス　30

な▼

内部エネルギー　3
内部エネルギー極小原理　105, 108, 132
内部エネルギーの安定性　117
2次相転移　151
熱機関　27
熱源　183
熱の仕事当量　22
熱平衡状態　1
熱容量　5
熱容量比　14
熱浴　183
熱力学関数　55
熱力学第1法則　3
熱力学第3法則　161
熱力学第0法則　1
熱力学第2法則　96
熱量　3
ネルンストの熱定理　161
ネルンスト―プランクの法則　161

は▼

ハーゼンエールル　229
バルトリ　86
反応の潜熱　160
微視状態　171
ビッグバン模型　243
微分　4
微分1形式　3
微分形式　285
微分2形式　285
表面重力加速度　258
表面張力　148
開いた系　131
ファン・デル・ワールス気体　35, 81
ファン・デル・ワールス気体の基本関係式　83
ファン・ヘルモント　15
フィックの法則　199
プファフ形式　3
プファフ方程式　287
不変線要素　215
ブラウン運動　198
ブラウン―ヨークエネルギー　266
ブラックホール　257
プランク　8, 217
プランク―アインシュタインの温度変換式
　　　219
プランク関数　61
プランク定数　204
プランクの関係式　216
プランクの公式　217
プランクの表現　97
プランクの輻射公式　207
プランク分布　209
フリードマン方程式　244
フリードマン―ロバートソン―ウォーカー計
　　　量　252
ブリッジマン　142
ブレイトンサイクル　31
分子数分率　157
分配関数　184
平衡曲線　142

は▼ (続き)

ベケンスタイン―ホーキング温度　259
ヘス行列式　113
ヘスの法則　10
ペラン　200
ベルヌーリ　15
ベルヌーリの公式　17, 165
ベルヌーリの定理　18, 165
ヘルムホルツ関数　56
ヘルムホルツ関数極小原理　107
ヘルムホルツ関数の安定性　123
ヘルムホルツ自由エネルギー　56
ポアソンの方程式　24
ポアソン比　24
ポアンカレ補題　44, 286
ボイアー―リンドクヴィスト座標　270
ボイル―シャルルの法則　17, 69
ボイルの法則　17
飽和蒸気　147
ホーキング輻射　259
ボゴリュボフ変換　259
ボルツマン　86, 205
ボルツマン因子　184
ボルツマン定数　18, 204
ボルツマンの気圧計公式　26, 186
ボルツマンの原理　173

ま▼

マイアー　22
マイアーサイクル　21
マイアーの関係式　20
マクスウェル　86
マクスウェルの関係式　58, 62, 137, 227
マクスウェルの速度分布　164
マクスウェルの速度分布関数　167
マクスウェルの等面積則　144
マクスウェルの輻射圧　39, 86, 213
マクスウェル―ボルツマンの原理　21
マクスウェル―ユトナー分布　230
マシュー関数　60
マリオットの法則　17
ミー―グリューンアイゼン状態方程式　88

ミクロカノニカル集団　171
ミチェル　257
メラー　220
モーゼンガイル　228

や▼

ヤコービ行列　288
ヤコービ行列式　288
ヤング　22, 45
ヤングの定理　285
ヤング―ラプラース方程式　149
有効度関数　105
ゆらぎ　192

ら▼

ライスナー―ノルドストレム計量　267
ラグランジュの未定係数法　158, 175, 297
ラプラース　257

ランジュヴァン方程式　198
ランダウ―リフシッツの公式　222
ランダムウォーク　196
理想気体（完全気体）　17, 78
理想気体の基本関係式　80
リッチスカラー　254
リッチテンソル　254
臨界点　143
リンドラーエネルギー　263
リンドラー空間　262
ルシャトリエ―ブラウンの原理　109
ルシャトリエ―ブラウンの不等式　116, 119
ルジャンドル変換　55, 289
ルニョーの実験　20
レイリー―ジーンズの輻射式　208
レシュ　77
レシュの定理　13, 27, 36, 77, 94
連鎖法則　282

著 者 紹 介

太田 浩一（おおた こういち）

1967年	東京大学理学部物理学科卒業
1972年	東京大学大学院理学系研究科物理学専攻修了，理学博士
1980-2年	MIT理論物理学センター研究員
1982-3年	アムステルダム自由大学客員教授
1990-1年	エルランゲン大学客員教授
現　在	東京大学名誉教授
著　書	『電磁気学 I, II』（丸善，2000）
	『マクスウェル理論の基礎』（東京大学出版会，2002）
	『マクスウェルの渦 アインシュタインの時計』（東京大学出版会，2005）
	『アインシュタインレクチャーズ@駒場』（共編，東京大学出版会，2007）
	『電磁気学の基礎 I, II』（シュプリンガー・ジャパン，2007，東京大学出版会，2012）
	『哲学者たり，理学者たり』（東京大学出版会，2007）
	『ほかほかのパン』（東京大学出版会，2008）
	『がちょう娘に花束を』（東京大学出版会，2009）
	『それでも人生は美しい』（東京大学出版会，2010）
	『ナブラのための協奏曲―ベクトル解析と微分積分』（共立出版，2015）

熱の理論
―お熱いのはお好き
Theory of Heat-You like it hot...

2018 年 8 月 4 日　初版 1 刷発行
2018 年 9 月 20 日　初版 2 刷発行

著　者　太田浩一 Ⓒ 2018
発行者　南條光章
発行所　共立出版株式会社
　　　　東京都文京区小日向 4-6-19
　　　　電話　03-3947-2511（代表）
　　　　〒 112-0006／振替口座 00110-2-57035
　　　　URL http://www.kyoritsu-pub.co.jp/

印　刷　啓文堂
製　本　加藤製本

検印廃止
NDC 426.5, 426.1, 421.2
ISBN 978-4-320-03606-2

一般社団法人
自然科学書協会
会員

Printed in Japan

JCOPY ＜出版者著作権管理機構委託出版物＞
本書の無断複製は著作権法上での例外を除き禁じられています．複製される場合は，そのつど事前に，
出版者著作権管理機構（ＴＥＬ：03-3513-6969，ＦＡＸ：03-3513-6979，e-mail：info@jcopy.or.jp）の
許諾を得てください．

Concerto pour nabla analyse vectorielle et calcul infinitésimal

ナブラのための協奏曲

太田浩一 著

ベクトル解析と微分積分

A5判・上製・318頁・定価（本体3,500円＋税）
ISBN978-4-320-11106-6

従来のベクトル解析の初等的教科書は3次元直交座標に限られていたが，本書はn次元一般曲線座標までを具体的にわかりやすく扱う．行列と行列式，微積分の基礎知識だけで理解できるようにした．発散定理や回転定理は，より基本的な勾配定理に統合できることを示すとともに，一般相対論に必要な数学をきわめて初等的に理解できるようにしてある．

Contents

1 ベクトル
ベクトル空間／座標空間／内積／正規直交完備系／正規直交系の計量／テンソル／ユークリッド空間／座標回転／ヒルベルト空間／4次元時空

2 ベクトルの外積
2次元外積／3次元ベクトル積／3次元ベクトル積の座標表示／擬スカラー，擬ベクトル／4次元外積／n次元外積／7次元ベクトル積

3 ナブラ-ベクトルの微分
微分／勾配／発散密度と回転密度

4 ベクトルの積分
線積分の基本定理／体積積分と面積分／勾配定理／発散定理／回転定理

5 曲線座標におけるベクトル
基底／双対基底／反変ベクトルと共変ベクトル／曲線座標における外積／法線ベクトルと面積要素ベクトル／クリストフェル記号／座標変換／正規直交曲線座標

6 曲線座標における微分と積分
ナブラ／曲線座標における発散密度／ラプラース–ベルトラミ演算子／曲線座標における回転密度／曲線座標における曲線定理と勾配定理／曲線座標における発散定理／曲線座標における回転定理／ベクトルの平行移動／ベクトルの共変微分／測地線／空間曲線／リーマン曲率テンソル／ミンコフスキー空間／マクスウェル方程式

7 曲面上のベクトル
自然基底と双対基底／第2, 第3基本形式／ガウス曲率／陰関数曲面／2次元の曲率スカラー／ガウスの定理—テオレマ・エグレギウム／ガウス-ボネーの定理

8 微分形式のベクトル
微分形式／外微分／曲線座標における微分形式／正規直交曲線座標における微分形式／微分形式のマクスウェル方程式／微分形式の自然基底／座標変換／一般積分定理

（価格は変更される場合がございます）

共立出版

http://www.kyoritsu-pub.co.jp/
https://www.facebook.com/kyoritsu.pub